統計科学のフロンティア 9

生物配列の統計

統計科学のフロンティア　9

甘利俊一　竹内啓　竹村彰通　伊庭幸人 編

生物配列の統計

核酸・タンパクから情報を読む

岸野洋久　浅井潔

岩波書店

編集にあたって
統計科学と生物科学の現代的融合

生物の世界はデータの宝庫である．穀物の収量は，品種，栽培の条件，気象など，さまざまな要因に支配されるが，もとより揺らぎが大きい．観測される収量から，その背後に潜む構造的要因を理解するためには，確率モデルにもとづく統計的な推論が必須である．遺伝も生物の形質を理解する大きな鍵であった．観測される表現形質から，その背後にある隠れた遺伝形質を推察するには，統計的な思考が不可欠である．このことからわかるように，統計学の発展には生物統計が大きな役割を果たしてきた．

実験計画法は，作物の割り当てを考察することから生まれ，ガロア体などの抽象代数学が使われ，組み合わせ数学の分野を切り拓いた．統計学の手法は，その後工業の品質管理に用いられ，大きな成功を収めた．また，科学実験のデータの解析にも必須の道具となり，政府が管理する薬品などの品質の検定にも不可欠のものとなっている．

こうして，統計学の手法が確立し完成したかに見えた．しかし，統計学は孤立した学問ではない．20 世紀の後半から 21 世紀に入って，これまで個別の規範にしたがっていた学問が，分野間の壁を取り払って大きく発展しようとしている．統計学も例外ではない．統計学は，一方では統計物理，情報科学，ニューラルネットワーク，制御理論，ロボット工学などと結びついて情報科学の方法論の中枢を占めるようになり，統計科学と呼ばれるようになった．

しかし，これだけではない．生物学が 20 世紀の後半になって驚くべき発展を遂げ，21 世紀科学の主役を担うまでに成長したのである．これは，分子生物学の成立，これに伴う遺伝情報の解読，免疫の仕組みの理解，さらには脳の情報処理機能の解明へと続き，統計学に新たな挑戦をつきつける．

今世紀はじめの科学界における目を見張るニュースは，ヒトの遺伝子である DNA 配列の解読であった．DNA は生物の情報を集約したものである．しかしこれで生物の秘密がすべて解読されたわけではない．DNA の配列のなかで，遺伝子となる部分はごくわずかであり，どこが遺伝子か，どこがその発現の制御部分で，その結果現われる蛋白質発現の制御機構はどうなっているのか，さらにDNA配列から見た種の違いと進化の系譜，進化の仕組みなど，解き明かすべき新しい謎が登場したのである．

これは統計科学に対する挑戦でもある．とくにDNAの配列，遺伝子，アミノ酸，蛋白質の連鎖といった，生物データを統計学がどう処理するのか，統計学の真価が問われている．生物科学は従来，観察と実験に主導された経験科学であった．しかし，現代ではこの枠を超えて，生命の基本原理を解明する科学になっている．バイオインフォーマティックスなど，新しい分野が出現し，ここでは生物科学と情報科学およびシステム科学との融合が起こり，総合科学としてその姿を現わす．本書で解説される「生物配列の統計」は，統計学と生物学との融合であり，この路線の最先端を進むものである．

岸野氏による「ゲノム進化と変異の解析」は，生物進化のプロセスを遺伝子の立場まで掘り下げて，統計学の手法を用いて解明したものである．この分野の第一人者による解説は味わい深く，単なる統計数理ではない，生物の多様性，種の類縁性と，遺伝の系譜が良くわかるように述べられている．

浅井氏による「確率モデルによる配列情報解析」は，DNA配列，遺伝子配列，RNA配列，アミノ酸配列，さらには蛋白質の立体構造など，生物配列の構造を確率系列として扱い，その奥に潜む隠れた構造を探り出すための数理的な手法を解説したものである．ここでは，マルコフモデル，隠れマルコフモデル，さらには確率文法により出現する配列など，情報科学と数理科学の最先端の技法が用いられている．

注目すべきことは，いずれにせよ既成の古典統計学を応用してすむような問題ではないということである．新しい確率構造を見出し，それに伴う統計的な推論を構築していかなくてはならない．現代の統計科学の最先端がここに見てとれる．本書の記述をじっくりと味わうことにより，さらなる発展がもたらされることを期待したい．

（甘利俊一）

目　次

I

ゲノム進化と変異の解析

岸野洋久

目　次

ゲノムは生命体の設計図である．設計図の各部位は有機的に連関しつつ化学反応を複合的に誘導する．これにより生命活動が繰り広げられる．世代をまたいで継承されるうちに設計図は変異を受け，集団にもまれて改訂されていく．やがて何らかの要因で生殖的な隔離がおこり，個々別々の改訂作業が行われることとなる．この生命活動とその由来の本質を探るべく，多くの生物について，ゲノムが解読されつつある．そしてさらに，設計図の各部位の有機的な連関について，遺伝子の発現とたんぱく質の生成を網羅的に調査するプロジェクトが本格化している．

実用上は多くの場合，病気やそれに対する抵抗性，作物の収量などの重要形質について，それらを決定する遺伝子やその背景となる遺伝構造を知ることが主な関心事となる．現在分子生物学的なアプローチと集団生物学的なアプローチが融合しつつあり，データ解析と実験を相互にフィードバックさせながら焦点を絞り込み，最終的には不確実さのない決定的証拠を提示する．そうした研究の現場では，集団を理解し，大規模なデータを集団に結びつける人材が求められる．集団を量的に理解するためには，形質や遺伝子にかかる淘汰圧と適応進化，多様化の歴史を正しく知る必要がある．遺伝学と統計科学の双方が緊密に融和することによってはじめて，有効な実験・調査・データ解析が可能となる．

ゲノムデータは質的に変わりつつある．大量のデータを解析する手法について，その開発の重要性が増すことは疑いない．が，それ以上に，生命科学・農学・医学における興味ある課題の核心を見抜き，その解決に対して本質的に貢献する情報を抽出すること，そしてこれを統計的にモデリングすることが勝負どころとなってくる．第I部では，ゲノム研究者が，生物の環境適応と多様化が残した痕跡を探り当て，関連遺伝子を探索すべく現在進行形で奮闘している様子を，できるだけ生々しく伝えるよう心がけた．興味をもたれた読者は関連部分の参考文献をもとに，自身の守備範囲を広げてもらいたい．

1　序：生命科学の雰囲気を垣間見る

15 年前にはあまりにも漠然と響いたゲノムプロジェクトが，現在急速に拡充し膨大なデータベースが整備されつつある．データの質的な変化は解析手法の革命をもたらす．

この章ではゲノム・ポストゲノム時代の生命科学の全体的な雰囲気を垣間見ることにする．分子生物学と生化学の発展により，生命体の本質を理解するための実験が大きく進んでいる．生物の機能や形質とその多様性を調べる生物・生態学的研究とゲノム理解の距離が急速に縮まってきている．生物の理解に本質的に貢献する方法論を開発するためには，現在先端を行く生物科学者が何を話題とし，何を武器とし，また何を目指しているか，はっきり認識しておくことが不可欠である．そうした認識によってはじめて，ポイントを押さえた解析手法を開発することが可能となり，これを用いて感度の良い解析結果を実際に提示することができる．同じ土俵に立ち，問題意識を共有することにより，方法論の開発者と実験研究者が互いに触発され，情報をフィードバックしながら革新的な成果を生み出していくのである．

2 章以降では，統計的モデリングを通じて進化と多様化の履歴を推し量り，現在あるゲノムを表現する方法を紹介する．

1.1　トウモロコシの起源と栽培化

進化的な時間で見ると，農耕の歴史は数千年と短い．この間に人類はさまざまな形で作物を改良してきた．こうした育種の努力により，作物のゲノムはどのように影響を受けたであろうか．ここではその一端を垣間見ることにしよう．

栽培化されたトウモロコシ(**maize**)の起源は長年にわたって多くの進化

生物学者の謎であった．直立し葉も少なく，多くの実をつけたその容姿は人手により入念に育成されなければ安定して維持することはできない．以前からメキシコに自生する **teosinte** と自由に交配し，子孫も残すことが知られていた．このため，maize は teosinte から派生して来たのではないかと思う人もいた．確かに雄花である先端部の房状の花序は両者は似ている．が，teosinte の一次分げつは雄花を頂く長い側枝を数多くもつのに対して，maize の側枝は短く，先には雌花である大きな実がついている．teosinte の実は小さく，硬く，食用にはまったく適さない．

すでに 60 年あまり前の 1938 年，Mangelsdorf と Reevs が teosinte と maize を掛け合わせた交配実験を行い，その子孫の形質の出現頻度を詳細に見ることにより，両者を分けるのは 4 ないし 5 つの遺伝因子であると予想した．ただ，両者の表現型の隔たりは通常観測される進化速度から説明される範囲を大きく越えており，彼らはトウモロコシは teosinte から派生してきたのではなく，野生種とその近縁種の間で染色体のある領域が大規模に入れ替わったのであろうと推測した．これに対して Beadle は，その翌年，4 ないし 5 つの遺伝因子は遺伝子を指していると唱えた．teosinte における数少ない突然変異が奇跡を生み，その昔農民がこの希少な品種を一気に広めたのではないか，と推論した．

近年になって，Doebley ら(1997)がこの論争にほぼ最終的な決着を下した．1960 年代に，長い側枝を数多く持つ自然変異体 ***teosinte branched 1*: *tb1***(突然変異を受けた遺伝子も同じ名前でよばれる)が得られていた．この突然変異体の形態は teosinte と酷似しており，maize が teosinte からこの遺伝子上の突然変異を含む数少ない突然変異により派生して生まれたことを強く支持した．彼らはトウモロコシ maize にトランスポゾンタギング*1を施すことにより，この遺伝子を同定した．(もちろん重要な遺伝子のゲノム上の位置と機能はいきなり見つかるものではなく，この場合も数年にわたる位置の絞り込みと遺伝構造の推定作業があったのであるが，これ

---

*1　ゲノム上の遺伝子内にランダムに既知の DNA 断片を挿入することにより，その遺伝子を不活性化させ，突然変異体をつくる．その表現型を観察し，関係する突然変異体について，既知 DNA 断片の挿入された位置を調べることにより，重要遺伝子を同定するもの．

に関しては3章で紹介する.)この遺伝子の発現を調べたところ，*tb1* 突然変異体では発現が maize の半分に押さえられていた.

続いて彼らは *tb1* の遺伝的多様性を見ることにより，農耕の過程でどのように遺伝子に選択圧がかかったのかを調べた(Wang *et al.*, 1999). 核をもつ真核生物の遺伝子は，たんぱく質をコードするコード領域の他に，調節領域がある. 調節領域は遺伝子の発現を調節する. またコード領域は，直接アミノ酸配列に対応するエクソンと，転写の過程で抜け落ちるイントロンにより構成される. 世界各地から採集した maize および teosinte について *tb1* 遺伝子の各部位における遺伝的多様度(5.1節)を測ったところ，コード領域においてはエクソンでは多様度は低く，イントロンで高い傾向が見られた. また下流部分は本質的でないためか，両者とも多様性が上がる. しかし，maize と teosinte の間にほとんど違いが見られなかった. このことから，栽培化の過程で，この遺伝子の機能自体は大きく変わっていないことが示唆される.

他方，調節領域を含む 5′ 上流域において，maize の遺伝的多様度が著しく減少していた. teosinte ではさまざまな環境に適応して遺伝子の発現の量が多様に調節されているのに対して，maize では一律に過剰発現するよう(人手による)淘汰圧がかかっていることが想像される. 遺伝子に新たな機能が付加されるのは容易ではないであろう. 現在では，生物の多様化の多くの部分は調節領域の変異による発現量の変化で説明されるだろう，と信じられている.

それではこの遺伝子の機能は何か. *tb1* 遺伝子配列と似た配列が既存のデータベースの中にないか，相同性検索(2章)を行ったところ，キンギョソウ(*Antirrhinum*)の突然変異体から単離された ***cycloidea*** (Luo *et al.*, 1996)が検出された. キンギョソウは5枚の花弁をもつが，そのうち1枚が著しく大きく，出目金の尾のように垂れ下がる. これに対して突然変異体は円対称な6枚の花弁からなり，人間の目には整然として映る. 対称性が崩れた花は蜜を取りやすいことから花粉を運ぶ虫が集まり，結果として集団に固定して行ったのである.

花びらの原基から花が形作られていく発生過程を詳細に追っていくと，野生型では6枚の花びらのうち1枚が発生の初期の段階で成長を抑えられる．外力が働かない状態では，対称形が安定状態であるが，1枚の花びらの成長が抑えられることにより空き空間を埋める形で非対称性が生じた．そして結果として，出目金のような花になったのである．*cycloidea* 突然変異体では，この花びらの成長を抑える機能が壊されているためにすべての花びらが同等に成長して行き，円対称に空間を埋めていった．

同じように，teosinte における *tb1* 遺伝子も，側枝の成長を抑えていた．ただし maize では，この機能が壊れたのではなく，コード領域の上流にある遺伝子の発現を調節する部分に変異がおき，この機能が倍加されることになったのである．側枝の成長が止められることによって，地下から吸い上げられた養分は実に流れて行った．トウモロコシとキンギョソウというまったく異なる植物が似通った配列を共有しており，その遺伝子はその機能も器官の発生の過程で一部分の成長を抑えるという共通の機能を備えていたのである．

1.2　ゲノムの相同性

生物はチミン(T)，シトシン(C)，アデニン(A)，グアニン(G)の4種類の塩基からなるゲノムをもつ．生命の誕生以来，ゲノムは親から子へと継承されて行った．継承の過程でゲノムのミスコピーがおきる．その多くは塩基が置き換わる**塩基置換**であるが，ある領域の**挿入**や**欠失**，ゲノムの一部分が他の部分に移る**転座**，方向が逆転する**逆位**，遺伝子重複やゲノム領域の重複などもおこった．生命の維持に本質的なところで有害な突然変異がおきると，それは後代に受け継がれることなく集団から脱落する．毒にも薬にもならない突然変異は，偶然変動により長期的に脱落するものもあれば確率的に集団に定着するものもある．こうして少しずつゲノムは修飾を受けていくが，中には遺伝子の発現や機能において生存上改善が加えられるものもあったであろう．こうしたものはまわりよりも有利に子孫を残していったであろう．

40億年の歴史は長く，その間に生じたゲノムの変異の全貌を描き出そうと考えるのは，おそらく無謀であろう．ただ，私たちは現存するゲノムを比較分析することにより，こうした変化の足跡の片鱗を垣間見ることができる．また RNA ウイルスのように世代が短くまたミスコピーが生じやすい生物のゲノムを時系列的に測定することにより，ゲノム進化のプロセスの一端を観測することができる．種々の環境下にさらすことにより，変化した環境がゲノムとその多様性にどのように影響を与え，変異を促していくか，あるいは抑制していくか，実験的に観察することができる．現在はかなりの精度をもってこうしたことを行うことができるようになってきているのである．

このようにゲノムはミクロレベル・マクロレベルで変化し続けているが，その大枠はかなりの程度で保存されていることがわかってきた．Gale と Devos(1998)は膨大な先行研究を調査して，制限酵素切断部位などのマーカーや遺伝子のゲノム上の相対的な位置関係を種々の穀物の間で比較した．その結果，いくつかの転座や逆位を考慮に入れれば，それらのゲノムはほぼ対応関係があることが示された．たとえばイネの第 1 染色体はアワの第 V 染色体，サトウキビの第 II および第 III 染色体，モロコシの第 G 染色体，パールミレットの第 6 染色体と対応している．トウモロコシはゲノムレベルで倍加して 4 倍体となっているが，これとは第 3 染色体と第 8 染色体が大まかに対応している．さらにパンコムギでは第 3 染色体，オートムギでは第 C 染色体の部分領域が対応している．

このようにゲノムの大枠がかなり保存しているとすると，その上に座上する遺伝子もほぼ対応する場所に見つかるのではないかと期待されよう．図 1 はアワ，トウモロコシ，モロコシについて交配実験を行い，種子飛散に関する遺伝子の位置をゲノム上に散在するマーカーとの関連でマッピングしたものである(Devos and Gale, 2000)．マッピングをするための方法論は 3 章で紹介するが，図中三角印は点推定値，白抜きの棒は信頼区間を示す．それぞれの種において，独立に実験を行い，解析した結果であるが，アワ第 IX 染色体，トウモロコシ第 1 染色体長腕および第 5 染色体短腕，およびモロコシ C 領域上にマーカーとともに対応する形で座上している様子が見て取れる．

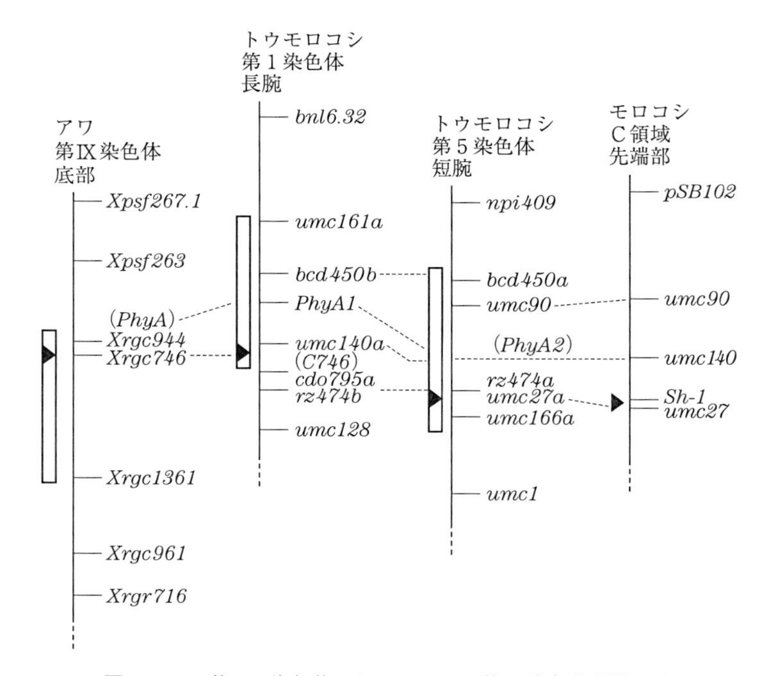

図 1　アワ第 IX 染色体，トウモロコシ第 1 染色体長腕および第 5 染色体短腕，およびモロコシ C 領域に座上する種子飛散に関する遺伝子

農耕の歴史において，人類は品種改良を積み重ねてきたが，育種のターゲットは収量や病気への抵抗性など，穀物種をまたいで共通である．世界の人々がまったく独立に種々の穀物について品種改良を加えてきたが，これは結果として共通の遺伝子のそのまた共通の部分をいじってきた可能性が高い．そしてその部分は種間で対応関係があるのである（Paterson *et al.*, 1995）．

進化の歴史に基づくゲノムの相関関係は，重要な遺伝子を探索するときに他の生物で得られた知見を利用できることを示唆している．ゲノムの大きさは種によって大きく異なる．イネはおよそ 4 億塩基からなるのに対し，パンコムギは 170 億塩基と 40 倍以上もある．大きなゲノムの多くは大量の反復配列からなり，遺伝子の数は種間で大きな違いがなく，比較的保存されていることがわかってきている．そこで多くの人がまず考えることは，種々の生物でわかっている情報を利用してある種における重要な形質を決定する遺伝子を単離することである．種々の生物で，多くのマーカーが調べられており，先に見たようにこれらのマーカーのゲノム上の位置が種間で比較されている．この情報を利用してトウモロコシにおける *tb1* 遺伝子に対応する遺伝子をパンコムギで得ることができれば，大幅な増収を実現できるのではないか，と期待しても不思議ではない．ただ実際の遺伝子の単離に結びつけていくには数千から多くても数十万塩基程度の精度が求められる．この程度の詳細なスケールでは，マーカーや遺伝子の相対的な位置関係に結構入れ替わりがあるという証拠が得られつつある．

ただし，比較ゲノムの手法を用いて種をまたいだゲノムの対応関係を詳細に追って行くときには，注意が必要である．ある遺伝子が単離されたとき，通常まず相同性検索を行う．これはすでにデータベースに登録されている配列の中に，調べたい配列(query)と似た配列がないか，調べるものである．ところで相同性(ホモロジー)検索はひとつの統計的推定作業であり，誤差がつきまとう．2 章で見るように，ゲノムデータベースは膨大であり，しかも急速に成長しているため，データベース中の全要素と詳細に比較していたのでは，実用的な時間内に結果を得ることができない．そこで，まず粗い尺度でデータベース中の要素を篩(ふるい)にかけ，そこで残ったものについて詳細な比較を行う，という 2 段方式により，高速でかつ高感度な検索アルゴリズムが実現した．配列の変化の様式によっては第 1 段で漏れ落ちてしまう可能性もある．また，ある時点で遺伝子重複がおこり，離れた場所にこの遺伝子のコピーが生じたような場合も扱いがむずかしい．これらのうちひとつは機能が保持されるが，他は機能的な制約が解かれ，自在に変化してゆく．その後ある場合は偽遺伝子化し，別の場合は新たな機能を獲得する．たまたま原版ではなくコピーにおいて機能が保持された場合には，相同性検索の結果では見かけ上遺伝子が移動したように映ってしまうであろう．図 2 では，ゲノム A とゲノム B が分岐した後にマーカー A2 が重複して B2 と B′2 が誕生した．重複後，もとの B2 においてより大きな変化が生じた結果，A2 は B2 よりも B′2 と近くなる．こうした状況に照らし合

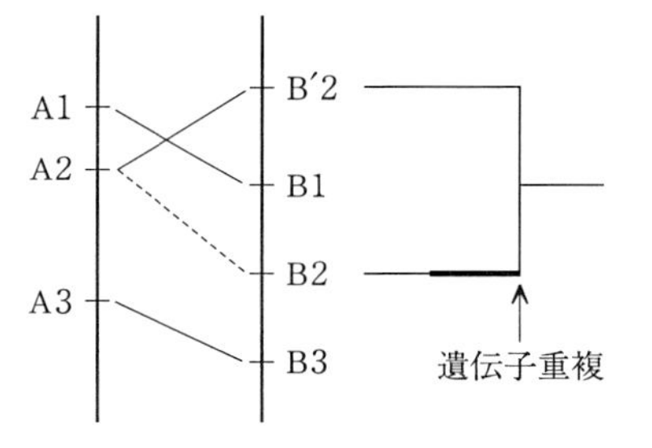

図 2　遺伝子重複と見かけ上の遺伝子の並びの変化．太い線は分子進化速度が速いことを示す．

わせて，読者は相同性検索のどの部分に統計的不確実性が内在しているか，注意深く読み取っていただきたい．

2　相同性検索

相同性検索はある配列と相似した配列をデータベースの中から探し出すもので，世界中の生物学者が日常的に行っている．1 章で見たように，新たに読んだ遺伝子がすでに機能のわかっている遺伝子と似ていれば，それらはその昔同一の遺伝子であった可能性が高く，現在でも何らかの意味で関連した機能をもっていると想像される．近年種々の生物において全ゲノムが解読された結果，それらを構成する全遺伝子の間の対応関係を総当たりで見ることにより，比較ゲノムによる遺伝子機能の関連づけをなすアプローチが提案された(phylogenetic profile, gene fusion)．

現在提案され，また受け入れられつつある比較ゲノムの諸手法は多くの場合，前処理として相同性検索を行っている．相同性検索自体が統計的な作業なのであるが，現在のところほとんどすべてにおいて，検索の結果を真と仮定した解析を行っている．ゲノムの変異と多様化に対する多くの人の理解が深まるにつれ，この第一のステップにおける不確実性を考慮に入れた解析の重要性が今後認識されてくるであろう．

2.1 Needleman-Wunsch のアルゴリズム

ゲノムは世代から世代へと継承されていく中で，時としてミスコピーされる．重要な部分でミスコピーが生じると，遺伝子は生命体として維持するための機能がうまく働かなくなり，集団から脱落して行く．たまたまこれまで以上のものに変化したときは，集団に定着する可能性が高い．機能的に重要でない部分での変化は，確率的に集団に定着するであろう．生命誕生以来 40 億年の歴史は長く，この間にはゲノムもさまざまに変化してきた．もっとも頻繁におこる変化は塩基置換であり，その他ある部分の挿入や欠失，転座，逆位も観察される．遺伝子の長さはさまざまであるが，アミノ酸配列で 200〜300 程度で，塩基配列にすると 1000 程度である．この中で転座や逆位がおきる可能性はほとんど無視できる．考慮に入れる必要があるのは塩基置換あるいはアミノ酸置換，および挿入/欠失である．とくに後者は配列の長さを変えるため，扱いがむずかしい．まずは位置合わせを行い，比較する 2 つの配列は互いにどの部分とどの部分が対応しているか，推定する必要がある．この作業を整列化，あるいはアラインメントという．

従来これは手作業で行われていた．が，比較すべき相手の数が増加してくるにつれ，この作業は困難をきわめた．こうした背景のもとに，Needleman と Wunsch(1970)はギャップに対するペナルティとミスマッチに対するペナルティを与え，ギャップペナルティとミスマッチペナルティの総和を最小化させる最適化問題としてこの作業を定式化した．たとえば，長さ 6 の配列 TAGTCT と長さ 5 の配列 CATCC に対して，

```
T A G T C T           T A G T C T
C A T C C —   および   C A — T C C
```

の 2 通りのアラインメントが考えられたとする．左は 1 つのギャップと 3 つのミスマッチからなる．これに対して右は，ギャップの数は 1 つで同じであるが，ミスマッチは 2 つである．したがって，右のほうがよりもっと

もらしいとみなされる．一般に，ミスマッチ1つに対するペナルティをα，ギャップ1つに対するペナルティをβとおき，アラインメントに対するコストを

$$D = \alpha \times \{ミスマッチの数\} + \beta \times \{ギャップの数\} \qquad (1)$$

で定義する．

この値を最小にする最適アラインメントは，部分配列間の最適アラインメントを順次膨らましていく動的計画法により求めることができる（Needleman and Wunsch, 1970）．長さl_1の配列$\mathrm{A} = (\mathrm{a}_1, \cdots, \mathrm{a}_{l_1})$と長さ$l_2$の配列$\mathrm{B} = (\mathrm{b}_1, \cdots, \mathrm{b}_{l_2})$のアラインメントを考えよう．部分配列$\mathrm{A}_i = (\mathrm{a}_1, \cdots, \mathrm{a}_i)$および$\mathrm{B}_j = (\mathrm{b}_1, \cdots, \mathrm{b}_j)$のアラインメントの最小コストを$D_{ij}$とおくと，

$$D_{ij} = \min \left\{ \begin{array}{l} D_{i-1,j-1} + (1 - \delta_{\mathrm{a}_i \mathrm{b}_j})\alpha \\ D_{i-1,j} + \beta \\ D_{i,j-1} + \beta \end{array} \right\} \qquad (2)$$

という漸化式が成り立つ．ここで，δ_{ab}はデルタ関数で，aとbが等しければ1，等しくなければ0の値をとる．minの中の3つは，それぞれアラインメントの右端にa_iとb_jが並ぶ場合，a_iとギャップが対応する場合，およびギャップとb_jが対応する場合の最適アラインメントである．明らかに境界条件

$$D_{i,0} = i\beta \qquad i = 1, \cdots, l_1$$
$$D_{0,j} = j\beta \qquad j = 1, \cdots, l_2$$

が成り立つから，帰納法により配列Aと配列Bの最適アラインメントが求められる．アミノ酸配列のアラインメントでは，似たアミノ酸対に対して性質の異なるアミノ酸対にはより大きなギャップペナルティを科す．アミノ酸対の類似度行列は，種々の生物のたんぱく質が登録されたデータベースを解析することにより経験的に求められる（Dayhoff *et al.*, 1978; Gonnet *et al.*, 1992; Henikoff and Henikoff, 1992; Jones *et al.*, 1992）．上のアラインメントは塩基やアミノ酸が1回に1つ挿入・欠失することを想定したモデルに基づいている．DNA断片の挿入・欠失を考慮に入れたアルゴリズムも開発されている（Gotoh, 1982）．

ところで，最適アラインメントはα, βの相対比に依存する．αを大きくとると，最適アラインメントは比較的多くのギャップを導入してミスマッチを少なく抑える．逆にβを大きくとると，多少のミスマッチは許してもギャップを少なく抑える．ミスマッチの背後にあるのは塩基置換であり，αは塩基置換速度および2つの配列の分岐年代の積に関係している．またギャップの背後にあるのは挿入・欠失であり，βは挿入・欠失速度および2つの配列の分岐年代の積に関係している．4.2節(c)項のモデルを拡張し，塩基置換と挿入・欠失の両者を経験する進化のプロセスを導入することにより，これらのパラメータを最尤推定し，妥当な最適アラインメントとその信頼集合を構成することができる(Thorne *et al.*, 1991; Thorne and Churchill, 1995; Hein *et al.*, 2000; 長谷川・岸野，1996)．

2.2　2段階検出法: FASTP, FASTA

アラインメントの自動化は画期的な成果であった．これにより2つの配列の間の距離を客観的に計算することができるようになった．が，1980年代になるとたんぱく質のデータベースが急速に大きくなり，個々の比較においてNeedleman-Wunschのアルゴリズムを実行していたのでは，実用的な時間内に相同性検索を実行することができなくなってきた．ところで，ある配列(**query**)をデータベース中の膨大な数の配列群と比較するわけであるが，多くの場合相同な配列の数はごく限られている．灰色のものを含めても，その数は限られている．ごく限られた少数の配列を除いた大多数は，いわばまったく考慮の他の集団である．この集団との比較に多大な時間を費やすのは得策ではない．

そこで，Lipman と Pearson(1985)は2段階方式を取り入れることによりアルゴリズムの高速化を実現した．このアルゴリズムは**FASTP**とよばれている．その後 Pearson と Lipman(1988)は検索の検出力を高めるために改良を加え，**FASTA**として公開しているが，ここでは原版に沿って本質的な部分を紹介することにする．

基本的な考え方は，第1段では粗い尺度で大きなデータベースを篩にかけ，ここで残った数少ない配列について再度精確な尺度で比較する，というものである．Needleman と Wunsch の考え方は，さまざまなギャップのパターンを考慮して位置合わせを行い，配列を比較するというものであった．この位置あわせに時間がかかる．そこで，第1段では2つの配列のどの部分が互いに対応しているかをオフセット別のスコアの計算により簡便に調べ，対応している部分について類似度を計算する．Needleman-Wunsch のアルゴリズムに比べるとここでの対応部分の検出法は粗いが，いたって迅速に行うことができる．

(a)　オフセット別一致度スコアの計算と対応する部分配列の検出

2本の短いアミノ酸配列

位置	1	2	3	4	5	6	7
配列1	F	L	W	R	T	W	S
配列2	S	W	K	T	W	T	

の比較を例に，このステップを説明する．配列1ではフェニルアラニン(F)が1番目の座位，ロイシン(L)が2番目の座位，トリプトファン(W)が3番目と6番目の座位，アルギニン(R)が4番目の座位，スレオニン(T)が5番目，セリン(S)が7番目の座位にある．これに対して配列2ではセリン(S)が1番目，トリプトファン(W)が2番目と5番目，リジン(K)が3番目，スレオニン(T)が4番目と6番目の座位にある．

2.1節で行ったように，横に配列1を，縦に配列2をとって行列をつくり，対応関係を見てみる．表1はアミノ酸が同一のペアを ∘ 印で示している．左上から右下に並ぶ ∘ 印から，これらの配列は

	3	4	5	6
配列 1	W	R	T	W
	:		:	:
配列 2	W	K	T	W
	2	3	4	5

の部分配列において対応関係が見られることがわかる．ここで，「:」はアミノ酸が一致していることを表す．

表 1 ドット行列

配列 2 ＼ 配列 1	F	L	W	R	T	W	S
S							○
W			○			○	
K							
T					○		
W			○			○	
T					○		

対応する部分配列は次のようなアルゴリズムにより簡単に求めることができる．まず，表 2(a)のように，配列 1 のアミノ酸の住所録をつくる．次に配列 2 におけるアミノ酸を順に並べ，それぞれについて，配列 1 における同一アミノ酸との位置のずれ(オフセットという)を求める(表 2(b))．たとえば，1 番目の座位のセリンは表 2(a)から配列 1 では 7 番目の座位にあるので，$7-1=6$ とオフセットを求めることができる．次のトリプトファンは，配列 1 では 3 番目と 6 番目に位置するので，2 つのオフセット

表 2 アミノ酸住所録とオフセットの計算

(a)配列 1 の住所録

アミノ酸	位置	
F	1	
L	2	
W	3	6
R	4	
T	5	
S	7	

(b)配列 2 と配列 1 とのずれ

アミノ酸	位置	配列 1 とのずれ	
S	1	6	
W	2	1	4
K	3		
T	4	1	
W	5	−2	1
T	6	−1	

$3-2=1$, $6-2=4$を得る．表2(b)が求まると，オフセットの値ごとに，マッチに$+1$，ミスマッチに-1を与える一致度スコアを計算する．たとえば，表2(b)から配列2における6つのアミノ酸のうち3つにおいてオフセット1が見られるので，オフセット1に対する一致度スコアは$3-(6-3)=0$となる．こうしてオフセットの値ごとに一致度スコアが

オフセット値	−2	−1	0	1	2	3	4	5	6
スコア	−4	−4	−6	0	−6	−6	−4	−6	−4

と計算される．高い一致度スコア値をもつオフセット，いまの場合は1を対応する部分配列を表現するずれの大きさ，とみなすことができる．

(b)　初期スコアに基づくスクリーニング

ここでの対応関係はアミノ酸の一致のみに基づいている．だが，相同性検索によりたんぱく質の機能の予測を行う場合には，一致度がかなり低いたんぱく質を相手にすることが多い．こうしたときは，一致度のみで類似性を計るのは適当でない．セリンやアラニンのように非常に多く存在するアミノ酸は，偶然に一致することもあり得るのに対し，システインやトリプトファンのような稀なアミノ酸が一致すれば偶然性は排除される．また，化学的性質などが似ており，互いに移り変わりやすいアミノ酸のペアもある．言い換えると，この2つのアミノ酸の置換速度は高いため，こうした組み合わせはぴったり一致とまではいかなくても，一致に近いスコアが与えられなければならないだろう．逆に移り変わりにくいペアが見出された場合には，大きなペナルティをつける必要がある．Dayhoffら(1978)は互いに近い関係にあるたんぱく質を数多く比較分析して，アミノ酸の頻度と移り変わりやすさを表現する推移行列を求めた．その後データベースが膨らむに伴い，この推移行列は改良されて来ている(たとえばGonnet *et al.*, 1992; Henikoff and Henikoff, 1992; Jones *et al.*, 1992)．

そこで，もっとも高い一致度スコアをもつオフセットを5つほどピックアップし，それぞれについて対応関係にある部分配列を抽出する．この部分配列について，上の推移行列に基づきスコアを再度計算する．5つの部

分配列のスコアのうちもっとも大きなものを 2 つの配列の類似度を表わす粗い尺度とみなし，第 1 段のスクリーニングに用いる．この尺度は初期スコアとよばれる．ギャップに関するペナルティを無視することにより，計算時間を大幅に節約することができる．図 3 はウシの環状 AMP 依存性たんぱく質リン酸化酵素を 2677 本の配列を格納したたんぱく質のライブラリーに対比させたものである．もちろん，今日ではデータベースは格段に大きくなっている．圧倒的多数の配列の初期スコアは 50 以下で分布し，数少ない配列が 50 と 75 の間の初期スコアをもつ．そして水をあけて，75 以上の初期スコアをもつ配列が自分自身を含めて 15 ある．

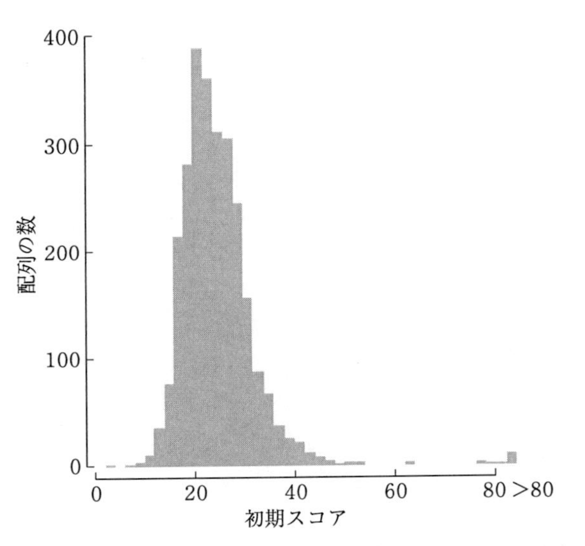

図 3　ウシの環状 AMP 依存性たんぱく質リン酸化酵素と NBRF たんぱく質ライブラリーの比較．初期スコアの分布(Lipman and Pearson, 1985)．

(c)　第 2 段：精確な尺度に基づく比較と有意性の検討

第 1 次のスクリーニングで残った配列について，Needleman-Wunsch のアルゴリズムを適用し，ギャップも考慮に入れた最適スコアを計算する．表

3は図3のように計算されたAMP依存性たんぱく質リン酸化酵素の初期スコアのうち，上位20個の配列について，改めて最適スコアを計算したものである．一番上のものは自分自身に対するスコアである．完全に一致しているのでギャップもなく，自然に初期スコアと最適スコアは同じ値になっている．他の上位16個の上位ランキング配列については，しばしば最適スコアは初期スコアの2倍ほどになっている．この劇的な違いを考慮に入れると，初期スコアにおける順番と最適スコアにおける順番は大まかに見るとほぼ一致している．とくに，この中で下位にランクされた3配列は最適スコアがほとんど初期スコアと変わらないことからもわかるように，最適スコアはより順位づけをシビアに行なっていることがわかる．

ランダムな配列を通じて，類似配列の有意性を評価する．候補となる配列の座位をランダムに並べ替えることにより，その配列のアミノ酸組成を反映しつつ，かつ検索配列(query)とは無関係な配列を数多く生成する．これらについてスコア S を計算し，その平均 μ と標準偏差 σ を求める．標準偏差を考慮に入れて，候補配列のスコアが平均を大幅に上回っていれば，その配列は有意に検索配列と相同である，とみなすことができる．通常，規準化変量 z 値

$$z = \frac{S - \mu}{\sigma}$$

が3以上あれば有意性を疑い，6を超えるとおそらく有意であるとみなし，10を超えると有意と宣言する．規準化変量は必ずしも規準正規分布に従わないが，そのオーダーから，有意水準は低く抑えられていることが理解されよう．これは，データベースに数多くの配列が登録されるにつれ，本当は関連のない配列を相同な配列とみなしてしまう第1種の過誤があまりにも頻繁におきることを避けるためである．データベースが10万個の配列を含んでいると，これらの中に真に相同なものがなくても1%の有意水準では1000個の配列が拾われてしまう．すでに登録された配列との関連でその配列の特徴をより深く理解することができる．データベースが充実してくると，本当に間違いのない配列のみを選び取る，という方策が妥当性をもってくるのである．

表 **3** ウシの環状 AMP 依存性たんぱく質リン酸化酵素と似ているたんぱく質の配列(Lipman and Pearson(1985)より引用)

識別子	たんぱく質	初期スコア	最適スコア
OKBO2C	ウシの環状 AMP 依存性たんぱく質リン酸化酵素	1810	1810
TVYUH	トリ赤芽球症ウイルスキナーゼ関連形質転換たんぱく質 erbB	96	179
GNMVRR	ネコ肉腫ウイルス gag-fgr ポリプロテイン	90	191
TVBY8	酵母細胞分裂制御たんぱく質 28	88	224
TCFV-R	ラウス肉腫ウイルスキナーゼ関連形質転換たんぱく質(src)	86	217
TVCHS	ニワトリキナーゼ関連たんぱく質 1, 2(src)	86	212
TVFV60	ラウス肉腫ウイルスキナーゼ関連形質転換たんぱく質(src)	86	216
GNFVG9	トリ肉腫ウイルス gag-yes ポリプロテイン p90	86	203
TVRT M	ラットキナーゼ関連形質転換たんぱく質(mos)	85	112
GNVWGM	アーベルソンマウス白血病ウイルス gag-abl ポリプロテイン	83	237
GNFVF	フジナミ肉腫ウイルス gag-fps ポリプロテイン	80	190
TVHU-T	ヒトキナーゼ関連たんぱく質(mos)	78	133
TVMV M	モロニー肉腫ウイルスキナーゼ関連形質転換たんぱく質(mos)	76	111
TVMV1M	モロニー肉腫ウイルスキナーゼ関連形質転換たんぱく質(mos)	76	110
TVMS M	マウスキナーゼ関連形質転換たんぱく質(mos)	76	108
GNMVCS	ネコ肉腫ウイルス gag-fes ポリプロテイン	62	161
GNMVGC	ネコ肉腫ウイルス gag-fes ポリプロテイン	62	163
QQECUC	大腸菌仮想 unc たんぱく C-130	51	51
CYBOB	ウシ β クリスタリン Bp 鎖	51	54
HBGTF	ヤギ・ヒツジ胎児ヘモグロビン β 鎖	49	49

表4はウシの環状AMP依存性たんぱく質リン酸化酵素(OKBO2C)，ラットのアンジオテンシノーゲン(ANRT)，カンジキウサギ・ウイルス(ブニアウイルス科)の核タンパク(VHVUNH)の3つのたんぱく質について，相同な配列の初期スコアおよび最適スコアの z 値を示している．それぞれランダムな並べ替えにより50の配列を生成し，平均と分散を求めた．初期スコアの z 値は，1次スキャンにおける初期スコアの平均と分散から求めた z 値とほぼ同様な値になっている．ただ，引っかかってきた配列がデータベースにある他の配列に比べ大幅に長かったり，アミノ酸組成が大きく異なっていたりした場合には，これら2つの z 値は大きく異なる可能性がある．

表4　検索で検出された配列の z 値(Lipman and Pearson(1985)より引用)

検索配列	ライブラリーからマッチした配列		1次スキャン	並べ替え	
	識別子	たんぱく質		初期スコア	最適スコア
OKBO2C	TVBY8	酵母細胞周期制御	11.3	11.1	24.9
	TVFV-R	src	11.0	10.4	23.6
	TVMS M	mos	9.3	7.6	10.1
ANRT	ITHU	α 1抗トリプシン	10.0	8.3	25.8
	GIHUNM	ヒト免疫グロブリン重鎖(V-2)	6.8	8.1	7.8
	XHHU3	抗スロンビン	5.3	5.1	24.1
	ITHUC	α 1抗チモトリプシン	5.0	3.9	15.5
	TVMV-S	血小板由来成長因子関連癌遺伝子産物	4.6	3.8	3.8
VHVUNH	ORBPL	λ 複製たんぱく質	4.4	4.0	2.5
	GHRB	ウサギ γ 免疫グロブリン定常領域	4.3	4.8	3.6

2.3　局所アラインメント検索: BLAST

データベースが充実し，高速で感度の高いホモロジー検索に対するニーズがますます高まっていた1990年になって，Altschulら(Altschul *et al.*, 1990; Altschul and Lipman, 1990; Altschul *et al.*, 1997)はFASTAの2段階検出法をさらに突き詰めて，局所的に相同な部位をもつ配列をゲノムデータベースから検索するアルゴリズムを開発した．配列全体を比較する場合と異なり，一部分の対応関係しか類似度スコアに反映されないため，感度が落ちるように思われるだろう．だが実際には，たんぱく質の配列をデータベースから比較するようなときは，見た目では対応関係を見出すことができないほどのかなり遠い関係にあるものまで拾い出す必要がある．たんぱく質は立体構造上の制約などから，そのアミノ酸の置換速度は配列内で一様でなく，部位によって大きく異なる．たとえば，表面に位置し溶剤が接近することが容易なアミノ酸は変異を受けやすく，内側に埋もれた部分は高度に保存されている(Goldman *et al.*, 1998)．遠く離れた配列間の比較においては，このシグナル/ノイズ比の高度に保存された部位を鍵に検索することは，本質を捉えているのである．またこの方法は，cDNA を，部分的にのみ解読されている配列と比較することもできるので，何かと便利である．その高速性と高検出力から，現在ゲノム情報を利用する生物科学者のほとんどが彼らの提唱する局所アラインメント検索(basic local alignment tool, BLAST)を多用している．

(a) 極大セグメント対: MSP

極大セグメント対(maximal segment pair, **MSP**)スコアにより，局所的に相同な部位による検索を行なう．FASTA と同様アミノ酸推移行列を下に，アミノ酸対 ij の類似度 $S_{ij}^{(0)}$ が定義される．互いに移り変わりやすい対には正の類似度，移り変わりにくい対には負の類似度が与えられる．塩基配列を比較する場合には，簡単のため同じ塩基対には +5，異なる塩基対には −4 の得点が与えられる．これより長さ l の 2 つの配列 $A^l=(a_1,\cdots,a_l)'$，$B^l=(b_1,\cdots,b_l)'$ の間の類似度スコア $S_{A^lB^l}^{(0)}=\sum_{k=1}^{l}S_{a_kb_k}^{(0)}$ が定義される．一般には異なる長さ L_1，L_2 をもつ 2 つの配列 A，B 間の MSP スコア S_{AB} は

$$S_{AB}=\max\left\{S_{A^lB^l}^{(0)}: A^l\in A,\ B^l\in B, l=1,\cdots,\min\{L_1,L_2\}\right\} \quad (3)$$

で与えられる．

確率 $\pi_i\pi_j$ で値 $S_{ij}^{(0)}$ をとる確率変数 X を考える(π_i はアミノ酸頻度)ことにより，独立な 2 本の配列の MSP スコアの分布が求められる．いま，これが正の値をとる確率は 0 ではなく，期待値 $E[X]=\sum_{i=1}^{20}\sum_{j=1}^{20}S_{ij}^{(0)}\pi_i\pi_j$ は負に

なるように設定する．これにより，遠い配列どうしの比較においては，平均的には MSP の長さは配列長に比べかなり短くなる．式(3)を部分和で表現すると，待ち行列における最大待ち時間と同じ形をしていることに気づく．したがって，負の移流項をもつランダムウォークに関する理論を援用して，2 つの配列がある程度長いときの MSP スコアの漸近分布が得られる(Iglehart, 1972; Karlin and Altschul, 1990; Karlin *et al.*, 1990)．それによると，MSP スコア $\tilde{S}$ が S 以上である確率は漸近的に

$$p(S) = P\left(\tilde{S} > S\right) \sim 1 - \exp\left(-KL_1L_2e^{-\lambda S}\right) \qquad (4)$$

である．より正確には，$\tilde{S}$ は配列が長くなるとともに $\dfrac{\ln L_1L_2}{\lambda}$ のオーダーで大きくなり，

$$\lim_{L_1\to\infty}\lim_{L_2\to\infty} P\left(\tilde{S} - \frac{\ln L_1L_2}{\lambda} > S\right) = 1 - \exp\left(-Ke^{-\lambda S}\right)$$

が成立する．これにより，有意水準を与えられると，MSP の棄却域を求めることができる．さらにポアソン近似により，この配列が MSP スコアで S 以上のセグメント対を k 個以上含む確率が

$$1 - \exp\left(-KL_1L_2e^{-\lambda S}\right)\sum_{i=1}^{k-1}\frac{\left(KL_1L_2e^{-\lambda S}\right)^i}{i!}$$

と評価される．巨大になったデータベースはさらに日々膨らんでいる．このため，何の関連もない配列を相同なものとして取り出してしまう，いわゆる第 1 種の過誤を低く抑えることを優先している．通常，第 1 種の過誤をもつ配列の期待数を求め，有意水準を表現する．この値は E 値とよばれる．手法が最初に提案された 1990 年当時のたんぱく質データベースは約 16000 の配列を登録していたが，$S=50$, 60, 70 に対する E 値はそれぞれ 9, 0.3, 0.01 となった．

λ は $E[e^{\lambda X}]$ の正の単位根である．すなわち

$$\sum_{i=1}^{20}\sum_{j=1}^{20}\exp\left(\lambda S_{ij}^{(0)}\right)\pi_i\pi_j = 1 \qquad (5)$$

を満たす．今の場合，定数 K を閉じた形では表現することはできないが，X と同一の分布をもつ独立な確率変数列 $X_1, X_2, \cdots, X_n, \cdots$ の部分

和 $Y_n = \sum_{i=1}^{n} X_i$ を用いて，

$$C\left(\frac{\lambda\delta}{e^{\lambda\delta}-1}\right) < K < C\left(\frac{\lambda\delta}{1-e^{-\lambda\delta}}\right) \tag{6}$$

$$C = \frac{\exp\left\{-2\sum_{k=1}^{\infty}\frac{1}{k}\left(E[e^{\lambda Y_k}; Y_k < 0] + P\left(Y_k \geq 0\right)\right)\right\}}{\lambda E[Xe^{\lambda X}]}$$

と評価される．δ はスコアの間隔の最小値である．スコアが整数値をとり，既約(最大公約数が 1)のときは 1 である．Altschul ら(2001)は，データを反映した定数 λ と K を求めるために，FASTA のアイデアに基づき，配列間の局所アラインメントをいくつも構成し，それらのスコアの分布からこれら 2 つの定数を経験的に推定する方法を提案した．

(b)　類似単語のマッチングによるスクリーニング

FASTP とその改良版の FASTA は，まず粗い初期スコアに基づいてデータベースに登録された配列をスクリーニングし，ターゲットを絞り込んだ．こうして絞り込まれた相同な配列の候補について，精確なスコアに基づく検索をかけ，有意性の検討を行った．BLAST においても，迅速でかつ感度の良い 1 次スクリーニングは本質的である．Altschul らは，類似単語のマッチングというユニークなアイデアによりこれを実現した．まず，検索配列に含まれるアミノ酸の短い並び(単語とよぶ)をリストアップする．たとえば長さ 250 のアミノ酸配列には，長さ $w=4$ の単語が $250-4+1=247$ 個ある．この中には重複しているものもある可能性があるので，この数は最大値である．次に，これらの単語それぞれについて，それとの間のスコアがある閾値 T 以上の類似単語を列挙する．通常，各単語に対して類似単語が 50 程度挙げられてくる．こうして合計 $250\times50=12500$ 程度の単語がリストアップされることになる．検索配列との MSP スコアが高く，相同性のある配列は，リスト中の単語を含んでいることが期待される．そこで，リスト中の単語のそれぞれについて，データベース全体とパターンマッチングをかけるのである．ここで引っかかってこないものは，相同配列の候補からはずされる．残った配列について，マッチングした単語をスコアが減少し始めるまで1アミノ酸残基ずつ伸ばしていく．この時点でのスコアをMSPスコアの近似値として採用する．

wとTは計算時間とスクリーニングの感度を勘案して決める．当然TはMSPスコアの閾値Sよりもかなり低く抑えておく必要がある．wやTを低く設定しすぎると，数多くの類似単語がリストアップされるため，マッチングに要する時間も過大となる．加えて，第1段のスクリーニングで多くの配列が残るため，第2段のMSPスコアの算出でも多大の計算時間を要する．他方wやTを高く設定しすぎると，非常に限定された部分では大きな類似度はないが，やや長めな領域にわたって検索配列とやや類似度の高いアミノ酸が並んでいるような配列を，候補から落としてしまう．この欠落率を小さくし，すなわち1次スクリーニングの感度をできるだけ高くし，かつマッチングにかかる時間をできるだけ短くするよう，バランスをとる．

MSPの長さはそのスコアにほぼ比例すると見てよい．したがって欠落率は，最終的な有意水準を決めるMSPスコアの閾値Sを大きくするにつれ，指数関数的に減少する．最終的に選ばれた$w=4$, $T=17$は，閾値を$S=50$, 60, 70に設定すると，それぞれ23, 16, 11%程度の欠落率をもつ．これらは1990年当時のデータベースからの検索のE値9, 0.3, 0.01に対応している．現在はデータベースが大幅に膨らんでいるが，たとえばほぼ30000程度の遺伝子数をもつとされるヒトゲノムから相同な遺伝子を検索するような場合には，E値は2倍程度にしか膨らまない．

(c)　根瘤線虫と遺伝子の水平伝播

線虫は後生動物の80%を占め，生態学的なニッチも多様である．実験動物として詳しく調べられ，ゲノム配列も決定しているシーエレガンス(*Caenorhabditis elegans*)など，多くは微生物や砕片を食べ，自由生活を送っており，人間社会に大きな影響は与えない．他方，寄生虫はヒトの病気や作物の弱体化など，多大な被害をもたらす．作物への影響に限ってみても，世界で毎年10兆円程度の被害を被っている．もっとも破壊力の強いものとして代表的なものは，ネコブセンチュウ(根瘤線虫)とシストセンチュウ(寄生線虫)である．根瘤線虫は植物宿主の内部に侵入し，根の細胞の間を練り歩く．その結果，巨細胞とよばれる大きな多核細胞が形成され，そのまわりに瘤ができる．こうして根がひずむとともに機能も低下し，植物の成長が遅れる．

分子系統樹と寄生性を対比させた解析から，線虫は進化の過程でこれまで少なくとも 3 回，異なる系統で独立に植物に対する寄生性を獲得していることがわかっている(Blaxter *et al.*, 1998)．この寄生性の獲得の背後には，ゲノム上の本質的な変化があるはずであるが，現在のところ部分的な解明に留まっている．遺伝子に新たな機能が加わった可能性，代謝や発生のパスウェイを制御する遺伝子に変化が生じた可能性，遺伝子重複による機能獲得の可能性，あるいは遺伝子の喪失が寄生性をもたらす原動力となった可能性など，思いを巡らすことはできるが，近年注目されているのが，遺伝子の水平伝播である．

細菌と古細菌，および藍色細菌(藍藻)は構成細胞に核が存在しないことから，原核生物とよばれ，核をもつ真核生物と対置される．原核生物ではしばしば，遺伝子が種をまたいで乗り移るという水平伝播がおこる．遺伝子の突然変異による機能の微調整をはるかに越えて，遺伝子の獲得と喪失が細菌の病原性・共生性の獲得と進化に大きく寄与していることが明らかになってきている(Ochman and Moran, 2001)．ゲノム解析から，ユウレイボヤや単細胞の鞭毛虫など，原始的な真核生物においても遺伝子の水平伝播がおこることが示唆されている．これに対し，高等真核生物における水平伝播の可能性については，まだ意見の一致を見ていない．

生化学および免疫学の実験から，植物の細胞壁の主たる構成要素であるセルロースとペクチンを分解する遺伝子が単離されたが，いずれも個別的な事例分析に留まっていた．これらのうちいくつかは，バクテリア起源で根瘤線虫に水平伝播したものであることが示唆された．

これに対して David Bird たちのグループは，水平伝播遺伝子の候補を，ゲノムレベルの相同性検索により系統的にはじき出した(Scholl *et al.*, 2003)．寄生虫の配列の解読が進んでいるが，現在のところシーエレガンスを除いては線虫のゲノムが決定されていない．多くの場合，まず，発現している遺伝子の配列断片(expressed sequence tag, **EST**)のライブラリーが作成される．EST は実際の遺伝子の部分領域であることが保証されているという利点があるが，複数の配列断片が同一遺伝子の異なる部分であったりするため，代表性の点で問題がある．そこで，ワシントン大学における寄生性線虫ゲノムプロジェクトでは，こうした重複を調査し，代表性のあるデータベースを作成している．

キタネコブセンチュウ(*Meloidogyne*)における *M. incognita* から 1799，*M. javanica* から 3119 の EST について相同性検索を行った．まずは，これらの配列それぞれについて，種々のバクテリア，シーエレガンス，ショウジョウバエのゲノムに対して相同性検索をかけた．部分配列間の相同性検索には BLAST が適している．これらの系統関係は図 4 のようになっている．a，b，c の 3 通りの水平伝播に関心があるが，いずれのパターンを経験した遺伝子においても，キタネコブセンチュウとバクテリアは共有し，シーエレガンスとショウジョウバエには存在しない，という特徴がある．シーエレガンス，ショウジョウバエいずれかに存在していた場合には，その遺伝子は線虫に水平伝播したのではなく，ショウジョウバエ，あるいはシーエレガンスに至る系統で遺伝子が抜け落ちたと見ることもできる．

まず第 1 段階のスクリーニングでは，この相同性検索でシーエレガンス，あるいはショウジョウバエの遺伝子ともっとも高い相同性を示した配列は，

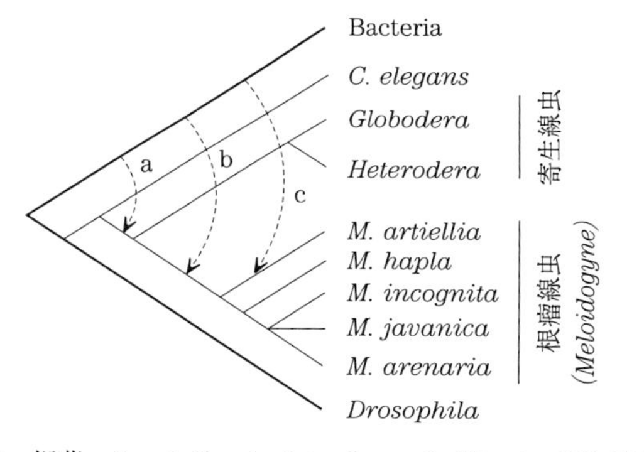

図 4　細菌，ショウジョウバエ，シーエレガンス，寄生線虫，根瘤線虫の系統関係と水平伝播のパターン

水平伝播遺伝子の候補から除外された．E 値が e^{-10} 以下の，相同性が確実なものについてのみ候補に残した．さらにバクテリアの遺伝子ともっとも高い相同性があるものについて，さらに第 2 段階のスクリーニングを行った．第 2 段階のスクリーニングでは相同性検索の範囲を Genbank に登録されている全たんぱく質にまで広げた．その結果，いくつかの配列は，ヒトやマウスの遺伝子との相同性が認められた．このような配列は，ショウジョウバエとシーエレガンスの両系統で遺伝子の欠落が起きた可能性が排除できないため，水平伝播の候補遺伝子からは除外した．こうして最終的に，*M. incognita* において 12，*M. javanica* において 7 の配列がバクテリアから根瘤線虫へ水平伝播した遺伝子の候補として挙げられた(表 5)．

表 5　バクテリアから根瘤線虫への水平伝播遺伝子の候補の絞り込み：2 段階スクリーニング

データベース調査種	原配列数	第 1 段階スクリーニング後	第 2 段階スクリーニング後
M. incognita	1799	16	12
M. javanica	3119	11	7

M. incognita，*M. hapla*，*M. javanica* が水平伝播により獲得推測される遺伝子として，これまで 7 つの遺伝子が報告されていた．その主なものはセルロースとペクチンを分解する遺伝子であったが，上記網羅的ゲノム解析ではこのうち 6 つを検出した．検出されなかった 1 つはコリスミ酸ムターゼをコードするもので，運悪くワシントン大学の EST データベースに含まれていなかったことが確認された．

この解析で，新たに 6 つの水平伝播候補遺伝子が検出された．そのうち 3 つは，ATP の存在下でアンモニアをグルタミン酸に結合させグルタミンを合成するグルタミン合成酵素，解糖系における重要な酵素であるロイシン/スレオニンアルドラーゼ，および *nodL* であった．残り 3 つは機能は未知の遺伝子である．

さらに詳細に系統解析を行うことにより，グルタミン合成酵素，ロイシン/スレオニンアルドラーゼ，*nodL*，および機能未知の遺伝子のうち 1 つが，マメ科植物の根に侵入して根粒を作る根粒菌に由来することがわかった．根瘤線虫と根粒菌は土壌中で同じ棲息域をもつため，水平伝播をおこしたとしても不思議はない．しかも根粒菌のゲノムにおいてこれらの遺伝子は互いにきわめて近接しており，1回のゲノム断片の水平伝播によりこれらのデータを説明することが可能である．グルタミン合成酵素は，根粒菌の窒素固定のパスウェイに重要な遺伝子として知られている．*nodL* は N-アセチル基転移酵素をコードし，これまで根粒菌にのみ存在すると信じられていた．そこでの機能の詳細はまだよくわかっていないが，バクテリアと共生種との間の信号のやりとりに関係し，細胞分裂と根粒の分化を引き起こすことに中心的な役割を担っていることは間違いない．このバクテリアとマメの共生系において核となっていた遺伝子が，線虫に乗り移ったのである．

3 連鎖解析

人生の出会いは運とされる．この運をチャンスと見極めて確実にモノにすることにより，成功への道が開かれる．多くの人に語られていることで，おそらくほぼ真実であろう．研究も同様であろう．着想自体は運に左右される．優れた構想に基づき，練られた実験計画に基礎づけられた研究は，成功確率が高まる．しかし同時に，成功の背景には必ずといってよいほど，模索の時代がある．失敗を重ねながら，次第に的を絞り込み，本質に近づいていく試行錯誤の時代である．この試行錯誤の時代にわずかな「異変」を敏感にかつ確実に検出し，検証し，本質的な現象として普遍化できた人は成功者である．こうして見ると，この模索の時期のアプローチはきわめて重要な役割をもっている，ということが明らかになってくる．ここに統計科学の貢献があり，高検出力をもったセンサーとポイントを押さえた絞込みの手法を提供するところにその使命がある．

序章で紹介した，Doebley たちの teosinte から maize が誕生する遺伝的背景を突き止めた研究は，成功した研究の重要な1つと位置づけられる．これも上述の例外ではなく，*tb1* の単離と機能解析を行い，集団内での変異に基づき遺伝子上流の調節領域における人為的選択圧を認めるまでには，絞り込みの決して短くはない道のりがあった．この場合，teosinte から maize が誕生した遺伝的背景を突き止める，という未解決の問題が突きつけられていた．

そこでの基本は突然変異体の解析と膨大な交配実験である．前者は，化学処理や放射線，トランスポゾンの挿入などでゲノムの破壊率を高め，表現型を観察するものである．目的形質が失われた個体が見出されると，その特徴を詳細に調べ，その遺伝構造の調査を行う．交配実験は，目的とする形質に大きな差があるものを交配させ，それが遺伝的にどのように伝播して行くか調べるものである．遺伝形質を決める遺伝子の数とゲノム上の位置，機能解析に探りを入れる上で，重要な位置を占めるのが連鎖解析である．ゲノム上に散在する多型マーカーとの連鎖において，場所を絞り込んでいくものである．本章では 1990 年代前半におけるトウモロコシ研究の絞り込みの足跡をいくつか追いながら，連鎖解析の方法論の寄与，および実験で見出された証拠による方法論の改良の一端を紹介する．

農作物の収量や草丈などの連鎖解析については鵜飼(2000)，ヒトの疾患遺伝子の連鎖解析については鎌谷(2001)に詳しい．前者は交配実験によりマーカー間，あるいはマーカーと形質遺伝子座の間の組換え価を直接測定する利点がある．他方，ヒトなどは交配実験を行うことができないため，また，家系データを得ることが実際上困難なこともあるため，組換えの情報はしばしば間接的になる．ただ，両者の区分は必ずしも明確なものではなく，ゲノム上でどの程度密にマーカーが整備されているかによって，妥当な解析方法も異なってくる．交配実験を通じた連鎖解析は，組換え価を直接測定できる反面，組換えの頻度が少ない(1 世代 1 染色体あたり 1 回程度)ことから，推定の精度は限られたものとなってしまう．また交配世代を重ねていくと，やがてその解析は家系分析と近似してくる．これに対して連鎖不平衡は，突然変異後の組換えの蓄積が関係しているため，マーカーと遺伝子座がゲノム上かなり近接していても，連鎖不平衡は解消する．このため，多型マーカーを密に整備することができれば，形質を決める遺伝子座をきわめて精度良く検出することができる．ただし，構造が集団で不均質である場合にはマーカーと遺伝子座の見かけ上の相関を拾ってしまう危険性があるため，こうした偏りを回避することが重要である．本章では交配実験，家系分析による組換え価の推定，連鎖不平衡を利用した相関解析のそれぞれについて，解析手法の長所・短所をつかんでもらいたい．また，手法の紹介を通して，データが質的に変化するとともにデータ解析の手法も新たに提案されて行く様子を概観する．

3.1 組換えと連鎖不平衡

ゲノムには多型な部分が数多くある．遺伝子部分の多型性は表現型として表出するため，古くから多くの関心を集めていた．1980 年になって Botstein ら(1980)は，遺伝子以外の広大なゲノム領域が遺伝子探索に有効に利用できることを示した．当時各種制限酵素が開発され，それによる切断部位との組換えを利用した研究が活発に行われていた．制限酵素切断断片長に多型性があると，これは遺伝子とまったく同様に世代を超えて受け継がれる．そこでこうした多型性をもつ部位をマーカーとみなし，これとの連鎖から遺伝子の位置を絞り込んでゆく，というアプローチである．一時期停滞していた家系分析が，これにより一気に息を吹き返した(Lander and Green, 1987)．量的遺伝の分野にこうした手法が伝播してきたのは 1989 年になってからであった．遺伝病は疾病の有無といった 2 値を問題にするため，遺伝子型とより直接的に関わっている．成長や収量，甘味，水分含量などの量的形質はこの関係性が間接的となる．まずトマトにおける適用例が学術雑誌 *Nature* に掲載され(Paterson *et al.*, 1988)，続いてその方法論が *Genetics* に掲載された(Lander and Botstein, 1989)．

(a) トウモロコシ研究：模索の時代

トウモロコシ(maize: *Zea mays* L., *mays* 亜種)の起源と栽培化に関する研究を行っていた Doebley たち(1990)は，この手法をいち早く取り入れた．交配実験などから当時すでに，メキシコに自生する teosinte が maize の祖先種であることに疑いを入れる研究者は限られていた．その中でも *mexicana* 亜種と *parviglumis* 亜種が maize に近く，おそらく *parviglumis* 亜種から maize が由来したと思われていた．ただ，両者は形態が大きく異なり，わずか 1 万年弱の栽培化の過程で，何が形態形成に劇的な変化をもたらしたかが謎で，意見が分かれていた．

maize も teosinte も，主稈先端部は雄穂(tassel)である．一方，第一次分げつを見てみると，teosinte では主稈同様長く伸びてこの元にある第 1 側花序は雄穂である．これに第 2 側花序，第 3 側花序，と雌穂が続く．これに対し，maize の第一次分げつは短く，雌穂である．形状を正確に見ると，側枝の節間数は変わらないが，節間の長さが短くなっている．第二次分げつがあることもあるがまれである(図 5(a))．もっとも大きな違いは雌穂のアーキテクチャである．teosinte は 5 個から 10 個の殻斗が 2 列に並んでおり，殻斗は小穂を含み，その外苞頴が殻斗を密閉している．殻斗も外苞頴も，き

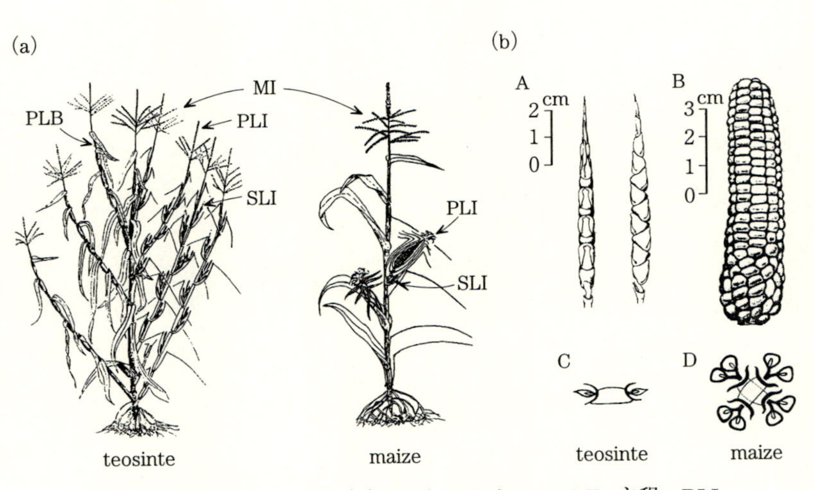

図 5 teosinte と maize．(a)アーキテクチャー．MI: 主稈，PLI: 第 1 側花序，SLI: 第 2 側花序，PLB: 第一次分げつ，(b)雌穂．A: teosinte の雌穂，B: maize の雌穂，C: teosinte の雌穂の切断面で，2 列の殻斗からなり，それぞれの殻斗は 1 つの小穂を伴う，D: maize の耳の切断面で，4 列の殻斗からなり，それぞれの殻斗は 2 つの小穂を伴う．(Doebley *et al.* (1990) より転載)

わめて硬い．これに対し maize は，100 程度の殻斗が 4〜10 列程度に並んでいる．殻斗は若干硬いこともあるが，外苞頴はやわらかい．teosinte と異なり，それぞれの殻斗には 2 つの小穂，茎と無柄がついている(図 5(b))．殻斗が 2 つの小穂をもつことは maize を teosinte から分ける 1 つの大きな差となっている．

そこで teosinte *mexicana* 亜種と *Zea mays* を交配させ，雑種 2 代 260 個体について，これらの違いを特徴づける 12 の表現形質(表 6)および 58 の分子マーカーの遺伝子型を測定した．これらの形質をマーカーとの相関関係において調べた結果，図 6 に見られるように，重要な領域が 5 つ検出された．後述するように，この解析は遺伝子とマーカーの間の組換え価の大きさ，逆にいえばそれらの間の連鎖関係を利用した解析であることから，連鎖解析とよばれる．

表 6　maize-teosinte 交配実験で測定した形質

形　質	記　述
CUPR (cupules per rank)	1 列の殻斗数
DISA (disarticulation score)	雌穂の粉砕傾向(10 段階評価)
GLUM (glume score)	外苞頴の堅さ(10 段階評価)
LBIL (lateral branch internode)	第 1 側枝における節間の平均長
LFLN (leaf length)	頂点から 4 番目の葉の長さ
LIBN (branch number)	第 1 側花序における枝の数
PLHT (plant hight)	花粉落下終了後に測定した草丈
PEDS (pedicellate spikelet)	2 つの小穂をもつ殻斗の割合(%)
PROL (prolificacy)	側枝における耳の数
RANK (rank)	殻斗の列数
STAM (staminate score)	第 1 側花序における雄小穂の割合(%)
TILL (tiller number)	分蘖(ぶんげつ)枝数

図のいずれの領域においても，複数の形質に同時に寄与しており，同一の遺伝子による多面発現である可能性を強く示唆している．とくに，第 1 染色体長腕には UMC107 マーカー近傍に 5 つの形質(CUPR, DISA, GLUM, PEDS, STAM)の主な遺伝効果が由来していると推察された．当時すでに maize の側枝を teosinte のそれのように変える劣性の自然突然変異体 *teosinte branched 1* (*tb1*) が知られていた(Burnham, 1959)．遺伝子はまだ単離されていなかったが，その予想される位置はこの領域に入っていた．全遺伝効

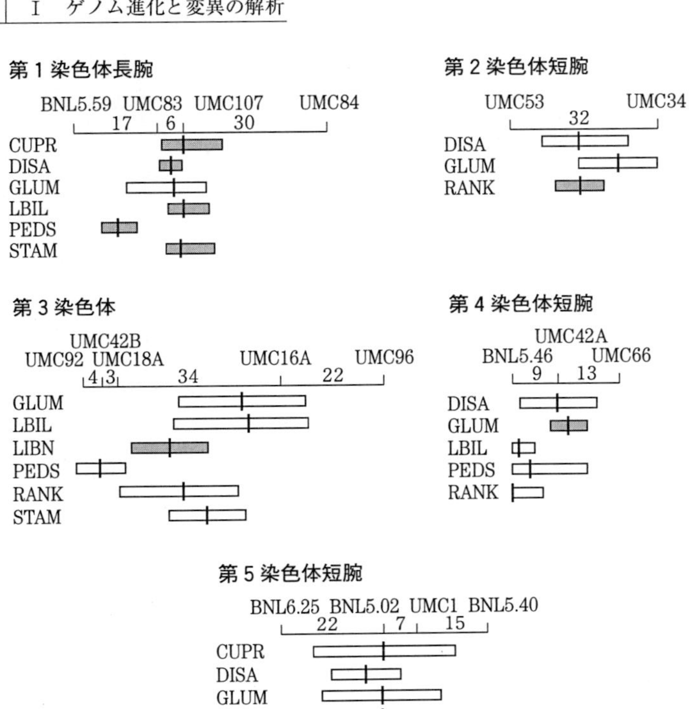

図 6　teosinte と maize のアーキテクチャーを分ける 5 つのゲノム領域と各形質の多面発現．縦棒は遺伝子座の位置の推定値，箱は 95% 信頼区間．染色体上遺伝子座ともっとも連鎖しているマーカーを上に記している．数字はマーカー間の組換え価(Doebley and Stec, 1991)．

果に対するこの領域の寄与率が高いことがわかったいま，そして，teosinte と maize を分けるさまざまな形質の差が同時にこの領域で説明されることがわかったいま，この突然変異体は単に teosinte と maize の違いを説明する 1 因子ではなく，これを徹底的に調べることにより，teosinte から maize にいたる物語の全貌の解明に大きく近づく可能性が大きいことがわかったのである．

その後さらに，teosinte の中でも maize(*Zea mays*)にもっとも近いとされる *parviglumis* 亜種と交配実験を行い，遺伝効果が 20% 以上の主要な領域はほぼ両者で共通していたことを確かめた(Doebley and Stec, 1993)．そしてさらに，マーカーの遺伝子型を指標にして戻し交雑で絞り込みをかけ，teosinte を背景にもちつつもっとも関心のある第 1 染色体長腕における候補領域のみ maize 由来の個体，および逆に，maize を背景にもちつつもっとも関心のある第 1 染色体長腕における候補領域のみ teosinte 由来の個体を抽出し，形質を比較した(Doebley *et al.*, 1995)．こうすればその領域の違いだけで teosinte と maize の形質の違いをどの程度説明できるか，実験的に確かめることができるのである．この部分は，花序の性，側枝および側花序における節間の数と長さに影響を与えていた．また，teosinte の背景をもつ場合のほうが maize の背景をもつ場合よりも大きな効果をもっていた．図に付された数字は隣接マーカー間の組換え価を % で表わしたものである．組換えは染色体の乗り換えに基づいており(次項参照)，その頻度は cM(センチモルガン)単位で表わされる．1 cM はある染色分体で 100 回に 1 回乗り換えがおきることを意味し，生物や染色体上の部位によって異なるが，ほぼ 100 万塩基対のオーダーの距離である．信頼区間の幅は 10 cM 程度はある．遺伝子を単離し配列を決定するには，通常 1 万塩基対のオーダーに迫る必要がある．連鎖解析は組換え個体の割合に関する情報に基づくものであるから，マーカーの数をゲノム上に密に配置しても，解析する個体数を増やさない限り信頼区間の幅を大幅に縮めることはできない．一般に，交配実験で動植物を育てることのできる個体の数には限界があり，数百のオーダーを超えるときわめて困難になる．今回の解析の延長線上でそのまま遺伝子の単離に結びつく，と考えるのは得策ではない．種々の実験からフィードバックを受けながら遺伝因子とその効果に関する情報を絞り込み，最終的にはその遺伝メカニズムの解明に至る経路を確実かつ短いものにすることが，ここでの手法に求められていることである．

(b) 乗り換えと組換え

ヒトは 22 対の常染色体と 1 対の性染色体をもつ．より広く，2 倍体生物は相同または異種の染色体を 2 本 1 組もつ．これら染色体の各部位の対は，父親由来の配偶子と母親由来の配偶子をそれぞれランダムに確率 2 分の 1

で1つずつ受け継ぐことにより構成される．このように，基本的には父親ゲノムの半分と母親ゲノムの半分をランダムに抜き取って子供に受け継がれている．大まかにいえば，多くの場合，各染色体対の一方をランダムに抜きとって子供に受け渡される．

異なる形質(L/S)をもつ自殖植物の2系統を交配させて第1代雑種(F1)をつくる．第1代雑種は各個体遺伝的には同一で，ゲノム上の各部位でヘテロである．したがって，この形質が単一遺伝子座により支配されている遺伝形質である場合には，すべてLか，すべてSか，あるいはすべてMのいずれかである．形質L, Sの親系統の遺伝子型をそれぞれAA，aaとすると，雑種1代の遺伝子型はAaである．ここでの個体がすべてLとなった場合は，表現型においてはLはAに対して優性，Sは劣性ということがわかる．逆にすべての個体がSであった場合には，LはAに対して劣性，Sは優性である．ヘテロ独特の表現型が現われることもある．雑種1代を無作為に交配させて雑種第2代雑種をつくると，雑種2代におけるこの遺伝子座の遺伝子型は4分の1がAA，2分の1がAB，4分の1がBBとなる．したがってたとえば，雑種1代ですべてがLとなり，LがAに対して優性であった場合には，雑種2代においては $\frac{1}{4}+\frac{1}{2}=\frac{3}{4}$ がL，$\frac{1}{4}$ がSとなることが期待される．逆に，実際のデータがこのように期待される頻度と矛盾していなければ，この形質は単一遺伝子座により支配されている遺伝形質であることが推測される．

それではこの遺伝子はゲノム上のどこに存在するか．場所を突き止めることができれば，この遺伝子を詳細に調べて，形質の違いをもたらした背後にある遺伝的メカニズムを知ることができる．遺伝子産物を補う，あるいは遺伝子を強く発現させることによって，遺伝病の治療や作物の品種改良をする道が開けて来よう．また場所が特定できれば，その部分のみを特定の対立遺伝子に置き換えることにより，他の形質に影響を与えることなく当該形質の品質を向上させることが可能となる．

複数の遺伝子座により支配されている遺伝形質を考えよう．2つの遺伝子座において，2系統はそれぞれ(複合)遺伝子型AABB，aabbをとる．雑種1代ではAaBbである．雑種2代ではAABB，AaBB，aaBBなど，9通りの遺伝子型をもつ．それらの遺伝子座が異なる染色体に位置するときは，2 つの遺伝子座は独立な運命をたどる．この場合は比較的容易にこれらの期待頻度を計算できよう．2 遺伝子座が同一染色体上に座乗している場合には，事情は異なってくる．なぜならば，それらはある程度運命共同体であるからである．

運命共同体の様子を表現するには，**ハプロタイプ**という用語を用いるのが都合がよい．それぞれの遺伝子座は父親由来の遺伝子と母親由来の遺伝子により構成されている．n 個の遺伝子座における遺伝子は $2n$ 個あるが，このうち n 個は父親由来，残りの n 個は母親由来である．一方の親由来の遺伝子を集めた集合をハプロタイプという．とくにこれらの遺伝子座がひとつの染色体対上にある場合には，それぞれの染色体上の遺伝子のセットがハプロタイプとなる．2 つの遺伝子座における遺伝子型がそれぞれ Aa および Bb であったとする．これらのハプロタイプの可能性としては，AB，Ab，aB，および ab の 4 通りある．それぞれの個体は 1 対のハプロタイプの組合せ，**ディプロタイプ**をもつ．複合遺伝子型に対してディプロタイプは「/」を挟んで表現する．いまの場合，複合遺伝子型 AaBb のディプロタイプとしては，AB/ab の組合わせ，Ab/aB の組合せが可能である．ただし多くの場合，ハプロタイプを観察することはできず，個々の遺伝子座における遺伝子型の組合せ AaBb の情報のみが得られる*2．

もしも染色体が切断されることがなければ，同一染色体上の 2 つの遺伝子座は共通の運命をたどるはずである．ところが実際には染色体はしばしば，**乗り換え**(あるいは交叉，crossing-over)という形で切断される．図 7 は減数分裂の過程で，それぞれ Aa および Bb の遺伝子型をもつ 2 つの遺伝子座の間で乗り換えがおきた様子を表わしている．親においては一方の染色体のハプロタイプは AB，もう一方のハプロタイプは ab であったが，子に受け継がれる際には Ab あるいは aB という組み合わせに変化している．

---

*2　この章全般に見られるように，ハプロタイプを直接観察できないことが遺伝解析の感度を下げている．最近，45 kb 程度の範囲でハプロタイプ，ディプロタイプを測定する方法が提案された(Mitra *et al.*, 2003)．こうした測定が確固たるものになれば，データ解析も大幅に簡素化され，かつ推定の精度も格段に向上する可能性がある．このスケールでのハプロタイプの直接測定は，詳細なマッピングに強い連鎖不平衡において，直接的な応用が期待される．

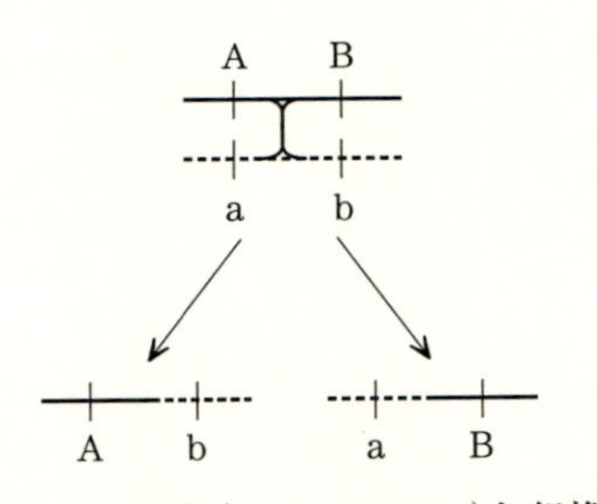

図 **7** 乗り換え(crossing-over)と組換え

この組み合わせが変わる現象を組換えという．生物により乗り換えの頻度は異なるが，大まかにいうと，世代当たり1染色体対に1箇所程度乗り換えがおきている．染色体でも乗り換えのおこりやすい場所とおこりにくい場所がある．染色体の動原体近辺は遺伝子もあまり座乗しておらず，乗り換え頻度も少ない傾向がある．

乗り換えそのものを観察することは現在のところほとんど不可能で，乗り換えは組換えの形で間接的に観測される．2遺伝子座の間に1回乗り換えがおきていれば，組換えが観察されるが，2回おきている場合には観察されない．組換えがおきる確率を組換え価という．2遺伝子座が異なる染色体に座乗していれば，その間の組換え価は1/2である．同一染色体上にある場合にはこれより小さくなる．2遺伝子座が近いほど，その間に乗り換えがおきる確率は小さく，したがって，組換え価も小さい．

ところで，Doebleyたちの行った一連の実験を通して，組換え価は交配の相手により一般に異なることがわかった．表7はmaizeと*mexicana*を交配させて得られたマーカー間の地図距離(cM)を，maizeどうしを交配させて得られたマーカー間の連鎖距離と比較したものである(Doebley and Stec, 1991)．たとえば，第1染色体にある2つのマーカーUMC107とUMC83の間の距離は，maizeどうしを交配させたときは27.5 cMであるのに，maizeと*mexicana*を交配させたときは6.6 cMと大幅に小さい．他のマーカー対の間の距離についても同様の傾向が見られる．このことは，遺伝的に異なるものを掛け合わせたときには，乗り換えはおきにくいことを示している．その後*mexicana*の代わりにmaizeにもっとも近い*parviglumis*をmaizeと交

表 7 maize-maize および maize-teosinte の交配における組換え価(Doebley and Stec, 1991)

マーカー対	染色体番号	連鎖地図距離	
		maize-maize	maize-*mexicana*
UMC107-UMC83	1	27.5	6.6
UMC125-UMC2B	2	48.5	15.9
UMC2B-UMC131	2	19.5	3.9
UMC18-UMC923	3	22.9	6.5
UMC15-UMC66	4	43.8	8.6
UMC42A-BNL5.46	4	44.8	9.8
UMC108-UMC1	5	107.4	22.3
UMC38-UMC65	6	55.9	22.7
UMC151-UMC125B	7	60.9	23.9
UMC117-UMC12	8	41.0	15.2
BNL5.09-UMC95	9	43.8	5.7

配させた実験(Doebley and Stec, 1993)では，たとえば UMC107 と UMC83 の間の距離は 20.6 cM，UMC42A と BNL5.46 の間の距離は 23.3 cM というように，*mexicana* と交配させたときに比べ maize-maize 交配のときの距離に近くなっていた．

いま純系の 2 親から雑種 1 代を作成し，後に親集団と戻し交雑をかけたとする(図 8)．親集団の 2 遺伝子座における(複合)遺伝子型を AABB および aabb とする．ハプロタイプも併せて表現すると AB/AB および ab/ab である．2 遺伝子座間の組換え如何にかかわらず，雑種 1 代(F1)の遺伝子型は AB/ab である．戻し交雑 1 代(BC1)では，元親から受け継がれたハプロタイプとしては AB のみが可能である．雑種 1 代(F1)から受け継がれたハプロタイプとしては AB, ab, Ab, および aB のいずれもの可能性がある．はじめの 2 つは 2 遺伝子座の間には組換えがおきていない．これに対して後の 2 つは組換えがおきている．2 遺伝子座間の組換え価を r とすると，戻し交雑 1 代では遺伝子型 AABB, AABb, AaBB, AaBb をそれぞれ，$\frac{1-r}{2}$, $\frac{r}{2}$, $\frac{r}{2}$, $\frac{1-r}{2}$ の確率でもつ．したがって，戻し交雑 1 代における n 個体のうちこれらの遺伝子型をもつ個体がそれぞれ n_{AABB}, n_{AABb}, n_{AaBB}, n_{AaBb} だけ観測されたとすると，対数尤度は

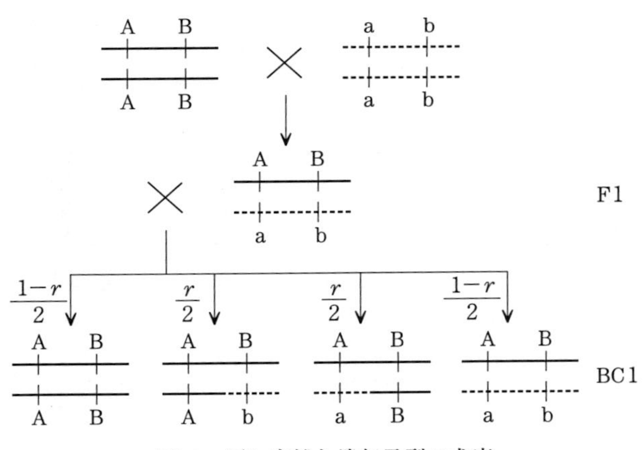

図 8 戻し交雑と遺伝子型の尤度

$$\ell = n_{\mathrm{AABB}} \log \frac{1-r}{2} + n_{\mathrm{AABb}} \log \frac{r}{2} + n_{\mathrm{AaBB}} \log \frac{r}{2} + n_{\mathrm{AaBb}} \log \frac{1-r}{2}$$

$$= (n_{\mathrm{AABB}} + n_{\mathrm{AaBb}}) \log \frac{1-r}{2} + (n_{\mathrm{AABb}} + n_{\mathrm{AaBB}}) \log \frac{r}{2} \qquad (7)$$

である．式(7)を r について最大化させることにより，組換え価の最尤推定量として

$$\hat{r} = \frac{n_{\mathrm{AABb}} + n_{\mathrm{AaBB}}}{n} \qquad (8)$$

を得る．

(c) Hardy-Weinberg 平衡と連鎖不平衡

集団が無作為交配する場合には，各対立遺伝子は独立に実現し，遺伝子型頻度は遺伝子頻度により表現される．たとえば，適応度において差がない対立遺伝子が A, a と 2 つあり，それらの遺伝子頻度がそれぞれ p_{A}, p_{a} であるときは，遺伝子型 AA, Aa, および aa の遺伝子型頻度は

$$p_{\mathrm{AA}} = p_{\mathrm{A}}^2$$

$$p_{\mathrm{Aa}} = 2p_{\mathrm{A}}p_{\mathrm{a}}$$

$$p_{\mathrm{aa}} = p_{\mathrm{a}}^2$$

となる．

これを **Hardy–Weinberg** 平衡という．集団が無作為交配しているにもかかわらず，Hardy–Weinberg 平衡が成立していない場合は，これらの遺伝子型の間で何らかの形で繁殖能力に差があり，適応度が異なるとみなすことができる．免疫系と関係しているような遺伝子では多型であることが有利に働き，ヘテロ接合体の頻度が Hardy–Weinberg 平衡で期待されるよりも多くなる可能性がある．あるいは，一方の対立遺伝子が突然変異により何らかの機能を失ったものであったような場合には，この対立遺伝子をホモでもつ遺伝子型の適応力は極端に落ちる．

適応度において差がなくても，集団がいくつかの分集団からなるときは，Hardy–Weinberg 平衡に比してそれぞれのホモ接合の割合が高くなる．実際，集団が k 個の無作為交配する分集団からなっていたとしよう．これらの割合を $w_1, \cdots, w_k$ とし，第 j 分集団における遺伝子頻度を $p_{\mathrm{A}j}$，$p_{\mathrm{a}j}$ とすると，集団の遺伝子頻度，および遺伝子型頻度は

$$
\begin{aligned}
p_{\mathrm{A}} &= \sum_{j=1}^{k} w_j p_{\mathrm{A}j} \\
p_{\mathrm{a}} &= \sum_{j=1}^{k} w_j p_{\mathrm{a}j} \\
p_{\mathrm{AA}} &= \sum_{j=1}^{k} w_j p_{\mathrm{AA}j} = \sum_{j=1}^{k} w_j p_{\mathrm{A}j}^2 \qquad (9) \\
p_{\mathrm{Aa}} &= \sum_{j=1}^{k} w_j p_{\mathrm{Aa}j} = \sum_{j=1}^{k} w_j 2 p_{\mathrm{A}j} p_{\mathrm{a}j} \\
p_{\mathrm{aa}} &= \sum_{j=1}^{k} w_j p_{\mathrm{aa}j} = \sum_{j=1}^{k} w_j p_{\mathrm{A}j}^2
\end{aligned}
$$

となる．容易にわかるように，

$$
p_{\mathrm{AA}} - p_{\mathrm{A}}^2 = \sum_{j=1}^{k} w_j (p_{\mathrm{A}j} - p_{\mathrm{A}})^2 \geq 0
$$

である．等号は各分集団が同じ遺伝子頻度をもつとき，すなわち遺伝構造が異ならないときに限る．

無作為交配する集団においては Hardy–Weinberg 平衡が成り立つ．すなわち，ある遺伝子座における対立遺伝子はそれぞれ独立に実現する．これ

は 1 世代で平衡状態になる．いま，2 つの遺伝子座がそれぞれ 2 つの対立遺伝子 A/a, および B/b をもち，組換え価 r で互いに連鎖している場合を考える．簡単のため，対立遺伝子の間に適応度の差はないと仮定する．ある世代におけるハプロタイプ頻度が p_{AB}, p_{Ab}, p_{aB}, p_{ab} であった．2 遺伝子座が連鎖しているため，$p_{\mathrm{AB}} = p_{\mathrm{A}}p_{\mathrm{B}}$ などとはならない．そのずれ

$$D \equiv p_{\mathrm{AB}} - p_{\mathrm{A}}p_{\mathrm{B}}$$

は**連鎖不平衡**とよばれている．$D = 0$ のとき，集団は連鎖平衡にあるという．他の組合せにおける連鎖平衡からのずれも

$$p_{\mathrm{Ab}} - p_{\mathrm{A}}p_{\mathrm{b}} = -D$$

$$p_{\mathrm{aB}} - p_{\mathrm{a}}p_{\mathrm{B}} = -D$$

$$p_{\mathrm{ab}} - p_{\mathrm{a}}p_{\mathrm{b}} = D$$

と，同じ D を用いて表現されることが容易にわかる．対立遺伝子の数が 3 つ以上ある場合には，それぞれのハプロタイプについて連鎖平衡からのずれが個別に定義される．この連鎖平衡からのずれは 2 遺伝子座間の組換え価そのものではないが，何らかの形でこれらの間の近さを反映しているであろう．

何らかの要因で集団の大きさが細り，いわゆるボトルネックがかかったり，ある時点で突然変異が生じて新たな対立遺伝子が生じたりすると，連鎖不平衡が生まれる．この遺伝子間の相関は，薄まりながらも，世代をまたいで引き継がれていく．ある世代の子世代においてハプロタイプ AB をもつのは，

- 親世代で(複合)遺伝子型 AB/– が抽出され，これら遺伝子座の間に組換えがおきず，ハプロタイプ AB が受け継がれる場合，
- 親世代において(複合)遺伝子型 A–/–B が抽出され，組換えがおきてハプロタイプ AB が抽出される場合

のいずれかである．ここで – は対立遺伝子のタイプを問わないことを意味する．無作為交配する集団では，それぞれの確率は $(1 - r)p_{\mathrm{AB}}$, $rp_{\mathrm{A}}p_{\mathrm{B}}$ である．子世代のハプロタイプ AB の頻度を p'_{AB}，連鎖平衡からのずれを D' とすると，遺伝子頻度に変化がなければ

$$D' = p'_{AB} - p_A p_B = (1-r)D$$

が成り立つ．すなわち，連鎖不平衡は世代を経るにつれ，指数関数的に解消されて行く．この減衰率は 2 遺伝子座間の組換え価で決まる．したがって，現在の連鎖不平衡の大きさは，2 遺伝子座間の組換え価と，突然変異による対立遺伝子が出現してから，あるいは集団がボトルネックを経験してからの世代数の両者に依存している．

(d)　多型マーカー

遺伝子座間の連鎖，あるいはゲノム上に配置されたマーカーとの連鎖を利用して，遺伝的形質を規定する遺伝子の数とゲノム上の位置，および遺伝効果を推定することができる(鵜飼，2000)．メンデルによる遺伝法則の発見以来，ゲノムに対する研究者の関心は遺伝子部分に集中していた．が，多くの高等生物においては，ゲノムの大部分は遺伝子以外の領域であることが知られている．ただこの領域も，遺伝子と同様メンデル遺伝する．そこで 1980 年代になって，ゲノム上に散在する多型な部分をマーカーとして利用し，これとの連鎖関係を見ることにより，重要遺伝子の位置を絞り込むアプローチが急速に進んだ(Botstein *et al.*, 1980)．

図 9 は EcoRI という制限酵素によりゲノムを切断し，電気泳動にかけている様子を模式的に表現している．この酵素はゲノム中に散在する GAATTC というパターンの塩基の並びを認識し，G と A の間を切断する．こうして

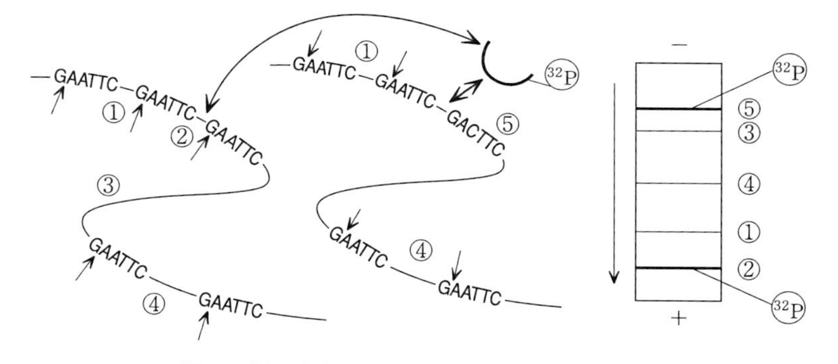

図 9　制限酵素 EcoRI による切断と断片長多型

1本の染色体が①, ②, ③, ④, ⋯ のように断片に分かれる．切られる部位を制限酵素切断部位という．もう片方の親に由来する染色体では②と③を分ける部位の3番目の座位がAの代わりにCとなっている．対応する並びはGACTTCとなり，制限酵素はこれを認識しない．このため，②と③がつながった⑤という切断片が得られている．

ずたずたに切り裂かれたゲノムをデンプンゲル上に置き，電気泳動にかけると，DNAは負の電荷をもっているため，それぞれの断片は正の電極に向かって移動する．小さな断片ほど移動距離が大きい．これらは肉眼で見ることはできないが，放射線リンや色素でラベルしたプローブを用いることにより，ある切断部位の遺伝子型を見るような形で可視化することができる．図では②および⑤の部分配列と相同性のあるプローブを用いた電気泳動の結果，②と⑤の断片のみが可視化されている様子を模式的に示している．バンドが1本しか見えなければ，②，あるいは⑤のホモ接合であることがわかる．

マーカーは遺伝子とは異なり，生物の機能や形態とは一般には何の関係もない．しかし，ゲノム上の道路標識として用いることができ，これとの関連で重要な遺伝子のある場所を絞り込んでいくことができる．この他AFLP(amplified fragment length polymorphism)や繰り返し配列数の多型を利用するマイクロサテライト，1塩基の多型を利用するSNP(single nucleotide polymorphism)などのマーカーが種々開発されている．

3.2 量的形質の連鎖解析

穀物は多くの場合，自家受粉する自殖性である．自殖を重ねることによりゲノムレベルでホモの，純系集団を作出することができる．この場合，式(8)に見られるように，異なるゲノムをもつ親どうしを交配させることにより，組換え価を直接的に求めることができる．他方で，こうした植物の育種においては，成長や収量，実の糖度や水分，草丈，開花期など，量的な形質を問題にすることが多い．この場合，表現型から背後にある遺伝子型を1対1に対応づけることができない．

(a)　量的形質とマーカー遺伝子型

そこで，マーカーの遺伝子型で交配集団を層別し，形質を比較する．2つの純系集団を交配させ雑種1代を作り，これを戻し交雑した場合を考える(図10)．まずは簡単のため，この量的形質に関与する遺伝子座(quantitative trait locus, QTL)は1つであるとし，ここにおける2つの親集団の遺伝子型をQQおよびqqとする．親集団においてはゲノムレベルでホモであるので，量的形質がそれぞれ分布しているのは遺伝的な背景では説明のつかない環境分散を伴うためである．F1においてはQqとなり，一般には親集団と異なる分布をもつ．この集団を，QQをもつ親集団P1にかけ合わせると，戻し交雑1代(BC1)はQQおよびQqをそれぞれ2分の1の確率でもつ．したがって量的形質の分布は図10左下に見られるように混合分布となる．

実際にはこの遺伝子座は探索しているもので，観測不可能であるため，この遺伝子座と組換え価rで連鎖している多型マーカーを使う．このマーカーの親集団における遺伝子型をそれぞれMMおよびmmとする(図10右)．

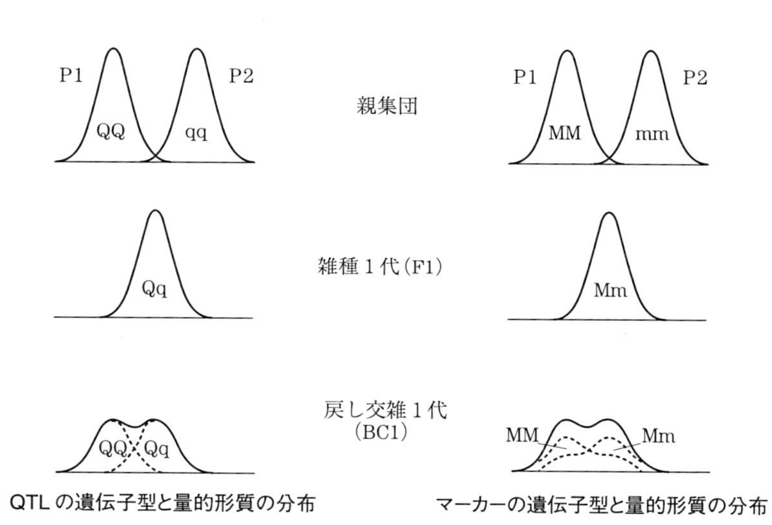

図10　量的形質と戻し交雑

QTL同様，戻し交雑1代(BC1)ではMMとMmが2分の1ずつ存在するが，マーカーとQTLの間の組換えによりMM個体の中にはQTL遺伝子型がQQのものが$1-r$，Qqのものがrだけ含まれる．同様に，Mm個体の中にはQTL遺伝子型がQQのものがr，Qqのものが$1-r$だけ含まれる(表8)．したがって，BC1においてMM個体の量的形質の分布，Mm個体の量的形質の分布それぞれがQQ個体とQq個体の混合分布になり，その混合比がマーカーとQTLの間の組換え価で規定される(図10右下)．組換え価が高くなるにつれ，マーカー遺伝子型のそれぞれにQTLにおける2つの遺伝子型が同程度混じってくることになり，両者の分布の違いが見えなくなってくる．マーカーがQTLの座乗する染色体上にない場合には組換え価は$\frac{1}{2}$で，MM個体の分布とMm個体の分布は一致する．そこで，ゲノムに張り巡らされたマーカーのそれぞれについてMM個体の平均μ_{MM}とMm個体の平均μ_{MM}を比較するt統計量を計算することにより，QTLにもっとも近いマーカーを探り当てることができる(Soller *et al.*, 1976)．

表8　戻し交雑におけるマーカー遺伝子型とQTL遺伝子型

マーカー遺伝子型	QTL遺伝子型		計
	QQ	Qq	
MM	$1-r$	r	1
Mm	r	$1-r$	1

戻し交雑は育種選抜において重要な役割を果たす．これを何度も繰り返しながら選抜を続けることにより，ゲノムのほとんどは一方の親から受け継ぎながら，一部分のみをもう一方の親のものを取り入れることが可能となる．ゲノム上に配置されたゲノムの遺伝子型を測定することにより，この選抜の精度を大幅に高めることができる．一方で，自殖性植物を交配することは，一般に多大な労力を必要とする．開花すると花粉が自らの柱頭にこぼれ落ち，受精してしまう．そこで，開花日の早朝に葯を引き抜くのである．タイミングを逸すると自家受粉してしまうので，開花期には緊張の日々が続く．これに対し，雑種2代(F2)は自家受粉にまかせてつくる．この場合には，QTL遺伝子型はQQ，Qq，qqの3種類，マーカー遺伝子

型も MM，Mm，mm の 3 種類，それぞれ 1:2:1 の比率で出現する．この場合は，マーカー遺伝子型間の分散を検出する F 統計量を計算する．

マーカー遺伝子型に含まれる QTL 遺伝子型の組成は，まずハプロタイプ頻度を組み合わせて複合遺伝子型頻度をつくると算出しやすい．雑種 1 代ではすべて QM/qm であるが，雑種 2 代におけるハプロタイプは QM，Qm，qM，および qm すべての組合せがある．それぞれの生ずる確率は $\frac{1-r}{2}$，$\frac{r}{2}$，$\frac{r}{2}$，$\frac{1-r}{2}$ である．これより，ハプロタイプの組合せの組成が表 9 のように得られる．

表 9　由来親とハプロタイプの組合せ

父由来 ＼ 母由来		QM $\frac{1-r}{2}$	Qm $\frac{r}{2}$	qM $\frac{r}{2}$	qm $\frac{1-r}{2}$
QM	$\frac{1-r}{2}$	$\frac{(1-r)^2}{4}$	$\frac{r(1-r)}{4}$	$\frac{r(1-r)}{4}$	$\frac{(1-r)^2}{4}$
Qm	$\frac{r}{2}$	$\frac{r(1-r)}{4}$	$\frac{r^2}{4}$	$\frac{r^2}{4}$	$\frac{r(1-r)}{4}$
qM	$\frac{r}{2}$	$\frac{r(1-r)}{4}$	$\frac{r^2}{4}$	$\frac{r^2}{4}$	$\frac{r(1-r)}{4}$
qm	$\frac{1-r}{2}$	$\frac{(1-r)^2}{4}$	$\frac{r(1-r)}{4}$	$\frac{r(1-r)}{4}$	$\frac{(1-r)^2}{4}$

このうち，マーカー遺伝子型が MM のものは QM/QM，QM/qM，qM/QM および qM/qM の 4 種類である．これらの頻度は $\frac{(1-r)^2}{4}$，$\frac{r(1-r)}{4}$，$\frac{r(1-r)}{4}$，および $\frac{r^2}{4}$ であるから，マーカー遺伝子型 MM で条件づけした QTL 遺伝子型 QQ，Qq，および qq の頻度は $(1-r)^2$，$2r(1-r)$，および r^2 となる．同様にして，マーカー遺伝子型 Mm，mm に対する QTL 遺伝子型の条件つき確率が表 10 のように求められる．

表 10　雑種 2 代(F2)におけるマーカー遺伝子型と QTL 遺伝子型

マーカー遺伝子型	QTL 遺伝子型			計
	QQ	Qq	qq	
MM	$(1-r)^2$	$2r(1-r)$	r^2	1
Mm	$2r(1-r)$	$r^2+(1-r)^2$	$2r(1-r)$	1
mm	r^2	$2r(1-r)$	$(1-r)^2$	1

(b) 区間マッピング

ここで述べたマーカー遺伝子型間の級間分散の有意性を調べていくアプローチは，直感的で合理的である．ただ一方で，図 10 右下から容易に推察されるように，t 値(あるいは F 値)の大きさは，環境分散に対する遺伝分散の大きさとマーカーと QTL の近さとの両方に関係している．遺伝効果が大きくてもマーカーが QTL から離れていればこの値は小さくなるし，QTL がマーカーの近くにあっても遺伝効果が小さければこの値は小さくなる．

Lander と Botstein(1989)は QTL を隣接する 2 つのマーカーの複合遺伝子型で条件づけることにより，最尤法を用いて遺伝効果の大きさと QTL の位置を同時推定する方法を提案した．再び戻し交雑の場合で説明する．QTL が隣接する 2 つのマーカーの間にあるとし，親 P1 における複合遺伝子型を $\mathrm{M_1M_1QQM_2M_2}$，親 P2 における複合遺伝子型を $\mathrm{m_1m_1qqm_2m_2}$ であるとする．雑種 1 代(F1)においては全個体 $\mathrm{M_1QM_2/m_1qm_2}$ である．これを親 P1 と交配させたとき，BC1 における 2 つのハプロタイプうち 1 つは $\mathrm{M_1QM_2}$ である．マーカー 1 と QTL の間の組換え価を r_1，マーカー 2 と QTL の間の組換え価を r_2 とおく．これら 2 つの区間で乗換えが独立におこれば，両者でともに組換えを観測する確率 r_{12} は 2 つの組換え価の積 r_1r_2 となる．ところがしばしば区間の間に干渉がおこるため，これをあらかじめ仮定することはできない．したがってたとえば，もう一方のハプロタイプも $\mathrm{M_1QM_2}$ となる確率は $\dfrac{1-r_1-r_2+r_{12}}{2}$ となる．表 10 と同様にして，2 つのマーカー遺伝子型が与えられたときの QTL の条件つき遺伝子型頻度が容易に求められる(表 11)．ここで，r_{1+2} はマーカー間の組換え価 $(r_1-r_{12})+(r_2-r_{12})=r_1+r_2-2r_{12}$ である．

n 個の個体それぞれにおいて，量的形質の表現型 y_i と，k 個のマーカーの遺伝子型 $\mathbf{M}_i=\mathbf{M}_{1i}\cdots\mathbf{M}_{ki}=\mathrm{M}_{1i1}\mathrm{M}_{1i2}\cdots\mathrm{M}_{ki1}\mathrm{M}_{ki2}$ が測られているとする．QTL の遺伝子型 X を潜在変数として，マーカー情報を用いた表現型の尤度関数が

$$L=\prod_{i=1}^{n}\Pr(y_i \mid \mathbf{M}_i)=\prod_{i=1}^{n}\left(\sum_{X_i}\Pr(y_i \mid X_i)\Pr(X_i \mid \mathbf{M}_i)\right) \qquad (10)$$

表 11　戻し交雑で 2 つのマーカの遺伝子型が観測されたときの，それにはさまれる QTL の条件つき遺伝子型頻度

マーカー遺伝子型	QTL 遺伝子型		計
	QQ	Qq	
$\mathrm{M_1M_1M_2M_2}$	$\dfrac{1-r_1-r_2+r_{12}}{1-r_{1+2}}$	$\dfrac{r_{12}}{1-r_{1+2}}$	1
$\mathrm{M_1M_1M_2m_2}$	$\dfrac{r_2-r_{12}}{r_{1+2}}$	$\dfrac{r_1-r_{12}}{r_{1+2}}$	1
$\mathrm{M_1m_1M_2M_2}$	$\dfrac{r_1-r_{12}}{r_{1+2}}$	$\dfrac{r_2-r_{12}}{r_{1+2}}$	1
$\mathrm{M_1m_1M_2m_2}$	$\dfrac{r_{12}}{1-r_{1+2}}$	$\dfrac{1-r_1-r_2+r_{12}}{1-r_{1+2}}$	1

と表わされる．QTL の遺伝子型で条件づけすると，マーカー遺伝子型と量的形質は独立であることに注意する．

まずは QTL がひとつの場合に，もう少し詳しく尤度を書き下してみよう．$\Pr(X_i \mid \mathbf{M}_i)$ は，QTL をはさむ 2 つのマーカー（第 h_1, h_2 マーカー）の遺伝子型 $\mathbf{M}_{h_1 i}\mathbf{M}_{h_2 i}$ からこれらとの間の組換え価を用いて表 11 により表現される．QTL の遺伝子型 X が QQ, Qq のとき，量的形質の分布がそれぞれ平均 μ_{QQ}, μ_{Qq}，分散 σ^2 の正規分布に従うとすると，式(10)は

$$L = \prod_{i=1}^{n} \Big(\phi(y_i|\mu_{\mathrm{QQ}}, \sigma^2)\Pr(\mathrm{QQ} \mid \mathbf{M}_{h_1 i}\mathbf{M}_{h_2 i}) + \phi(y_i|\mu_{\mathrm{Qq}}, \sigma^2)\Pr(\mathrm{Qq} \mid \mathbf{M}_{h_1 i}\mathbf{M}_{h_2 i})\Big) \tag{11}$$

となる．ここで，$\phi(y|\mu,\sigma^2) = \dfrac{1}{\sqrt{2\pi\sigma^2}}\exp\left(-\dfrac{(y-\mu)^2}{2\sigma^2}\right)$ は平均 μ，分散 σ^2 の正規分布の密度関数である．すなわち，各個体の尤度は正規分布の混合分布で表わされ，混合率は隣接するマーカーからの組換え価を用いて表現される．正規分布の平均と分散は遺伝効果と環境分散を表わしている．QTL が複数ある場合には，複合遺伝子型 $X_i = X_i^{(1)} \cdots X_i^{(m)}$ に対応した平均値をもつ正規分布と，その混合率により記述される．十分にマーカーがゲノム全体を密にカバーしており，隣接するマーカーにはさまれる区間には多くともひとつの QTL しか存在しないような場合には，QTL 複合遺伝子型の条件つき確率はそれらと隣接するマーカーの遺伝子型 $\mathbf{M}_{h_1^{(1)} i}\mathbf{M}_{h_2^{(1)} i} \cdots \mathbf{M}_{h_1^{(m)} i}\mathbf{M}_{h_2^{(m)} i}$

を用いて

$$\Pr\left(X_i \mid \mathbf{M}\right) = \prod_{j=1}^{m} \Pr\left(X^{(j)} \mid \mathbf{M}_{h_1^{(j)} i} \mathbf{M}_{h_2^{(j)} i}\right)$$

のように表わされる．Zeng(1994)は，各マーカー区間でプロファイル対数尤度を計算する際に，他のQTL遺伝子型をマーカーの遺伝子型で近似することにより，問題を1次元に帰着させた．マーカーが十分密ではなく，あるマーカー区間の間に複数のQTLが存在するような場合には，それらQTL間の組換え価によりQTL遺伝子型の同時条件つき確率を計算する(Kao and Zeng, 1997; Kao *et al.*, 1999)．

雑種2代(F2)をとる交配実験では，各マーカー，およびQTLで2つのホモ接合とヘテロ接合の3通りの遺伝子型が生ずる．表11と同様にして，QTLをはさむ2つのマーカーの9つの複合遺伝子型それぞれに対してQTLの条件つき遺伝子型頻度を，これらの間の組換え価を用いて表現することができる．そして戻し交雑と同様にして，マーカーと形質のデータを表現する尤度を書き下すことができる．現在では，多数の親を複雑に交配させる実験からも，その系図をモデルに組み入れるBayes法により，自在に連鎖解析できるようになった(Yi and Xu, 2000)．

表12は，本章冒頭で紹介したDoebleyとStec(1991)によるteosinteとmaizeの交配実験の結果で，雑種2代(F2)におけるマーカー遺伝子型の頻度を示している．交配がランダムに行われ，稔性に差がなければ，1:2:1の分離比が期待されるが，表にリストアップされたマーカーの遺伝子型頻度はこの期待頻度から大幅にずれている．maizeのホモ接合体の頻度が極端に低い．これを**分離比の歪み**(segregation distortion)という．分離比の歪みを伴うときには，マーカー遺伝子型を与えたときのQTL遺伝子型の条件つき確率も影響を受けるため，これを考慮に入れないと，QTLの位置，遺伝効果の推定は偏りをもってしまう．1991年時点ではこれを解決する手法がなかったため，彼らは問題提起をするに留まった．

ところでこの現象は，トウモロコシの栽培化の過程で，これらのマーカーの近くで劣性致死，あるいは劣性弱勢の突然変異が生じたと解釈すれば説明がつく．そこでChengら(1996)，VoglとXu(2000)は，稔性を形質と

表 12 分離比の歪み．M: maize 対立遺伝子，T: teosinte 対立遺伝子．*: 5% 有意，**: 1% 有意．（Doebley and Stec, 1991）

マーカー	染色体番号	遺伝子型		
		MM	MT	TT
BNL5.02**	5	33	125	91
BNL5.40**	5	38	131	90
BNL5.59*	1	49	147	64
BNL6.25**	5	48	115	89
*Prx3**	7	59	148	50
UMC1**	5	34	130	94
UMC38**	6	43	143	72
UMC65*	6	46	133	74
UMC85*	6	46	136	77
UMC108**	5	40	134	84
UMC13B*	6	45	128	74
UMC121*	3	42	133	64

して捉え，分離比の歪みをもたらす遺伝子座(segregation distortion loci, SDL)の位置と稔性の程度を推定する方法を開発した．

簡単のために，純系親を交配させて得られた雑種1代を，さらに一方の親に戻し交雑した場合を考える．分離比の歪みのない状態では，ホモ接合とヘテロ接合が半分ずつあることが期待される．この状態から著しくずれている場合には，SDLの存在が示唆される．そこで，戻し交雑1代の n 個体について，SDLにおいてヘテロ接合であれば1，ホモ接合であれば0をとる変数 ϕ_i, $i=1,\cdots,n$ を用意する．$\pi=P(\phi_i=1)$ は1/2から大きくずれているであろう．ただし，いまの場合は，SDLの遺伝子型のみならず，その形質である ϕ_i も観測されていない．観測されるのは，マーカーの遺伝子型，およびその分離比である．連鎖の影響で，SDL近辺のマーカーの分離比が歪む．SDLとの連鎖が強いほど，この歪みは大きいであろう．

したがってここでは，マーカー遺伝子型に関する情報を，説明変数としてではなく，内生変数として取り扱う．順に並ぶ k 個のマーカーの遺伝子型 $\mathbf{M}_i=\mathbf{M}_{1i}\cdots\mathbf{M}_{ki}=\mathrm{M}_{1i1}\mathrm{M}_{1i2}\cdots\mathrm{M}_{ki1}\mathrm{M}_{ki2}$ が測られ，i 番目の個体について，j 番目のマーカーがヘテロ接合であれば $\phi_{ij}=1$，ホモ接合であれば

$\phi_{ij}=0$ とする．SDL の染色体上の位置 λ とその分離比の歪み π を未知パラメータとして，$(\phi_i, \phi_{i1}, \cdots, \phi_{ik})'$, $i=1,\cdots,n$ の同時尤度を考える．マーカー間の組換え価を $r_{j,j+1}$, $j=1,\cdots,k-1$ とする．h 番目と $h+1$ 番目のマーカーの間に SDL があり，これらのマーカーと SDL の間の組換え価が r_h, r_{h+1} であったとき，i 番目の個体の尤度は

$$\begin{aligned}\Pr(\phi_i, \phi_{i1}, \cdots, \phi_{ik} \mid \lambda, \pi) &= \Pr(\phi_{i1}, \cdots, \phi_{ik} \mid \lambda, \phi_i)\Pr(\phi_i \mid \pi) \\ &= \left(\Pr(\phi_{ih} \mid \lambda, \phi_i)\prod_{j=1}^{h-1}\Pr(\phi_{i,j+1} \mid \phi_{ij})\right) \\ &\quad \times \left(\Pr(\phi_{i,h+1} \mid \lambda, \phi_i)\prod_{j=h+1}^{k}\Pr(\phi_{i,j+1} \mid \phi_{ij})\right) \\ &\quad \times \pi^{\phi_i}(1-\pi)^{1-\phi_i}\end{aligned}$$

と表わされる．ここで，

$$\Pr(\phi_{i,j+1} \mid \phi_{ij}) = \begin{cases} 1-r_{j,j+1} & (\phi_{ij}=\phi_{i,j+1} \text{ のとき}) \\ r_{j,j+1} & (\phi_{ij}\neq\phi_{i,j+1} \text{ のとき}) \end{cases}$$

$$\Pr(\phi_{i,h} \mid \phi_i) = \begin{cases} 1-r_h & (\phi_{ih}=\phi_i \text{ のとき}) \\ r_h & (\phi_{ih}\neq\phi_i \text{ のとき}) \end{cases}$$

$$\Pr(\phi_{i,h+1} \mid \phi_i) = \begin{cases} 1-r_{h+1} & (\phi_{i,h+1}=\phi_i \text{ のとき}) \\ r_{h+1} & (\phi_{i,h+1}\neq\phi_i \text{ のとき}) \end{cases}$$

である．最尤法の枠組みでは EM アルゴリズム(本シリーズ第 11 巻で詳述)を用いて，Bayes の枠組みではマルコフ連鎖モンテカルロ法(本シリーズ第 12 巻で詳述)により，パラメータ推定する．

(c) 有意性の閾値：尤度関数の非正則性

遺伝子マッピングにおいては，第 1 種の過誤を正しく見積もることが大切である．図 11 は，12 本の染色体のうち 5 本の染色体上に QTL(三角印)が座乗しているケースについて，シミュレーションにより戻し交雑のデータ 250 個体分を生成させ，単一 QTL モデルを当てはめて得られた対数尤度曲線である．染色体の長さはそれぞれ 100 cM あり，20 cM 間隔でマーカーが

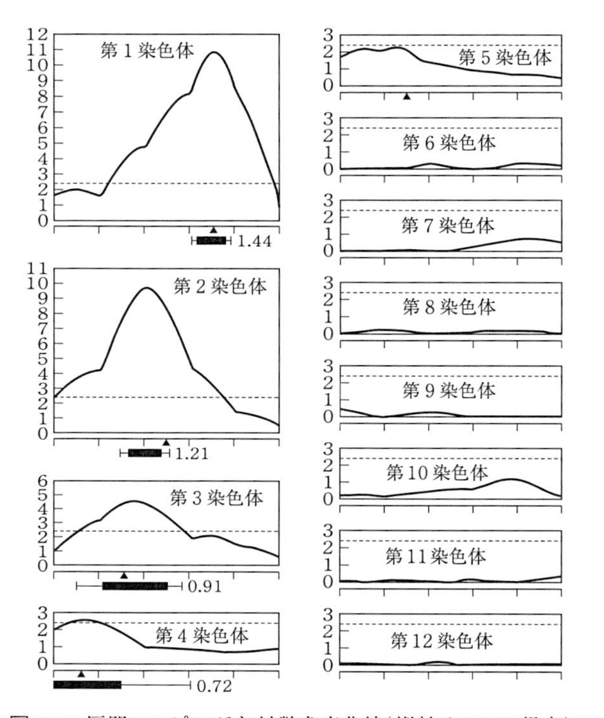

図 11 区間マッピングと対数尤度曲線(縦軸は LOD 得点).
(Lander and Botstein, 1989)

整備されている．環境分散 $\sigma^2 = 1$ に対して，第 1 染色体上 70 cM，第 2 染色体上 49 cM，第 3 染色体上 27 cM，第 4 染色体上 8 cM，第 5 染色体上 30 cM のところにそれぞれ遺伝効果 $\mu_{QQ} - \mu_{Qq}$ が 1.5，1.25，1.0，0.75，0.50 の QTL がある．非対立遺伝子間交互作用(エピスタシス)はなく，加法的に遺伝効果が重ね合わされている．パラメータは組換え価で表現された位置と，遺伝効果，環境効果からなるが，遺伝効果と環境効果に関しては最大化することにより，プロファイル対数尤度が描かれている．QTL がないとしたモデルに対する尤度比で，LOD 得点とよばれている．

図中点線は QTL が 5% 有意で存在することを示す水平線で，QTL が存在しない場合のシミュレーションデータを多数作成し，プロファイル対数尤度の全染色体をわたる最大値の上側 5% 点を求めたものである．第 5 染色体に座乗する遺伝効果 0.50 の QTL は検出されないが，より遺伝効果の大きい 4 つの QTL は LOD 得点の最大値が閾値を越え，存在が検出されている．永年の連鎖解析の歴史から，自然対数ではなく常用対数が用いられているため，統計学に馴染みのある読者は縦軸を $\log_e 10 = 2.303$ 倍して読む必要がある．

標準的な統計学の理論では，自由度 p の帰無仮説 H_0 に対して自由度 q の対立仮説 H_1 を尤度比検定するときは，帰無仮説の下で対数尤度比を 2 倍した統計量が自由度 $q-p$ の χ^2 分布に従う．プロファイル対数尤度のもつ自由度は $q-p=1$ であるが，$\chi^2_{0.05}(1)/2/\log 10 = 0.834$ に比し，ここでの閾値 2.4 はかなり大きい．いまの場合，染色体ごとに独立な検定を 12 回行っている．各染色体で有意水準を α に設定すると，帰無仮説のもとでどの染色体も仮説が棄却されない確率は $(1-\alpha)^{12} \sim 1-12\alpha$ となる．したがって，最終的な有意水準を 5% にするためには，各染色体における有意水準はこれを 12 で除して BonFerroni の修正を行う必要がある．だが，$\chi^2_{0.05/12}(1)/2/\log 10 = 1.783$ はまだ 2.4 に遠く及ばず，これを有意水準に設定すると，予想に反して多くのゴミ(false positive)を拾ってしまうことがわかる．

再び図 11 を見ると，QTL がマーカーとたまたま重なる可能性は低いことを反映して，プロファイル対数尤度がマーカーの位置で谷になる傾向がある．各マーカー区間にプロファイル対数尤度の極大値があると，マーカー区間の数だけ独立な仮説検定を行っているとみなすことが妥当である．したがって，Bon Ferroni の修正は染色体の数ではなく，マーカー区間の数で最終的な有意水準を行うこととなる．実際，$\chi^2_{0.05/12/5}(1)/2/\log 10 = 2.425$ はシミュレーションにより得られた閾値にきわめて近い．ただ，図には下に屈曲はしながらも，プロファイル対数尤度が区間内に極大値をもつことなく，隣りのマーカー区間に単調に増加または単調に減少しているマーカー区間がいくつかある．マーカーが密になってくると，こうしたマーカー区間が多くを占めてくる．こうしたときにマーカー区間の数で Bon Ferroni の修正を行うと，過度に保守的な検定となってしまう．マーカーが密になった極限では，染色体上の2点におけるプロファイル対数尤度の相関(自己相関関数)を計算することにより，Ornstein–Uhlenbeck 過程という確率過程に従っていることがわかる．この極値統計量の分布は詳しく調べられていることから，これを利用することができる(Lander and Botstein, 1989)．多くの場合，すべての染色体のすべての領域においてマーカーがびっしり整備されているわけではないため，並べ替え検定がしばしば適用されている．マーカー遺伝子型はそのままにして，量的形質のみを並べ替えする．これにより，量的形質の分布は変えることなく，マーカーと形質の関連を断ち切り，QTL がないという帰無仮説のもとにおけるプロファイル対数尤度の最大値の分布を求める(Churchill and Doerge, 1994; Doerge and Churchill, 1996)．

このように，対数尤度関数は数多くの極大値と極小値をもつ．このため，ニュートン法やシンプレックス法など，関数の局所的な形状から最大値を探索する数値的最適化を適用するのは妥当ではない．プロファイル対数尤度により QTL の場所を推定するのにも，こうした困難が背景にある．複数の QTL を扱うときには，とくに数値的最適化が深刻な問題となる．そこで，Bayes の枠組みでマルコフ連鎖モンテカルロ法によりマッピングを行う方法(Sillanpää and Arjas, 1998, 1999)や遺伝アルゴリズムによりグローバルに最適化する方法(Nakamichi *et al.*, 2001)が開発されている．

3.3　ヒト疾患遺伝子のマッピング

ヒトに関する遺伝解析では，疾患関連遺伝子の探索が主たる課題となる．ところで，ヒトを含む野生集団においては，育種のターゲットとして入念な交配実験を行う動植物に比べると，組換え価に関する情報の質は低くなることは否めない．また，育種においては現存する品種に比して量的形質の向上を試みるのに対して，野生集団の調査・研究では，母集団を設定し，その特性を正しくつかむことが重要となる．この場合，標本は母集団から代表性あるものを抽出してくることが不可欠となる．

(a) 家系分析

自殖性植物やマウスなど，同系交配によってゲノムレベルでホモ接合である集団を作出できる場合には，交配実験によって，それぞれの対立遺伝子がどちらの親由来かをかなりの確度で特定することができる．これに対して他殖性植物や多くの動物は，近親弱勢が働くため，何世代にも渡って近親交配を重ねることができない．こうした場合はハプロタイプを特定できず，若干確率モデルが複雑になってくる．一人っ子の家系を表わした図12では，母親，父親および娘の遺伝子型はそれぞれ AaBb，aabb，および AaBb である．両親の遺伝子型がわかったときの子供の遺伝子型の条件つき確率を求めてみる．父親は2遺伝子座でともにホモ接合なので，娘の父親由来のハプロタイプは ab と特定できる．またこのハプロタイプからは，2遺伝子座間で組換えがおきたかどうかはわからない．娘のもつもう一方のハプロタイプ，すなわち母親由来のハプロタイプは AB である．

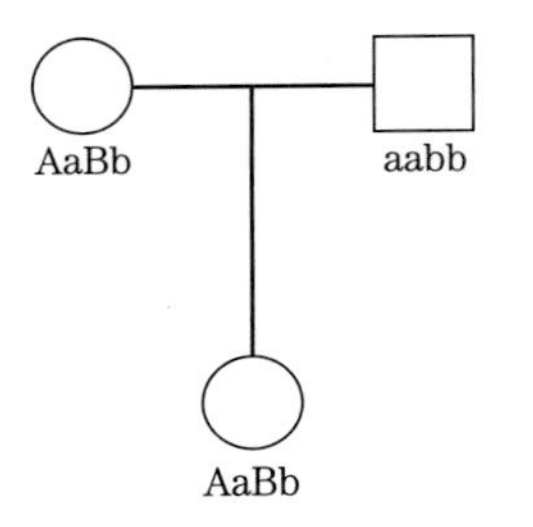

図 **12** 両親と1子の遺伝子型

母親のディプロタイプは AB/ab または Ab/aB で，この2者のいずれかは特定できず，それぞれの構成をもつ確率は $\frac{1}{2}$ である(図13)．母親の遺伝子型 AB/ab から娘のハプロタイプ AB を得る確率は，組換えを伴わないので，$\frac{1-r}{2}$ である．これに対して，母親の遺伝子型 Ab/aB の場合は組換えを伴い，娘のハプロタイプ AB を得る確率は $\frac{r}{2}$ となる．したがって，ディプロタイプを D，遺伝子型を G で表わし，父親，母親，娘を下つきの文字 F，M，O で表わすと，両親の遺伝子型で条件づけした子供の条件つき確率は

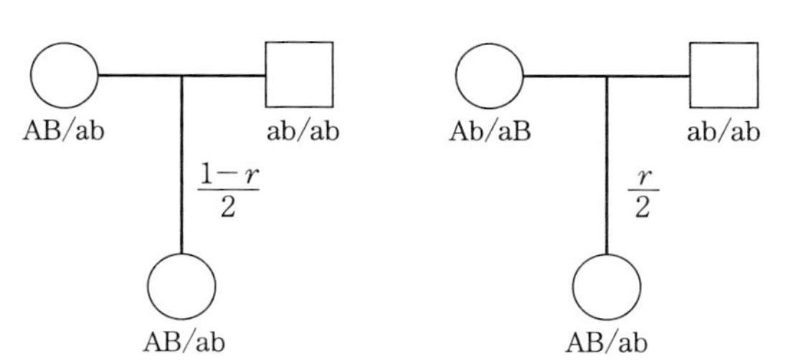

図 **13** 両親と 1 子のディプロタイプと組換え価

$$
\begin{aligned}
&\Pr(\mathrm{G_O} = \mathrm{AaBb} \mid \mathrm{G_M} = \mathrm{AaBb}, \mathrm{G_F} = \mathrm{aabb}) \\
&\quad = \Pr(\mathrm{G_O} = \mathrm{AaBb}, \mathrm{D_M} = \mathrm{AB/ab}, \mathrm{D_F} = \mathrm{ab/ab} \mid \mathrm{G_M} = \mathrm{AaBb}, \mathrm{G_F} = \mathrm{aabb}) \\
&\qquad + \Pr(\mathrm{G_O} = \mathrm{AaBb}, \mathrm{D_M} = \mathrm{Ab/aB}, \mathrm{D_F} = \mathrm{ab/ab} \mid \mathrm{G_M} = \mathrm{AaBb}, \mathrm{G_F} = \mathrm{aabb}) \\
&\quad = \frac{1}{2}\Pr(\mathrm{D_O} = \mathrm{AB/ab} \mid \mathrm{D_M} = \mathrm{AB/ab}, \mathrm{D_F} = \mathrm{ab/ab}) \\
&\qquad + \frac{1}{2}\Pr(\mathrm{D_O} = \mathrm{AB/ab} \mid \mathrm{D_M} = \mathrm{Ab/aB}, \mathrm{D_F} = \mathrm{ab/ab}) \\
&\quad = \frac{1}{2}\left(\frac{1-r}{2} + \frac{r}{2}\right) \\
&\quad = \frac{1}{4} \qquad (12)
\end{aligned}
$$

となり，組換え価に依存しない．両親のハプロタイプに関する情報が別に得られない限り，この親子には 2 遺伝子座間の組換え価に関する情報が含まれていない．

兄弟が 2 人以上いる場合には事情は異なってくる．図 14 では先ほどと同じ遺伝子型をもつ両親に対して，遺伝子型 $\mathrm{G_{O1}} = \mathrm{AaBb}$，および $\mathrm{G_{O2}} = \mathrm{Aabb}$ をもつ姉妹がいる場合を示している．先ほど同様，2 人の姉妹は父親由来のハプロタイプ ab をもっている．したがって，彼女たちの母親由来のハプロタイプは AB である．

図 15 に見られるように，母親のディプロタイプが AB/ab のときは姉妹の母親由来のハプロタイプの実現値 AB をとる確率は $\dfrac{1-r}{2}$ である．ゲノムの世代間継承は 2 人の姉妹の間で独立であるので，彼女たちのディプロタイプの条件付確率は

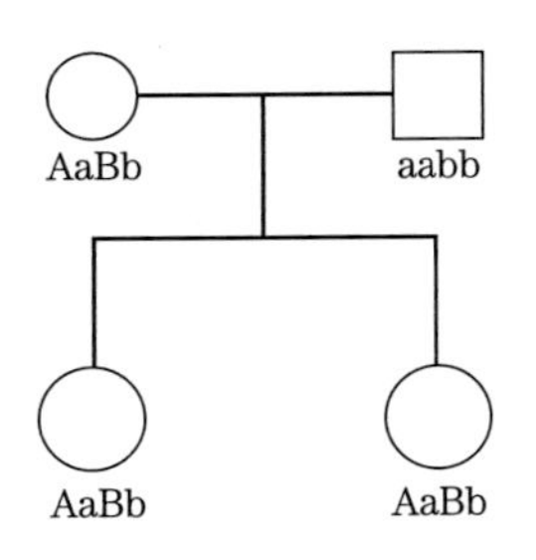

図 **14**　両親と 2 子の遺伝子型

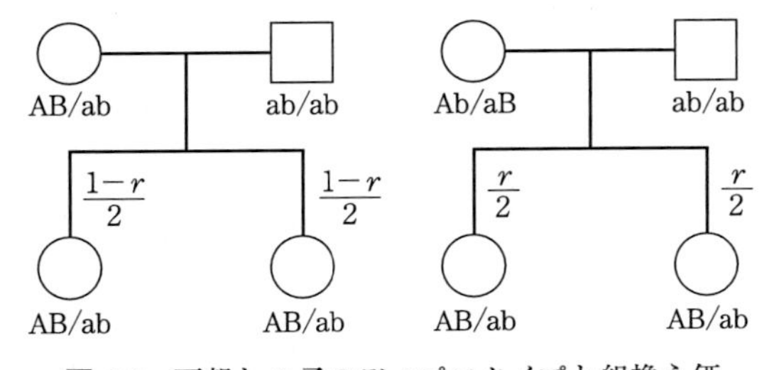

図 **15**　両親と 2 子のディプロタイプと組換え価

$$\Pr(\mathrm{D_{O1}} = \mathrm{AB/ab}, \mathrm{D_{O2}} = \mathrm{Ab/ab} \mid \mathrm{D_M} = \mathrm{AB/ab}, \mathrm{D_F} = \mathrm{ab/ab}) = \frac{(1-r)^2}{4} \tag{13}$$

である．母親のディプロタイプが Ab/aB のときは姉妹の母親由来のハプロタイプの実現値 AB をとる確率は $\frac{r}{2}$ であり，姉妹がともにハプロタイプ AB をもつ確率は

$$\Pr(\mathrm{D_{O1}} = \mathrm{AB/ab}, \mathrm{D_{O2}} = \mathrm{Ab/ab} \mid \mathrm{D_M} = \mathrm{Ab/aB}, \mathrm{D_F} = \mathrm{ab/ab}) = \frac{r^2}{4} \tag{14}$$

となる．これら両親のディプロタイプはそれぞれ確率 $\frac{1}{2}$ で出現するので，遺伝子型の継承に関して

$$\Pr(\mathrm{G_{O1}} = \mathrm{AaBb}, \mathrm{G_{O2}} = \mathrm{Aabb} \mid \mathrm{G_M} = \mathrm{AaBb}, \mathrm{G_F} = \mathrm{aabb}) = \frac{(1-r)^2 + r^2}{8} \tag{15}$$

が得られる．このように，複数の兄弟姉妹をもつ家系は2遺伝子座間の組換え価に関する情報を含んでいる．ディプロタイプでは兄弟間は独立であるが，由来親の情報を捨象した遺伝子型レベルでは兄弟姉妹は独立ではない．

この考え方を進めることにより，一般の家系の尤度を導くことができる．図16は3世代にわたる家系図と構成メンバーのディプロタイプを表わしている．家系は「創設者(founder)」11, 12, 23と彼らの子孫21, 22, 31, 32, 33からなる．前者の遺伝子型が与えられれば，遺伝法則により後者の条件つき確率を

$$
\begin{aligned}
&\Pr(\mathrm{D}_{21},\mathrm{D}_{22},\mathrm{D}_{31},\mathrm{D}_{32},\mathrm{D}_{33} \mid \mathrm{D}_{11},\mathrm{D}_{12},\mathrm{D}_{23})\\
&\quad=\Pr(\mathrm{D}_{21} \mid \mathrm{D}_{11},\mathrm{D}_{12})\Pr(\mathrm{D}_{22} \mid \mathrm{D}_{11},\mathrm{D}_{12})\cdot\\
&\qquad\Pr(\mathrm{D}_{31} \mid \mathrm{D}_{22},\mathrm{D}_{23})\Pr(\mathrm{D}_{32} \mid \mathrm{D}_{22},\mathrm{D}_{23})\Pr(\mathrm{D}_{33} \mid \mathrm{D}_{22},\mathrm{D}_{23})\\
&\quad=\left(\frac{r}{2}\right)\left(\frac{r}{2}\right)\left\{\frac{(1-r)^2}{4}+\frac{r^2}{4}\right\}\left\{\frac{r(1-r)}{2}\right\}\left\{\frac{r(1-r)}{2}\right\} \qquad (16)
\end{aligned}
$$

と，計算することができる．

一般の家系図においても，m 人の創設者 F1, ⋯, Fm のディプロタイプで条件づけした n 人の子孫 O1, ⋯, On の条件つき確率が

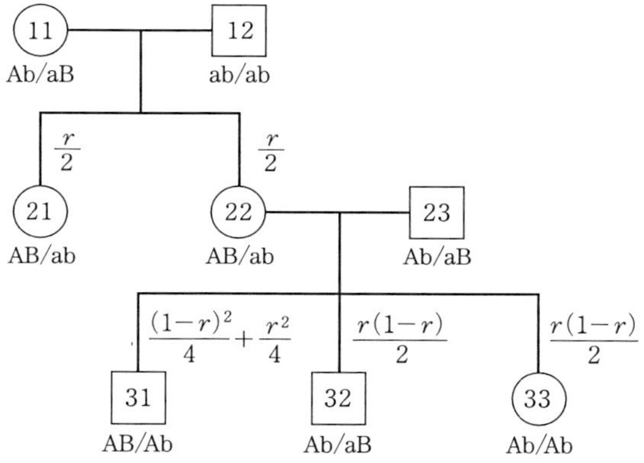

図 16　家系図とディプロタイプの尤度

$$\Pr(D_{O1}, D_{O2}, \cdots, D_{On} \mid D_{F1}, D_{F2}, \cdots, D_{Fm}) = \prod_{i=1}^{n} \Pr(D_{Oi} \mid D_{Pi1}, D_{Pi2}) \tag{17}$$

により得られる．$Pi1$, $Pi2$ は Oi の両親である．

交配実験と異なり，家系を扱う場合は，創設者はランダムである．創設者のディプロタイプの尤度は，連鎖不平衡と関係している．式(17)に創設者のディプロタイプの尤度 $\Pr(D_{F1}, D_{F2}, \cdots, D_{Fm})$ を乗ずることにより家系の同時確率が得られる．多くの場合，創設者は独立と仮定する：

$$\Pr(D_{O1}, D_{O2}, \cdots, D_{On}, D_{F1}, D_{F2}, \cdots, D_{Fm}) = \left(\prod_{i=1}^{n} \Pr(D_{Oi} \mid D_{Pi1}, D_{Pi2})\right)\left(\prod_{j=1}^{m} \Pr(D_{Fj})\right) \tag{18}$$

家系の遺伝子型の同時確率は，これと整合性のあるディプロタイプの確率をすべて加え合わせることにより得られる：

$$\Pr(G_{O1}, G_{O2}, \cdots, G_{On}, G_{F1}, G_{F2}, \cdots, G_{Fm}) = \sum_{\text{整合性のあるディプロタイプ}} \left(\prod_{i=1}^{n} \Pr(D_{Oi} \mid D_{Pi1}, D_{Pi2})\right)\left(\prod_{j=1}^{m} \Pr(D_{Fj})\right) \tag{19}$$

遺伝形質 X のマッピングと遺伝構造を推定するときは，遺伝子型 G を与えた条件つき確率 $\Pr(X \mid G)$ がモデル化されている．年齢や形質に影響を与える環境などが考えられる場合には，これらを説明変数として取り込む．家系の遺伝形質と遺伝子型の同時尤度は

$$\begin{aligned}&\Pr(X_{O1}, X_{O2}, \cdots, X_{On}, X_{F1}, X_{F2}, \cdots, X_{Fm}, \\ &\quad G_{O1}, G_{O2}, \cdots, G_{On}, G_{F1}, G_{F2}, \cdots, G_{Fm}) \\ &= \sum_{\text{整合性のあるディプロタイプ}} \left(\prod_{i=1}^{n} \Pr(X_{Oi} \mid G_{Oi}) \Pr(D_{Oi} \mid D_{Pi1}, D_{Pi2})\right) \cdot \\ &\quad \left(\prod_{j=1}^{m} \Pr(X_{Oj} \mid G_{Oj}) \Pr(D_{Fj})\right)\end{aligned} \tag{20}$$

となる．本書では深く触れないが，家系分析の尤度関数の計算においては注意が必要である．家系の同時確率は，家系を無作為に採ってきたときの確率を表現する．これに対し，遺伝病などはしばしば患者が来院し，その親戚縁者を調べ，相関して発病しているところから研究が始まる．この場合には，家系におけるメンバーのうち1人が罹病するという条件つき確率を家系の尤度とするのが妥当である(Cannings and Thompson, 1977; Thompson, 1981)．プライバシーの問題から調査拒否も考慮しなければならない．罹病しても来院しない可能性がある場合には，来院確率が必要となる．家系のメンバーをどこまでとるか，という問題も残る．このように，ヒト遺伝学における家系分析においては家系のサンプリングを正しく把握することが必要となる．この問題は1930年代当初から認識されていたが，家系のサンプリングの構造を明文化するのは実際上は不可能である．多くの解析はこの部分に目をつむって，近似的な解析を行う．

(b) 相関解析

日本では，たとえ患者から非常に信頼された医師であっても，祖先について詳しく質問すると，その信頼関係はもろくも崩れてしまうといわれる．これは日本に限らず，多くの人間社会にいえることで，代表性のある家系データを得ることはむずかしい．こうしたことから，健常人(コントロール)と患者群(ケース)を対比し，これとマーカーの間の相関関係を見る，という相関解析が多く用いられる．これは，連鎖不平衡の強さに基づき，重要遺伝子のマッピングをするものである．

重要遺伝子における突然変異や集団におけるボトルネックなどの異常事態は，通常何十世代から何千世代も前におきていると考えられる．このため，この重要遺伝子と非常に強く連鎖しているマーカー以外は連鎖は解消されていると期待される．したがって，ある形質と連鎖不平衡にあるマーカーを拾い出すことにより，遺伝子を精度良くマッピングできる，というのが相関解析の考え方である．疾患遺伝子の高精度探索にとどまらず，大標本が得られれば，疾患遺伝子が同定された後に，疾患をもたらす本質的な遺伝子座をあぶり出すところまで絞り込むことができる．

これと裏返しであるが，連鎖不平衡から重要遺伝子をマッピングするためには，ゲノム上に密に多型マーカーを整備する必要がある．Kruglyak(1999)は，現存するヒトの共通祖先がほぼ10万年前，すなわち5000世代前に派生したという想定の下でヒト集団の履歴をシミュレーションし，2つの部位が3 kb以上離れると実質上連鎖は解消されており，連鎖不平衡は検出できないという結果を得た．このため，遺伝子のマッピングのためには50万のマーカーをゲノム上に整備する必要があるとした．これに対してCollinsら(1999)は現在知られている1000以上の部位のペアについて連鎖不平衡を調べたところ，300 kb近く離れていても連鎖不平衡が認められた．これらはほぼ400世代前，すなわち新石器時代に生じた連鎖不平衡であると思われた．比較的最近になって生じた多型を選択することにより，マーカーは100 kbにひとつ程度，全体で3万程度まで節約できるとした．

2倍体ではディプロタイプを直接観察できないが，複合遺伝子型から最尤法により遺伝子頻度と連鎖不平衡を同時推定することができる(Hill, 1974; Excoffier and Slatkin, 1995)．無作為交配する集団では，2遺伝子座の(複合)遺伝子型頻度は，たとえば

$$p_{\mathrm{AABB}} = p_{\mathrm{AB}}^2 = (p_{\mathrm{A}}p_{\mathrm{B}} + D)^2$$

$$p_{\mathrm{AaBB}} = 2p_{\mathrm{AB}}p_{\mathrm{aB}} = 2(p_{\mathrm{A}}p_{\mathrm{B}} + D)(p_{\mathrm{a}}p_{\mathrm{B}} - D)$$

$$\vdots$$

$$p_{\mathrm{aabb}} = p_{\mathrm{ab}}^2 = (p_{\mathrm{a}}p_{\mathrm{b}} + D)^2$$

と，遺伝子頻度と連鎖不平衡を用いて表現される(表13)．

それぞれの遺伝子型をもつ個体数 $n_{\mathrm{AABB}}, n_{\mathrm{AaBB}}, \cdots, n_{\mathrm{aabb}}$ が観察された

表 13 それぞれ2つの対立遺伝子 A/a および B/b をもつ2遺伝子座における(複合)遺伝子型頻度

	AA	Aa	aa
BB	p_{AB}^2	$2p_{\mathrm{AB}}p_{\mathrm{aB}}$	p_{aB}^2
Bb	$2p_{\mathrm{AB}}p_{\mathrm{Ab}}$	$2(p_{\mathrm{AB}}p_{\mathrm{ab}} + p_{\mathrm{Ab}}p_{\mathrm{aB}})$	$2p_{\mathrm{aB}}p_{\mathrm{ab}}$
bb	p_{Ab}^2	$2p_{\mathrm{Ab}}p_{\mathrm{ab}}$	p_{ab}^2

とき，対数尤度は定数項を省略すると次のように書ける．

$$\begin{aligned}\ell(p_{\mathrm{A}}, p_{\mathrm{B}}, D|n_{\mathrm{AABB}}, n_{\mathrm{AaBB}}, \cdots, n_{\mathrm{aabb}}) \\ = 2n_{\mathrm{AABB}}\log(p_{\mathrm{A}}p_{\mathrm{B}}+D) + n_{\mathrm{AaBB}}\{\log(p_{\mathrm{A}}p_{\mathrm{B}}+D)+\log(p_{\mathrm{a}}p_{\mathrm{B}}-D)\} \\ + \cdots + 2n_{\mathrm{aabb}}\log(p_{\mathrm{a}}p_{\mathrm{b}}+D)\end{aligned} \tag{21}$$

(c)　集団の不均質性

ただ実際には，集団は均質ではなく，いくつかの分集団からなることが多い．人間においても，地域や人種などさまざまなレベルで生殖的に緩やかに分断されている．しかも多くの場合，この分集団の構造は直接観察されない．式(9)のように集団が k 個の分集団からなり，これらの割合を $w_1, \cdots, w_k$ であるとする．第 j 分集団におけるハプロタイプ頻度が $p_{\mathrm{AB}}^{(j)}$，$p_{\mathrm{Ab}}^{(j)}$，$p_{\mathrm{aB}}^{(j)}$，$p_{\mathrm{ab}}^{(j)}$ のとき，それぞれの分集団における 2 遺伝子座間の連鎖不平衡は

$$D^{(j)} \equiv p_{\mathrm{AB}}^{(j)} - p_{\mathrm{A\cdot}}^{(j)}p_{\mathrm{\cdot B}}^{(j)}$$

である．これが組換え価と関係している．ランダムサンプリングにより規模比例で標本が抽出された場合，観測されるハプロタイプ頻度は

$$p_{\mathrm{AB}} = \sum_{j=1}^{k} w_j p_{\mathrm{AB}}^{(j)},\quad p_{\mathrm{Ab}} = \sum_{j=1}^{k} w_j p_{\mathrm{Ab}}^{(j)},\quad p_{\mathrm{aB}} = \sum_{j=1}^{k} w_j p_{\mathrm{aB}}^{(j)},\quad p_{\mathrm{ab}} = \sum_{j=1}^{k} w_j p_{\mathrm{ab}}^{(j)}$$

である．見かけ上の連鎖不平衡 $D = p_{\mathrm{AB}} - p_{\mathrm{A\cdot}}p_{\mathrm{\cdot B}}$ は分集団の連鎖不平衡の平均と

$$D = \sum_{j=1}^{k} w_j D^{(j)} + \sum_{j=1}^{k} w_j \left(p_{\mathrm{A\cdot}}^{(j)} - p_{\mathrm{A\cdot}}\right)\left(p_{\mathrm{\cdot B}}^{(j)} - p_{\mathrm{\cdot B}}\right) \tag{22}$$

のように関係していることが容易に確かめられる．したがって，分集団においては互いに連鎖していなくても，これらが重ね合わさった標本からは見かけ上の連鎖不平衡を観察してしまうことになる．

そこで，患者とその両親のデータを得ることにより，こうした見かけ上の相関を拾うことなく，マーカーと疾患遺伝子の間の連鎖を検出する方法が提案された(Spielman *et al.*, 1993)．両親はそれぞれ 2 つずつ対立遺伝子をもつが，その一方が子供に伝達される．いずれが伝達されるかは五分五分であるが，患者とその両親に母集団を限定すると，疾患遺伝子座におい

ては，疾患をもたらす対立遺伝子のほうがより多く伝達されているであろう．したがって，これと連鎖しているマーカーも同様の傾向をもつことが期待される．

表 14 は，n 人の患者の両親 $2n$ 人について，マーカー遺伝子型を子供へ伝達されたものとそうでないもので場合分けしたものである．ホモの親は，伝達に関する情報はもたないが，たとえば，ある親の遺伝子型が M_1M_2 とヘテロ接合で，子供の遺伝子型と対比することにより M_1 が子供に伝達されたことがわかった場合には，この親は右上のセルにカウントされる．逆に M_2 が伝達された場合には左下のセルにカウントされる．そこで，両者が有意に違いがあるかを検定するのである．対立遺伝子の伝達様式を測ることにより連鎖不平衡を検出するので，**TDT**(transmission/disequilibrium test, **伝達/連鎖不平衡検定**)という．

表 14 患者の両親 $2n$ 人のマーカー遺伝子型の配分．子へ伝達された対立遺伝子と伝達されなかった対立遺伝子．

伝達された対立遺伝子	伝達されなかった対立遺伝子		合計
	M_1	M_2	
M_1	a	b	$a+b$
M_2	c	d	$c+d$
合計	$a+c$	$b+d$	$2n$

マーカーと疾患遺伝子座の間の組換え価を r，連鎖不平衡を D とし，疾患遺伝子座における疾患遺伝子の遺伝子型を p，マーカー対立遺伝子頻度を p_{M_1}, p_{M_2} とすると，簡単な計算により，子供が患者というもとでの条件つき確率が表 15 のように求められる．したがって $b-c$ の条件つき期待値は $(1-2r)D/p$ となる．したがって，χ^2 値

$$\chi^2 = \frac{(b-c)^2}{b+c}$$

は帰無仮説

$$H_0: \quad r = \frac{1}{2} \quad または \quad D = 0$$

のもとで，自由度 1 の χ^2 分布に従う．すなわち，この帰無仮説が棄却さ

表 15　患者の両親 $2n$ 人のマーカー遺伝子型の配分．子供が患者というもとでの条件つき確率．

伝達された対立遺伝子	伝達されなかった対立遺伝子		合計
	M_1	M_2	
M_1	$p_{\mathrm{M}_1}^2 + \dfrac{p_{\mathrm{M}_1}D}{p}$	$p_{\mathrm{M}_1}p_{\mathrm{M}_2} + \dfrac{(p_{\mathrm{M}_2}-r)D}{p}$	$p_{\mathrm{M}_1} + \dfrac{(1-r)D}{p}$
M_2	$p_{\mathrm{M}_1}p_{\mathrm{M}_2} + \dfrac{(r-p_{\mathrm{M}_1})D}{p}$	$p_{\mathrm{M}_2}^2 - \dfrac{p_{\mathrm{M}_2}D}{p}$	$p_{\mathrm{M}_2} - \dfrac{(1-r)D}{p}$
合計	$p_{\mathrm{M}_1} + \dfrac{rD}{p}$	$p_{\mathrm{M}_2} - \dfrac{rD}{p}$	1

れたときは，連鎖も連鎖不平衡もいずれも存在することになる．

他方，Pritchard ら(2000a, b)は，マーカー遺伝子型の情報に基づき，集団を Hardy–Weinberg 平衡が成立する集団の混合で記述するモデルを開発した．集団を無作為交配集団に事後層別することにより，正味の連鎖不平衡を頑健に推定する方法を提案した(5.3 節)．

3.4　連鎖解析の方法論を取り巻くいくつかの最近の流れ

交配実験やサンプリングの実態を反映した統計モデルが種々開発され，連鎖解析の検出力を高める努力がなされ続けている．本章の最後に，連鎖解析の方法論を取り巻く最近の流れを簡単に追うことにする．

多型マーカーを利用した連鎖解析が産声を上げてから時が経ち，成熟期を迎えたいま，次々と成果が産み出される一方で，その有効性に対して疑問を呈する声も出てきた(Nadeau and Frankel, 2000)．それは連鎖解析の推定精度が低く，遺伝子発見・クローニングに結びつけることができない，といういら立ちである．先に述べたように，連鎖解析は組換えの情報に基づいている．たとえば先に述べたように，ヒトにおいては，この組換えの頻度は，世代あたり 1 Mb(100 万塩基)に 0.01 回程度である．基本的には 2 座位間で組換えが生じる割合を測るので，推定の誤差を考慮に入れると，いかに多型マーカーを密に配置したとしても，数百個体程度の交配実験からは推定幅

1 Mb のオーダーに絞り込むのは至難の業である．実際のクローニングに結びつけるには，10 kb(1 万塩基)程度に絞り込む必要がある．突然変異体による解析はより直接的で，有効であるという声がある．さらに，真に機能的に重要な遺伝子では変異が致命的になるので変異がなく，連鎖解析では検出されない，という不安も指摘されている．これに対して，Korstanje と Paigen(2002)は，近年急速に QTL 解析により同定された遺伝子をリストアップし，ここのところ実質的な成果が加速度的に出ていることを示した．

連鎖解析の方法論においても，遺伝子同定のオーダーまで推定精度を上げるために，種々の工夫が提案され，それを用いた成果が出始めている．Rannala と Reeve(2001)はヒトゲノムデータベースを利用して，病気の原因となる突然変異のおきた時期の推定と連鎖不平衡による遺伝子マッピングの精度を高めるアプローチを提案した．ヒトにおいては，遺伝子のエクソン領域，イントロン領域がかなり詳細に調べられている強みがある．遺伝子の系図の分布を考慮に入れた Bayes モデルに，ゲノムデータベースから得られたエクソン領域，イントロン領域，および遺伝子外領域における遺伝病突然変異の頻度の情報を事前分布として取り入れた．フィンランドにおけるダイアストロフィック形成異常*3を 148 人の患者データから連鎖解析したところ，場所に関して一様分布を事前分布にした解析では，事後分布は第 5 染色体の動原体をはさんで 400 kb に渡った．これに対して，遺伝病突然変異の頻度の情報を事前分布に取り込むと，事後分布のヒストグラムは第 5 染色体の動原体から 70 kb のところに幅 7 kb の強いピークを示した．これは正しい位置を当てている．

ショウジョウバエなどの昆虫や動植物では，ゲノムに関する情報はヒトには及ばないが，交配実験を行える強みがある．だが，QTL 解析の雛形に要求される純系親を作成するのは一般に容易ではない．また，複数 QTL があるような場合には，それらのうちには純系親のペアの間に多型性をもたな

*3　主たる特徴は小人症で，種々の形成異常を伴う．常染色体劣性遺伝病で，フィンランド人の 1～2% が原因遺伝子を保有する．頻度が高いのは，彼らが 2000 年前に少人数で集団を形成した当時に突然変異が生じたためと考えられている．すでに第 5 染色体の動原体から 70 kb のところに遺伝子が同定されていた．

いものがある可能性が出てくる．こうした場合には，当然 QTL 解析によりその遺伝子を検出することはできない．Wu と Zeng(2001)，Wu ら(2002)，Meuwissen ら(2002)は相次いで，野外集団から親個体をランダムサンプリングし，これらを交配させる方法を提案した．親個体から連鎖不平衡に関する情報が得られ，交配から組換えの情報が得られる．これらを組み合わせることにより，大幅に推定精度を向上させることに成功した．また，ショウジョウバエは世代の長さが数週間と短く，比較的容易に繰り返し交配ができる．そこで，Luo ら(2002)は戻し交雑と形態観測による選抜実験を何代も重ねて，多型マーカーの遺伝子型を測定する方法を提案した．交雑を重ねるにつれて多型性は落ちていくが，形質についての選抜を行えば QTL 近傍では多型性が保たれることを利用する．数多くの組換えをおこさせるので，感度を大幅に向上させることができる．世代の長さが短いショウジョウバエなどの遺伝子マッピングに適している．

マーカーが非常に密に整備されている場合には，形質をマーカー遺伝子型に回帰するアプローチが復権してくる．ただし，交配が高々数世代に止まる実験においては，近接したマーカーは強く連鎖していることから，説明変数の間には高度な多重共線性がある．この点を克服するために，Xu(2003)はリッジ回帰の考え方を適用し，マーカーについてのランダム効果モデルを提案した．分散パラメータに無情報超事前分布を導入することにより，非常に多くのマーカーから，QTL に直接リンクしたもののみを感度良く検出することが示された．データの量に助けられて，組換え価を推定する作業から解放されることにより，解析が飛躍的に単純になる．

また，突然変異体による解析とも連鎖解析とも異なる，新たな切り口による重要遺伝子探索・マッピングの手法が生まれつつある．たとえば，系統 A に系統 B を繰り返し戻し交雑し，マーカーに基づき選抜していくことにより，系統 A のゲノムを背景にもち，一部分のみ系統 B のゲノムで置き換えられたものを作成できる．Nadeau ら(2000)は，ゲノムを構成する染色体，あるいは染色体断片のそれぞれについて，この部分のみを B 系統で置き換えた置換系統を作成し，ライブラリーを作るアプローチを紹介した．日本においても，イネなどでこうしたライブラリーが完成している．一度ライブラリーが完成すれば，マーカー遺伝子型を測定することなく，分散分析と回帰分析の古典的な統計手法を用いて，どの染色体断片が遺伝子を含んでいるか，調べることができる．断片の長さを小さくし，数多くの系統でライブラリーを作ることにより，精度を上げることができる．今後，粗いライブラリーから細かいライブラリーにいたる階層的なライブラリーが整備されてくることが期待される．そうすれば，まず粗いライブラリーから交配実験で，遺伝子のおよその位置を決め，続いてより細かいライブラリーから，この位置に関係するもののみをとってきて交配実験を行う，といった階層的な実験が可能となる．この階層的アプローチと関連する研究として，ショウジョウバエにおける SNP マーカーを用いた遺伝子マッピングがある(Berger *et al.*, 2001)．交配実験に伴うコストを抑えながらマッピングの精度を最大にするための実験計画といった問題が今後関心をもたれてくるかもしれない．

さまざまにしかも急速に，遺伝子探索のための有効な手法が提案されてきている．たとえば，ゲノムをカバーする全遺伝子の発現を同時に測ることができる．Schadt ら(2003)はマウス，トウモロコシ，ヒト集団についてこれを量的形質として測定し，100 を越えるマイクロサテライトマーカーとの連鎖から遺伝子の同時マッピングを行った．多くはすでに知られているゲノム上の遺伝子の位置とほぼ一致するものであった．遺伝子内あるいはその近傍の配列の違いがその遺伝子の発現に差異をもたらすことは期待されるので，これ自体は驚くに当たらない．興味深い結果は，いくつかの有意なホットスポットが見つかったことである．この部位はいくつかの遺伝子の発現量に影響を与える調節配列を検出している可能性がある．もしもこうした部位が見つかれば，パスウェイ上の複数の遺伝子が相関をもって発現する様子を知ることができる．また，トウモロコシの集団における遺伝的多様度を祖先種の集団のそれと対比することにより，遺伝子を探索する試みが始まった(5.1 節(c)項)．これは，農業上重要な形質に関与する遺伝子は，結果的に農耕の歴史において育種の強い選択圧がかかっていることを想定するものである．一般にはある遺伝子に選択圧がかかると，これに近接する領域も連鎖して見かけ上淘汰圧を受けているように見えることがある．この現象はヒッチハイキング効果とよばれる．トウモロコシにおいては比較的組み換えが頻繁におこることから，この効果は小さく，検出された 15 の領域のうち機能が既知の 6 遺伝子はいずれも納得のゆくものであった．データ解析の手法を開発し，実験計画を練る研究者は，実験と測定の革新的な動きを敏感に捉え，生物科学者のニーズの先を読んで，彼らの欲する強力な方法を提供することが大切だろう．

4　ゲノム進化の統計モデル

前章では，種内の交配を通じて，遺伝形質が世代をまたいで伝播していく様子を調べ，ゲノム上の多型マーカーとの相関関係から，関連遺伝子の存在場所と遺伝機構を探るアプローチを紹介してきた．トウモロコシの起源を探る研究では，maize とその祖先種と思われる teosinte を交配させた．かなり遺伝的に異なる背景をもったものを掛け合わせるため，分離比の歪みを生じた．遺伝形質を研究するときには，形質の大きく異なるものどうしを交配させたほうが検出力は高い．ただ一方で，こうした場合はしばしば遺伝的背景も大きく異なってくる．3.1 節(a)項で見たように，遺伝的に離れたものを掛け合わせると，乗り換えはおきにくくなり，分離比にも歪みが生じてくる．結果として，交配の効率は落ちる．技術的に交配実験ができない場合もある．定義そのものが示すように，種間をまたいだ交配実験はほとんどできない．ところで，自然界を見渡すと，生物の多様性には目を見張るものがある．そこで考えられるのが，形質とゲノムを種間で比較し，相関関係を見ることにより，重要な遺伝子を釣ってくることができないか，ということである．直接遺伝様式を測っていないため，交配実験に比べると検出力は劣るであろうが，実験による制約から解き放たれ，多様な形質そのものを解析することができる．数多くの種において全ゲノム解読が急速に進んでいるいま，これらの内包する豊かな情報を武器に，重要遺伝子とその機能を高感度で検出する術はないか，と夢見るのは自然であろう．

生存競争の長い歴史のなかで生物は適応的に進化し，多様化してきた．長年の試行錯誤の結果である生物世界の美しさに感銘を受けない人はいないであろう．形態や機能の部分は遺伝形質である以上，これら適応進化の歴史はゲノム上に痕跡を残しているはずである．重要な遺伝形質が，比較的少数の遺伝子の変異により規定される事例が数多く報告されてきている．であれば，その遺伝子を探し出し，そしてそれがどう変異すると生物が決定的な打撃を受けるのか，あるいは有利な形質を獲得するのか，その要因を突き止めることにより，医療や産業の革新につなげることができるかもしれない．これまでは重要遺伝子の探索とその機能解析は，主としてゲノムの種内変異と交配に基づいて行われてきたが，種々の生物において次々にゲノムが解読されつつある現在，種間比較を通してゲノム進化と機能・形態の進化の間のフィードバック機構を検出するアプローチが飛躍的に勢いを増してくるであろう．

4.1　生物適応・多様化とゲノム進化の諸相

ゲノムは世代から世代にコピーされているが，まれにミスコピーされる．このミスコピーがゲノム変化の駆動力であると信じられている．ある配列の突然変異率を年率 u とすると，集団全体としては年率 Nu 個の突然変異がおきることになる(N は集団の大きさ)．分子データを種間比較することにより私たちが得ることができるのは，過去におきたこれらの突然変異のうち集団に広まり固定されたものに関する情報である．多くの突然変異は有害であろうが，明らかに有害な突然変異はほどなく集団から脱落するので，長い歴史の結果を見ている私たちの目には届かない．

それ以外の突然変異の多くがそれまでのものよりも環境に適応しているとすると，それらは高い確率で集団に固定される．結果として，観測される分子進化速度は集団の大きさに大きく依存する．環境の変化に伴う適応度の変動を無視したとしても，集団の大きさは時とともに大きく変動しているため，分子進化速度も大きく変動して見えることが期待される．

もしも，明らかに有害で集団からほどなく脱落する突然変異以外の大部分はまわりと大して差がない，言わば「どうでもいい」突然変異であった場合は，事情が異なる．**分子進化の中立説**(Kimura, 1968; 木村，1983)は分子レベルでの進化についての理解の変革をもたらした．中立説は，塩基置換や挿入・欠失，遺伝子領域の転座や逆位など，ゲノムを変化させる突然変異のうち，既存のゲノムに比して優勢のものは稀で，その多くのものが有害か同等であるとする(Ohta, 1976; Tachida, 1991)．適応度の上で以前と差がない突然変異(中立突然変異)の運命は集団中の他の配列と同等である．したがって，たまたま集団中に固定する確率は $1/N$ である．その結果，集団に固定する突然変異の数は年当り $Nu \times 1/N = u$ と，集団の大きさに依存しない．中立説のもとでは，突然変異率が変化するような構造的変異がない限り分子進化速度は一定となる．

表現型や機能レベルでは生存競争による淘汰が進化の主たる原動力になっているのに対して，たんぱく質の種間比較や多型性の分布など，数々のデータが大まかにおいて分子進化の中立説を支持している．数多くあるゲノムの変異の中で生物の適応進化に本質的に結びつくものはごく一部であることが次第に明らかになってきた．このごく一部の本質的な変化を探り当てるべく，現在多くの生物科学者が日夜悪戦苦闘している．

遺伝子を種間比較することにより，種の系統関係を推測するアプローチを分子系統学という(根井，1990; 長谷川，岸野，1996)．機能や形態の表現型においては，同一環境を共有することから系統的に異なる種が似たような変化をすることがある．これに対してゲノムにおける多くの部位は，あるいは遺伝子における多くの部位は，環境変動と直接関係する機能に強く関わっていない．こうしたことから，環境を共有することによる協調進化は弱く，分子系統学が種の系統分類に有効であることが期待される．さらに，遺伝子やゲノムがどのように変化してきたか，その履歴を推測することにより，生物適応・多様化とゲノム進化の間のフィードバックの諸相をうかがい知ることが可能となる．ここではその一端を紹介することにより，重要遺伝子とその機能を高感度で検出するためには，現在どのような分子進化の統計モデルが求められているか，感覚をつかむことにする．

(a) 遺伝子重複と機能の獲得

Zhang ら(1998)は，EDN 遺伝子から派生した ECP 遺伝子が，遺伝子重複後新たな機能を獲得する過程で比較的短期間に，正の淘汰圧を受けている証拠を示した．好酸球塩基性たんぱく質(eosinophil cationic protein, ECP)と好酸球細胞から派生する神経性毒素(eosinophil-derived neurotoxin, EDN)はともに好酸球固有の大型顆粒中に存在する．ヒトの EDN は RNA 分解酵素として強い活性をもち，RSV(ラウス肉腫ウイルス)や HIV(エイズウイルス)などのウイルスの感染力を弱めることが知られている．これに対して ECP は，抗ウイルス活性は弱いが，細胞膜を破壊することによりバクテリアや寄生虫に対する毒性をもつ．図 17(a)はこれら 2 つの遺伝子を同時に解析して得られた分子系統樹である．新世界ザルであるタマリンには病気への抵抗性をもつ ECP に対応する遺伝子は見つかっていない．マウスを外群として解析することにより，新世界ザルと旧世界ザルが分かれた後，旧世界ザルからヒト上科が分岐する以前に，EDN 遺伝子の祖先遺伝子から ECP 遺伝子が遺伝子重複により誕生したことが判明した．そして，

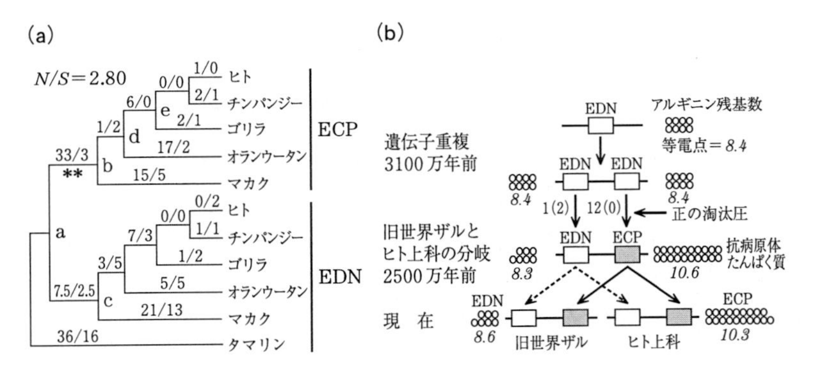

図 17 重複遺伝子 EDN, ECP にかかった正の淘汰圧．(a)分子系統樹，枝の上の 2 つの数字は非同義置換の数/同義置換の数で ** は 1% 有意水準で非同義置換が同義置換より多いことを示す．(b)遺伝子重複後 ECP の病原菌抵抗性の獲得とアルギニン残基の増加(○はアルギニンの数，図には等電点(PI)も示されている)．(Zhang *et al.*, 1998)

非同義置換と同義置換の数を系統ごとに推定することにより，遺伝子重複後ヒト上科が分岐する以前(図 17(a)で a から b に至る枝)に限ってアミノ酸置換を伴う非同義置換がアミノ酸置換を伴わない同義置換に比し有意に多く観察されることを突き止めた．さらにアミノ酸の変異をさらに詳細に調べたところ，アルギニンがこの間に著しく増加しており，この変化が病原体に対する強い毒性の機能獲得に結びついたと推測した(図 17(b))．

他方，EDN においても，図 17(a)の a から c に至る枝で興味深い変化がおきていた(Zhang and Rosenberg, 2002)．旧世界ザルは新世界ザルよりも高い抗ウイルス性の RNA 分解酵素活性をもつ．このことは，遺伝子重複の時点では酵素活性が弱かったが，この枝で EDN に何かがおきて活性が高まったことを想像させる．a〜b の枝ほどには大きな比ではなく，またアミノ酸置換の数も多くないことから統計的には有意には検出されなかったが，非同義置換の数は同義置換の数の 3 倍ある．彼らは経験ベイズ(式(32))により統計的に祖先配列を推定したところ，この枝で 9 つのアミノ酸置換がおきていることがわかった．以前の生化学的な実験により，EDN の末端の 3 つのアミノ酸が酵素の活性を高めるのに不可欠であることが確かめられていた．この 3 つのアミノ酸のうちの 1 つ，132 番目の座位が枝 a〜c においてスレオニンからアルギニンに変化していた．そこでヒト EDN において 132 番目の座位のアルギニンをスレオニンに戻したところ，活性は確かに 12 分の 1 に落ちた．ところが，これと対置させる形で，新世界ザルであるフクロウザルの EDN において 132 番目の座位のスレオニンをアルギニンに変えたところ，予想に反して活性は上がるどころかさらに 40% に落ち込んだ．この遺伝子の立体構造を参照したところ，先のアミノ酸置換を伴った 9 つの座位のうち 64 番目の座位はこの 132 番目の座位と 0.6 nm と非常に近接し，相互作用している可能性が高いことがわかった．ここではアルギニンからセリンへの変化が推測された．ヒト EDN でこの部分をアルギニンに戻すと，活性は 74 分の 1 に落ちた．逆にフクロウザルの EDN においてこの部分をセリンを変えても，活性に変化は見られなかった．ところが，64 番目と 132 番目の両方を変えると，活性は 15 倍に高まった．ゲノムにおきたわずかな異変を検出し，実験によって適応進化の本質を検証することの有効性に生物科学者は気づいている．

遺伝子重複により一方は機能的制約を解かれ，遊び心で変わることを許された．このときたまたま見込みのある機能の兆しが見えたとする．人生と同様，出会いは偶然かもしれないし，何らかのメカニズムがあるのかもしれない．これはまだ未知の領域である．ただ少なくとも，この出会いを確かなものとキャッチして自分自身に取り込み，次々に道を切り開く者が生き残った，ということには，人生と共通点がありそうである．おそらく普遍的な生命現象なのであろう．

(b) 菌類の共生と進化速度の加速

菌類の多様性を特徴づける形質で興味深いものに毒性がある．毒キノコを見分けることのむずかしさはよく知られている．また菌類には地衣類など植物との共生関係にあるものがある．これも毒キノコの場合と同じように，共生関係にあるものとそうでないものの間には形態上の違いはほとんどない．しかし，ゲノムには確実に変化がおきていた(Lutzoni and Pagel, 1997)．

外群からの距離を比較することにより，2 つの系統間で，その共通祖先からの進化速度を比較できる．図 18 において C が外群であることがわかっているとしよう．B と C は姉妹群を形成することから，それらに至る枝は同じ進化時間を経験している．このため，これらの系統で進化速度が等しければ，

$$x - y = d_{\mathrm{AC}} - d_{\mathrm{BC}}$$

はほぼ 0 となることが期待される．この値が 0 と有意に異なる場合には，一方の系統が他方の系統よりも進化速度が速いことを意味する．一部の枝を共有していることから 2 つの距離は相関をもっている．座位を再抽出するブートストラップを行うか，あるいは配列の 3 つ組を最尤法により同時解析し尤度比検定することにより，両系統間での進化速度の一定性を検定することができる(Muse and Weir, 1992; Tajima, 1993)．

図 19(a)は，25S, 5.8S, ITS1, ITS2 の 4 つの核リボソーム DNA に基づく菌類 30 種の分子系統樹である．太線は共生関係にあったと想定される系統

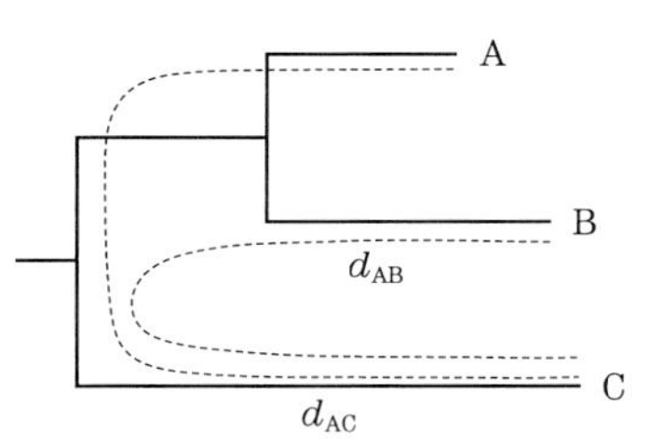

図 **18**　C を外群とする系統樹と系統間の進化速度の違い

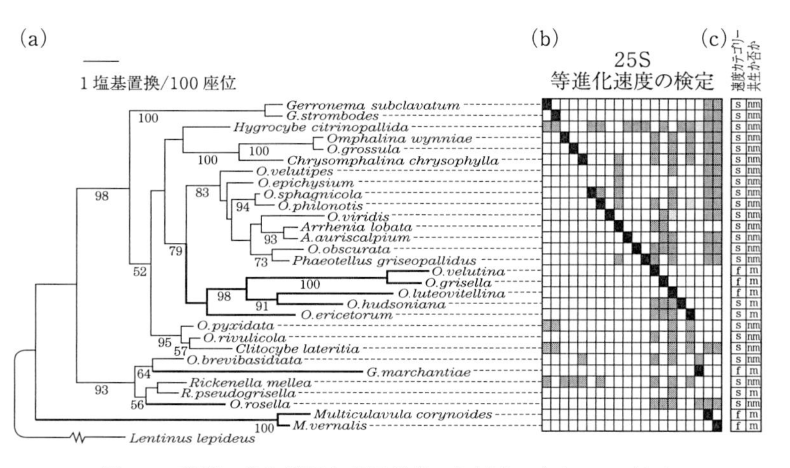

図 **19**　菌類の共生関係と分子進化の加速化．(a)4 つの核リボソーム DNA25S, 5.8S, ITS1, ITS2 に基く分子系統樹(枝の上の数字はブートストラップ確率)，太線は共生関係にある系統，(b)共生関係への移行に伴う分子進化速度の加速(各系統を他系統と速度を一対比較，灰色は黒の系統がその系統よりも速いことを表わす)，(c)種の状態の分類(nm: 共生でない，m: 共生，f: 速い，s: 遅い)．(Lutzoni and Pagel, 1997)

を表わしているが，少なくとも 4 回，独立に共生への移行がおきている．*O. velutina, O. grisella, O. luteovitellina, O. hudsoniana, O. ericetorum* の 5 種からなるグループ，および *Multiclavula corynoides, M. vernalis* の 2 種からなるグループはともに単細胞の緑藻 *Coccomyxa* W.Schmidle と共生している．*Gerronema marchantiae* と *Rickenella pseudogrisella* はそれぞれ thallose 苔類の *Marchantia* L. および *Blasia pusilla* L. と共生している．図

19(b)の各列は，黒の部分に対応する系統と他の系統で，25S の進化速度を比較したものである．灰色の行は，95% 有意水準で有意に黒に対応する系統よりも進化速度が遅いことを意味する．たとえば，*G.strombodes* に至る系統における進化速度は *Gerronema subclavatum* に至る系統と有意に異ならないが，*Hygrocybe citrinopallida* に至る系統では *Gerronema subclavatum* に至る系統よりも有意に遅かった．スペース節約のため，より速い系統をひとつももたない系統に対する列は除いている．共生している菌類への系統では，そうでないものに至る系統よりも進化速度が速い傾向にあることが明らかに見て取れる．共生しているものの間では大きな差は見られない．

次に，種の特性を共生状態と進化速度でそれぞれ 2 つのカテゴリー，計 4 つのカテゴリーに分けた(図 19(c))．速度に関しては，他のどの系統よりも有意に遅くはなく，かつ少なくとも 1 つの系統よりも有意に速いとき，その種は「速い(f)」状態をもつとした．残りの種は「遅い(s)」とみなされた．この 4 つのカテゴリーを状態にもつマルコフ過程に従う進化のプロセスを考えることにより，共生の獲得/喪失と進化速度の加速/減衰の間にどのような因果関係があるか，およその見当をつけることができる．尤度関数は T, C, A, G の 4 カテゴリーを (nm, s), (nm, f), (m, s), (m, f) の 4 カテゴリーにラベルを変えれば，式(31)と変わるところはまったくない(Pagel, 1994)．

表 16 は，最尤法により得られたカテゴリー間の推移速度行列である．非共生で遅い状態から共生で速い状態といったように，1 度に 2 つのカテゴリーをまたぐことはできないと仮定している．1 行目はすべての数字が小さ

表 16　進化速度と共生・非共生の推移確率速度(Lutzoni and Pagel, 1997)

from \ to	nm, s	nm, f	m, s	m, f
nm, s	—	0.001	0.091	0.000
nm, f	1.813	—	0.000	2.161
m, s	0.682	0.000	—	1.181
m, f	0.000	0.000	0.569	—

いことから，共生していない間は種々の機能的な制約がかかっており，速度は遅いままで，簡単には共生状態に移れないから読み取れる．が，加速化よりは共生の獲得が先におきそうである($r_{(\mathrm{nm,s}),(\mathrm{m,s})} > r_{(\mathrm{nm,s}),(\mathrm{nm,f})}$)．ひとたび共生状態を獲得すると，非共生に戻る前に速度の加速化がおこる(3行目: $r_{(\mathrm{m,s}),(\mathrm{m,f})} > r_{(\mathrm{m,s}),(\mathrm{nm,s})}$)．非共生で速い状態は不安定ですぐ他に遷移する(2行目)．

(c)　ウイルス進化速度の調査

RNA ウイルスは世代の長さがきわめて短く，高い突然変異率をもつ．このため，生物進化のプロセスを比較的短期間に観測できる可能性を秘めている．Fitch ら(1997)，Bush ら(2000)はインフルエンザ A 型ウイルスの世界流行の因子の同定と予測を目指して，1984 年から 1996 年にかけて世界各地で採られた，254 の赤血球凝集素遺伝子配列を詳細に調べた．図 20(b)は分子系統樹(図 20(a))の根から各配列に至るまでの塩基置換数を数えたものである．配列の得られた年は記録されているため，これを横軸にとり，縦軸にここで数えた共通祖先からの累積塩基置換数をとってプロットしてい

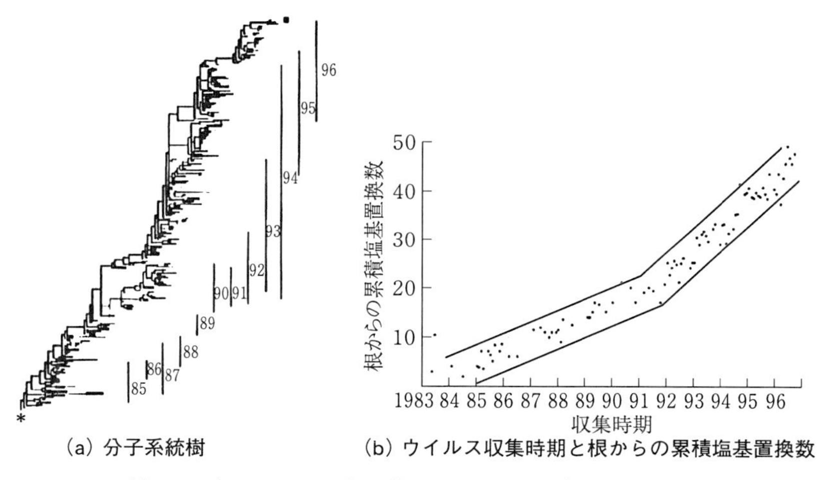

図 20　インフルエンザ A 型ウイルスの分子系統樹と進化速度の変化(Fitch *et al.*, 1997)

る．プロットから得られる直線の傾きから塩基置換速度が得られる．1992年以降分子速度が加速されていることが示唆される．が，これはワクチン開発のために，この時期から積極的に多様なウイルスを収集し始めたことによる可能性も否定できないとした．

Yamaguchi と Gojobori(1997)は，6人のエイズ患者から得られたエイズウイルスのエンベロープ遺伝子を解析したところ，アミノ酸置換を促す正の淘汰圧が観察された．アミノ酸置換をおこした座位の多くは機能的に重要な役割を担うV3領域に位置していた．これらの座位は抗原決定基，細胞の向性，融合形成能に関係していることが知られている．Shankarappaら(1999)は9人のエイズ患者について定期的に血液を採取し，それぞれ100本あまりの配列を得た．エンベロープ遺伝子を調べたところ，図20(b)と対照的な結果が得られた．すなわち，潜伏期間において進化速度はほぼ一定で，ある時点を境に進化速度が鈍化した．速度が鈍ると間もなく発病に至った．

免疫系の攻撃を受けている潜伏期間の間，ウイルスの配列にはほぼランダムに次々に塩基置換がおこり多様化し，網を潜り抜ける．多様化したウイルスに免疫系が対応できなくなったとき，ウイルス集団は爆発的に増殖する．もはや多様化の必然性はなくなり，速度は低下する．分子レベルの進化速度の低下は発病の前におきていることから，発病時期の強力な予測変量となり得よう．Pawlotsky ら(1999)はC型肝炎の患者にαインターフェロンを投与した治療を行ったところ，ウイルス分子進化速度が低下したことを認めた．ウイルス性疾患の発病や流行の予測，あるいは治療効果の測定と比較などに，分子進化速度に注目するアプローチが効力を発揮し始めている．

(d) 系統プロファイル

数多くの種においてゲノムが解読されるにつれ，比較ゲノムによりゲノムの進化と適応を探る新しいアプローチが誕生してきた．遺伝子の共有関係を調べるものも，興味深い．表17はこれを模式的に表わしたもので，6つの遺伝子$G_1, \cdots, G_6$について，種$S_1, \cdots, S_7$のうちどれがこれらの遺伝

表 **17** 遺伝子の共有関係による機能の予測：系統プロファイル

種＼遺伝子	G_1	G_2	G_3	G_4	G_5	G_6
S_1	○	○	○	○	○	×
S_2	○	○	○	○	○	×
S_3	○	○	○	○	○	×
S_4	×	○	○	○	○	○
S_5	×	×	○	×	×	○
S_6	×	×	○	×	×	○
S_7	×	○	○	○	×	○

子をもっているか，リストしたものである．○印は遺伝子の存在を，×印は非存在を意味する．この表は，これらの種において全ゲノムが解読されてはじめて作ることができる．なぜならば，ゲノムの一部分のみが解読されているときは，相同性検索により遺伝子の存在はいえても非存在はいえないからである．

細菌には結核菌などの病原性をもつものが数多くあり，また，真核生物にはない代謝様式をもつものがあり，また高温，高塩分濃度，強酸性といった，一般の生物では生命活動が困難な環境下で生育できるものがある．医学関係では病原細菌学が，農学関係では土壌細菌学や発酵細菌学が，実用の科学として早くから研究が進められてきた．これに伴い，基礎研究が高度に発展してきている．ゲノムの大きさが比較的小さいこともあり，種々の原核生物のゲノムが解読されてきている．

原核生物を構成する種は広範にわたり，系統解析には細心の注意が必要であるとされている．遺伝子の水平伝播がおきると，この遺伝子の系統樹は種の系統樹を反映していない可能性がある（Doolittle, 1999）．Snel ら（1999）は，当時解読が終了していた 13 の単細胞生物ゲノムを比較し，遺伝子の共有率に基づき水平伝播に対して頑健な系統樹を作成した．これは，ゲノムのレパートリーの類似性で原核生物を分類したことになる．得られた系統樹は 16S リボソーム RNA 遺伝子による系統樹と矛盾しなかった．RNA は全生物が共有する．中でも 16S リボソーム RNA は 1500 ヌクレオチド程度と適度な長さをもつことから，系統分類にしばしば用いられる．このように普遍的に生命現象の基本となる遺伝子は，容易に水平伝播しないことが推測される．

ところで，数多くの種について遺伝子の共有関係を調べることにより，遺伝子の獲得と脱落の歴史を推測することができる(Mizuno *et al.*, 2001)．いま，別の情報から，この 7 種の系統関係が図 21 とわかっていたとする．遺伝子 G_1 は種 S_1, S_2, S_3 が共有しているわけであるから，これらの共通祖先はすでにこの遺伝子をもっていたと推測するのが自然であろう．他方，その他の種には存在しない．系統樹と重ね合わせると，これら 3 種が種 S_4 と分かれた後に，3 種の共通祖先が遺伝子 G_1 を獲得したように読める．あるいは 7 種の共通祖先がすでにこの遺伝子をもっており，種 S_5, S_6, S_7 の共通祖先，および種 S_4 において遺伝子が抜け落ちたと見ることもできよう．ただ，前者は 1 回の事象で現在のデータを説明できたのに対し，後者は 2 回の事象を必要としている．この点に限ってみると，前者の推論のほうがよりもっともらしいように思われる．もっとも少ない事象の数で進化の歴史を推論する最小進化のアプローチは最節約法とよばれるが，データのサイズが大きくになるにつれ，確率モデルに基づき定量的な推論を行い，不確実性を評価することが可能となってくる．

このように，遺伝子の種間での共有関係のデータは，進化の過程でどの系統でゲノムがその遺伝子を獲得し，あるいは失ったか，という情報を内

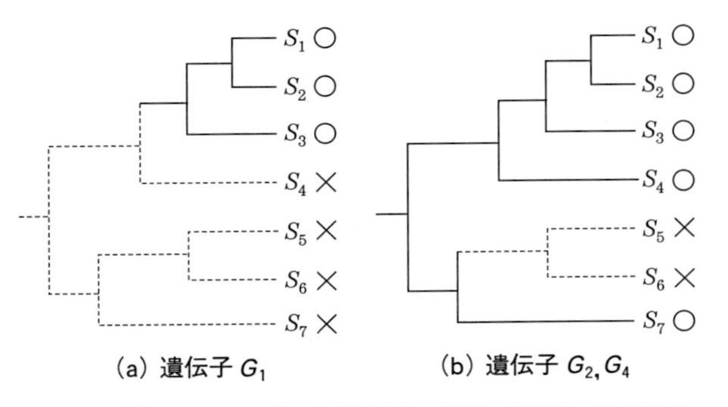

図 21 系統プロファイルと遺伝子の得失の履歴．遺伝子の存在する系統を実線で，存在しない系統を破線で示している．

包している．このため，こうしたデータは系統プロファイルとよばれる．Pellegrini ら(1999)は遺伝子の系統プロファイルから，遺伝子間の機能的関連を推測するアプローチを提唱した．そして，大腸菌(*E. coli*)ゲノムをその時点で解読が終了していた 16 のゲノムと比較し，遺伝子を分類したところ，似たような機能で特徴づけられる遺伝子は同一のグループに入ることを確かめた．

複数の遺伝子が似たような系統プロファイルをもつ場合，これらの遺伝子はほぼ同時期に獲得され，あるいは脱落したことになる．環境変動によりある機能が生命の維持において本質的でなくなり，これに関連する遺伝子が次々に脱落していくなどといったことが背景にあると想定される．逆に言うと，系統プロファイルから機能的関連性を推測することができることになる．ゲノムが解読され，その構造が急速に明らかになってきているが，まだまだ機能未知の遺伝子が数多く存在する．機能が知られている遺伝子との関連づけにより，機能未知の遺伝子の機能を予測することができるのである．可能性を絞り込むことにより，一連の遺伝子における機能と相互関連性を確認する新たな生化学的実験手法が開発される可能性がある．

現在，遺伝子重複や水平伝播が，遺伝子の獲得の主要因と信じられている．遺伝子重複後，機能が加わったり，遺伝子の発現が多様化することもあるが，しばしば一方の遺伝子は機能的制約から開放され，急速に変化してゆき，やがては機能をもたない偽遺伝子になる．Olson(1999)は，環境の変化に適応して，新たな環境にそぐわなくなった遺伝子は速やかに機能を失い，再び環境の変化がおきて当初の機能が求められるようになると復活する，といった遺伝子機能の得失のダイナミズムが頻繁におきている，と主張する．これは，種々の生物で見られた数多くの観察事例に基づいている．ヒトにおいては，遺伝子機能の喪失が細胞表面分子の変化をもたらし，これが病原体の細胞内への進入を困難にした事例がいくつか報告されている．マウスは，実験用に系統化される過程で繁殖期の季節性を失った．大腸菌は同様の系統化の過程で，β-グリコシドを利用するために必要となる酵素など，数多くの遺伝子が不活化された．しかし，この大腸菌を遺伝子の機能が強く求められる貧栄養の環境にさらすと，ほどなくして機能が再現された．また，大腸菌が病原性や共生性を獲得するとともに，多くの遺伝子をふるい落としてきたことがわかっている(Moran, 2002).

こうした現象の背後には，有力集団とマイナーなマージナル集団の間の絶えざる拮抗関係による環境適応があると考えられる．Kijak(2002)は，治療をある時点で中断したエイズ患者を調べ，ウイルスの集団が，薬への抵抗性をもつ集団から薬に対して感受性の高い集団に置き換わったことを認めた．遺伝子の系統関係を調べたところ，この集団は治療中断後に派生してきたものではなく，治療中から存在していたと見るのが自然であることがわかった．薬への抵抗性をもつ集団は，他の機能を犠牲にしているため，治療による攻撃から開放されると，薬に対して感受性のある集団に比べ適応力が劣る．こうして，治療中絶滅せずに細々と残っていた薬感受性集団が，治療の中断とともに復活したことが推察される．遺伝子の獲得と喪失の背後にある生物現象をきめ細かく測定することにより，今後こうした仮説の妥当性がテストされてゆくであろう．一方で，遺伝子の獲得と喪失の情報を説明変数として用い，種々の機能や形質と関連づけることにより，重要遺伝子の探索を行うことができよう．

4.2　分子進化の統計モデル

ゲノムやその一部である遺伝子配列を種間で比較する場合，祖先を共有することによる相関関係を考慮することが大切である．環境による強い選択圧が共通にかかっている場合などを除き多くの場合，種が分かれ，生殖的に隔離された後は，独立にゲノムは変化してゆくと信じられている．本節では比較ゲノムを定量的に行うための基礎理論を紹介する．

(a)　最小進化の規準と距離行列法

系統樹における分岐の順番をトポロジーという．図 22 には種 1 から種 5 まで 5 本の DNA 配列が並べられている．ここに見られる座位においては，種 1, 2, 3 と種 4, 5 がそれぞれクラスターをなす右のトポロジーを仮定すると，祖先形が T であり，種 4, 5 のクラスターに至る系統で T から A へ

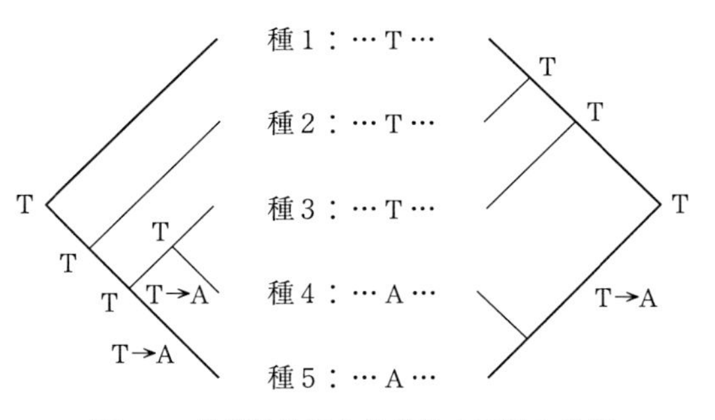

図 **22** 最節約法による進化の履歴の推定

置換が生じたとすることで自然に説明がつく．あるいは，祖先形が A であり，種 1, 2, 3 のクラスターに至る系統で A から T へ置換したと見ることもできる．これに対して，種 3, 4, 5 がクラスターを組む左のトポロジーでは，種 4 と種 5 に至る系統でそれぞれ T から A へと置換がおこったことになる．このように，少ない置換数で説明できるよう，共通祖先の表現形を順に手繰っていくアプローチを**最節約法**という．トポロジーごとに求めた置換数を互いに比較し，最小の置換数を与えるものを選択する．この座位に関しては左に比し，右のトポロジーのほうが支持されることになる．

これは祖先の形質を次第に手繰りながら，進化の履歴を推測する自然なアプローチで，直感にも訴えるところから，現在でもよく用いられている．ただ遠く離れた種の間の比較をするような場合には，1 つの枝の上で T が A に置換した後 C に変わる，といった多重置換の可能性が無視できなくなる．また後に見るように，塩基置換の中でもおこりやすいパターンとおこりにくいパターンがある．最近，このパターンの「異常」を検出することにより，ゲノム進化と機能や形態の適応・多様化のフィードバックの機構を推測しようとする試みが注目されてきている．感度良く検出するためには，通常のパターンをモデル化して解析に取り込み，これとはずれたものを検出するのが得策であろう．このためには統計的なモデル化が必要となる．

分子系統樹の枝の長さは期待塩基置換数を表現する．次項で紹介するように，分子進化の統計モデルにより，配列間の距離が計算される．図 23 は近接した 2 つの配列 A, B, C を表わしている．これら 3 つの間の距離

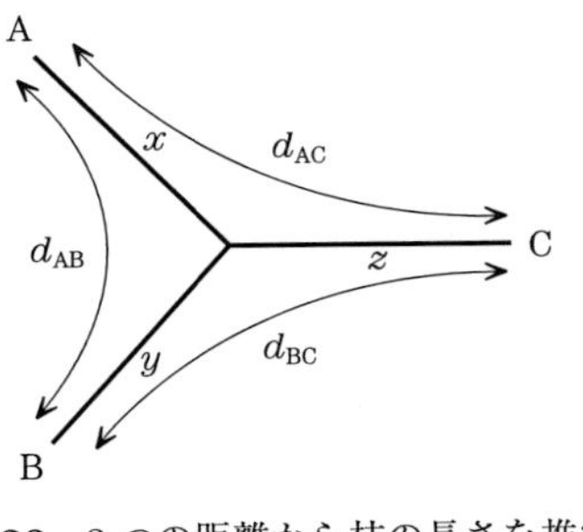

図 **23** 3つの距離から枝の長さを推定

d_{AB}, d_{BC}, d_{AC} に基づき，分岐点にいたる枝の長さ x, y, z が

$$x = (d_{AB} + d_{AC} - d_{BC})/2$$
$$y = (d_{AB} + d_{BC} - d_{AC})/2$$
$$z = (d_{AC} + d_{BC} - d_{AB})/2$$

で推定される．一般に，3つのクラスターの根にはさまれた部分の枝 x_0, y_0, z_0 の長さは，次項の式(23)により得られた x, y, z から，それぞれのクラスターの根配列にいたる枝の平均的な長さを差し引くことにより求められる．

Saitou と Nei(1987)は最小進化の規準により距離行列からクラスターをくくり出していく方法を提案した．**近隣結合法**とよばれ，進化系統樹の復元能力の高さから広く用いられている．そこでは，星形系統樹(star topology)から始めて，次第に近隣のクラスターをくくり出していく．

図24は，まず A_1 と A_2 が結びつき，次のステップで B_1 と B_2 が結びつき，その後に，A_1-A_2 のクラスターと B_1-B_2 のクラスターがくくり出される様子を示している．結びつけられたペアは新たなクラスターとなるが，すべての配列が1つのクラスターとして結びつけられた時点でアルゴリズムは終了する．

星形系統樹から2つの配列をくくり出すときは，各ステップで，可能なクラスターのペアすべてについて枝の長さの総和を計算し，最小化してゆく．A_1, A_2 としてすべての可能性を考慮し，それぞれのトポロジーについて枝の長さの総和を求める．これを最小にする A_1, A_2 のペアが最近隣のペアとして結びつけられる．

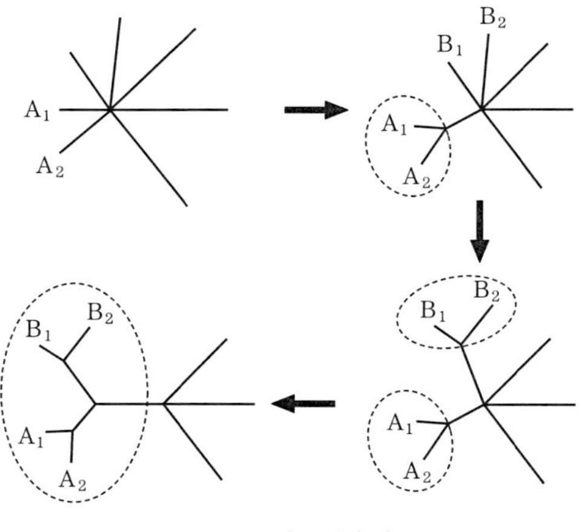

図 **24**　近隣結合法

(b)　塩基置換・アミノ酸置換の統計モデル

塩基置換の統計モデルは，4 塩基間の置換速度行列を定義する．すべての塩基に対して等確率で置換することを仮定する Jukes-Cantor モデル（Jukes and Cantor, 1969）を基本形として，トランジション（プリンからプリン，ピリミジンからピリミジンへの塩基置換）とトランスバージョン（プリンとピリミジンを渡る塩基置換）を区別したモデル（Kimura, 1980），塩基組成の不均一性を考慮に入れたモデル（Felsenstein, 1981），これら 2 つの効果を両方考慮したモデル（Hasegawa *et al.*, 1985; Tamura and Nei, 1993）などがある（表 18）．また配列内の不均質性を考慮したモデルも開発されている（たとえば Tamura and Nei, 1993; Yang, 1993）．

Jukes-Cantor モデルでは，単位時間当たりの置換速度を λ とすると，時間 t を経て塩基 i が塩基 j に移る推移確率は

$$p_{ij}(t) = \begin{cases} \dfrac{1}{4} + \dfrac{3}{4}\exp\left(-\dfrac{4}{3}\lambda t\right) & (i=j \text{ のとき}) \\ \dfrac{1}{4}\left(1 - \exp\left(-\dfrac{4}{3}\lambda t\right)\right) & (i\neq j \text{ のとき}) \end{cases} \qquad (23)$$

表 18 塩基置換速度の統計モデル

	Mutant			
Original	A	T	C	G
1. Jukes-Cantor モデル				
A	$\cdots$	λ	λ	λ
T	λ	$\cdots$	λ	λ
C	λ	λ	$\cdots$	λ
G	λ	λ	λ	$\cdots$
2. Felsenstein モデル				
A	$\cdots$	$\pi_T\lambda$	$\pi_C\lambda$	$\pi_G\lambda$
T	$\pi_A\lambda$	$\cdots$	$\pi_C\lambda$	$\pi_G\lambda$
C	$\pi_A\lambda$	$\pi_T\lambda$	$\cdots$	$\pi_G\lambda$
G	$\pi_A\lambda$	$\pi_T\lambda$	$\pi_C\lambda$	$\cdots$
3. Kimura モデル				
A	$\cdots$	β	β	α
T	β	$\cdots$	α	β
C	β	α	$\cdots$	β
G	α	β	β	$\cdots$
4. Hasegawa *et al.* モデル				
A	$\cdots$	$\pi_T\beta$	$\pi_C\beta$	$\pi_G\alpha$
T	$\pi_A\beta$	$\cdots$	$\pi_C\alpha$	$\pi_G\beta$
C	$\pi_A\beta$	$\pi_T\alpha$	$\cdots$	$\pi_G\beta$
G	$\pi_A\alpha$	$\pi_T\beta$	$\pi_C\beta$	$\cdots$
5. Tamura-Nei モデル				
A	$\cdots$	$\pi_T\beta$	$\pi_C\beta$	$\pi_G\alpha_1$
T	$\pi_A\beta$	$\cdots$	$\pi_C\alpha_2$	$\pi_G\beta$
C	$\pi_A\beta$	$\pi_T\alpha_2$	$\cdots$	$\pi_G\beta$
G	$\pi_A\alpha_1$	$\pi_T\beta$	$\pi_C\beta$	$\cdots$
6. Rzhetsky-Nei モデル				
A	$\cdots$	β_2	β_3	α_4
T	β_1	$\cdots$	α_3	β_4
C	β_1	α_2	$\cdots$	β_4
G	α_1	β_2	β_3	$\cdots$

である．塩基組成がすべて 1/4 ずつになるような平衡状態においては，時間 t を経ると配列はその祖先形と

$$d(t) = \sum_i \frac{1}{4} \sum_{j \neq i} p_{ij}(t) = \frac{3}{4}\left(1 - \exp\left(-\frac{4}{3}\lambda t\right)\right) \qquad (24)$$

だけ異なってくる．配列を比べて $d(t)$ を計算し，式(24)を用いれば，座位

当たりの塩基置換数 λt を

$$\lambda t = -\frac{3}{4}\log\left(1-\frac{4}{3}d\right) \tag{25}$$

として求めることができる．そこで，距離行列法では λt を距離として用いる．

Kimura(1980)のモデルでは，トランジション，トランスバージョンの速度をそれぞれ α, β とすると，

$$\begin{aligned}
p_{\mathrm{TT}}(t) &= p_{\mathrm{CC}}(t) = p_{\mathrm{AA}}(t) = p_{\mathrm{GG}}(t)\\
&= \frac{1}{4} + \frac{1}{4}\exp(-4\beta t) + \frac{1}{2}\exp(-2(\alpha+\beta)t)\\
p_{\mathrm{TC}}(t) &= p_{\mathrm{CT}}(t) = p_{\mathrm{AG}}(t) = p_{\mathrm{GA}}(t)\\
&= \frac{1}{4} + \frac{1}{4}\exp(-4\beta t) - \frac{1}{2}\exp(-2(\alpha+\beta)t)\\
p_{\mathrm{TA}}(t) &= p_{\mathrm{TG}}(t) = p_{\mathrm{CA}}(t) = p_{\mathrm{CG}}(t)\\
&= p_{\mathrm{AT}}(t) = p_{\mathrm{AC}}(t) = p_{\mathrm{GT}}(t) = p_{\mathrm{GC}}(t)\\
&= \frac{1}{4} - \frac{1}{4}\exp(-4\beta t)
\end{aligned} \tag{26}$$

となる．座位あたりの置換数は $(\alpha+2\beta)t$ は配列間の差をトランジション型の差とトランスバージョン型の差を測ることにより求めることができる．すなわち，相同な座位が TC，CT，AG，GA のいずれかで占められる確率 P をトランジション型の差とよぶ．同様にトランスバージョン型の差 Q が定義される．

$$\begin{aligned}
P(t) &= \frac{1}{4} + \frac{1}{4}\exp(-4\beta t) - \frac{1}{2}\exp\left(-2(\alpha+\beta)t'\right)\\
Q(t) &= \frac{1}{2} - \frac{1}{2}\exp(-4\beta t)
\end{aligned} \tag{27}$$

となることから，

$$(\alpha+2\beta)t = -\frac{1}{2}\log(1-2P-Q) - \frac{1}{4}\log(1-2Q) \tag{28}$$

が得られる．

(c) 最尤法

距離行列法は，分子進化の統計モデルを取り入れて分子進化の履歴を頑健に行うことを可能とする．距離行列の妥当性が理論により保証されるため，それに基づく系統樹の推定もより説得力をもつ．ただし，距離行列法ではデータに基づき統計モデルを比較する術が，現在のところない．また，複数の遺伝子配列を，異質性を考慮しながら総合的に分析するための道具立てが充分整っていない．統計的モデル比較は最尤法の枠組みを準備することにより可能となる．

マルコフ過程で記述される分子進化の推移速度行列をモデル化することにより，分子系統樹の尤度が表現される．この尤度には分岐年代と速度行列に関するパラメータが含まれている(長谷川，岸野，1996)．

相同な s 本の配列を比較して系統関係を推定する場合を考える．配列の長さを n とすると，データは

$$\begin{array}{ll} \text{種 1} & X_{11}\cdots X_{1h}\cdots X_{1n} \\ \vdots & \vdots \quad \vdots \quad \vdots \quad \vdots \quad \vdots \\ \text{種 p} & X_{p1}\cdots X_{ph}\cdots X_{pn} \\ \vdots & \vdots \quad \vdots \quad \vdots \quad \vdots \quad \vdots \\ \text{種 s} & X_{s1}\cdots X_{sh}\cdots X_{sn} \end{array} \tag{29}$$

と表現される．ここで X_{pq} は T, C, A, G のどれかで，p 番目の種の第 q 座位の塩基である．$\boldsymbol{X}=(X_{pq})$ を行列表現されたデータ，

$$\boldsymbol{X}_h = (X_{1h},\cdots,X_{sh})'$$

を第 h 座位のデータとする．

進化は座位間で独立とすると，系統樹 T の対数尤度は

$$l(\boldsymbol{\theta}|\boldsymbol{X}) = \sum_{h=1}^{n} \log f(\boldsymbol{X}_h|\boldsymbol{\theta}) \tag{30}$$

と表わされる．ここで $\boldsymbol{\theta}_i$ は進化のプロセスを規定するパラメータである．配列の変化の統計モデルとしては，それが複製の際のミスコピーに起因していることから，マルコフ過程によるモデル化は妥当である．分岐後それ

ぞれの種の配列は独立に進化すると仮定すると，各座位の尤度 $f(\boldsymbol{X}_h|\boldsymbol{\theta})$ は

$$f(\boldsymbol{X}_h|\boldsymbol{\theta}) = \sum_{Z_{i_0}} \pi_{Z_{i_0}} \prod_{j \in \mathrm{node}(T) \setminus i_0} \sum_{Z_j} P_{Z_{\mathrm{anc}(j)}, Z_j}(t_{\mathrm{anc}(j),j}) \tag{31}$$

と簡単に表わされる．ここで，node(T) は系統樹 T の節を表わし，i_0 はその根である．無根系統樹の場合には，任意の節を指定する．anc(j) は j に隣接する祖先となる節である．$P_{xy}(t)$ は時間 t で x から y へ移る推移確率である．推移速度行列を R と書くと，推移確率行列は $P(t) = \exp(tR)$ として求められる．和はすべての節における塩基の状態について足し合わせるが，末端の枝の推移確率は，その先が標本中の配列における座位の実現値に等しいときを除き 0 である．

式(30)および式(31)はアミノ酸を単位にした場合(たとえば Kishino *et al.*, 1990; Adachi and Hasegawa, 1996; Thorne *et al.*, 1996)，あるいはコドンの変化をモデル化する場合(たとえば，Miyata and Yasunaga, 1980; Muse and Gaut, 1994; Goldman and Yang, 1994; Nielsen and Yang, 1998)にもそのまま適用できる．

系統樹と進化のプロセスを規定するパラメータに関して対数尤度を最大化することにより，それらの最尤推定量 $\hat{\boldsymbol{\theta}}$ が得られる．さらに，式(31)を

$$f(\boldsymbol{X}_h|\boldsymbol{\theta}) = \sum_{Z_{i_0}} \pi_{Z_{i_0}} P\left(\boldsymbol{X}_h \mid Z_{i_0}, \boldsymbol{\theta}\right)$$

と整理することにより，第 h 座位の祖先における状態の事後確率が

$$P\left(Z_{i_0} = z \mid \boldsymbol{X}_h, \hat{\boldsymbol{\theta}}\right) = \frac{\pi_z P\left(\boldsymbol{X}_h \mid Z_{i_0} = z, \hat{\boldsymbol{\theta}}\right)}{f(\boldsymbol{X}_h|\hat{\boldsymbol{\theta}})} \tag{32}$$

と推定される(Yang *et al.*, 1995)．任意の内部の節 j_0 における状態の事後確率も，時間反転可能なモデルにおいては，その節を共通祖先 i_0 と思えばよい．時間反転可能でない一般の場合にも，

$$P\left(Z_{j_0} = z \mid \boldsymbol{X}_h, \hat{\boldsymbol{\theta}}\right) = \frac{f'_{j_0}(\boldsymbol{X}_h, z|\hat{\boldsymbol{\theta}})}{f(\boldsymbol{X}_h|\hat{\boldsymbol{\theta}})} \tag{33}$$

ただし，

$$f'_{j_0}(\boldsymbol{X}_h, z|\hat{\boldsymbol{\theta}}) = \sum_{Z_{i_0}} \pi_{Z_{i_0}} \prod_{j \in \mathrm{node}(T) \setminus i_0} \sum_{Z_j, Z_{j_0} = z} P_{Z_{\mathrm{anc}(j)}, Z_j}(t_{\mathrm{anc}(j),j})$$

と，内部における和を制限することにより過去の状態の事後確率を求めることができる($\sum_{Z_j, Z_{j_0}=z}$ は内部の節の状態で，節 j_0 においては z の値をとるものについての和)．この式を少し拡張すれば，内部の枝における変化の事後確率が

$$P\left(Z_{j_0}=z, Z_{\mathrm{anc}(j_0)}=w \mid \boldsymbol{X}_h, \hat{\boldsymbol{\theta}}\right)=\frac{\tilde{f}_{j_0}(\boldsymbol{X}_h, Z, w|\hat{\boldsymbol{\theta}})}{f_0(\boldsymbol{X}_h|\hat{\boldsymbol{\theta}})} \quad (34)$$

ただし，

$$\tilde{f}_{j_0}(\boldsymbol{X}_h, Z, w|\hat{\boldsymbol{\theta}})=\sum_{Z_{i_0}}\pi_{Z_{i_0}}\prod_{j\in \mathrm{node}(T)\backslash i_0}\sum_{Z_j, Z_{j_0}=z, Z_{\mathrm{anc}(j)}=w}P_{Z_{\mathrm{anc}(j)}, Z_j}(t_{\mathrm{anc}(j),j})$$

のように得られる(Galtier and Boursot, 2000)．

(d) 系統樹のベイズ推定

トポロジーが決まり，分子進化のプロセスのモデルを特定することにより尤度関数が書き下される．枝の長さなど，自由パラメータについて最大化させることにより，最尤系統樹が得られる．系統樹の精度評価と仮説検定にはノンパラメトリックブートストラップ(Felsenstein, 1985; Kishino and Hasegawa, 1989; Shimodaira and Hasegawa, 1999; Shimodaira, 2002)，パラメトリックブートストラップ(Goldman, 1993)が多用される．

ところで，分子系統学においても近年，Bayes 法の躍進がめざましい．その背景には，論理的な簡潔さとともに，マルコフ連鎖モンテカルロ法(MCMC, Gelman *et al.*, 1995; Gilks *et al.*, 1996)の普及により，複雑な問題も尤度と事前分布を用いて定式化できれば，比較的手軽に説得力をもった答えを出すことができるようになったという事情がある．

ノンパラメトリックブートストラップによる精度評価と異なり，事後分布による精度評価は統計モデルに強く依存している点に注意する必要があるが，このアプローチが多くの研究者に現在受け入れられている理由のひとつを，次の解析例に見ることができよう．

生物の不思議と神秘のひとつに寄生がある．進化の過程でどのようにして寄生が始まり，また寄生性生物はどのようにして宿主を変えてきたか，という問題に関心が集まる．さらには寄生性生物と宿主の間の共進化のダイナ

ミックスも興味深いテーマである．寄生種と宿主の系統樹を比較分析することにより，宿主の切り替え現象を推測することができる．もしも過去に宿主の切り替えがなかったとしたら，2つの分子系統樹は枝の長さは異なるものの，同一のトポロジーになるはずである．もしも食い違いが観測された場合には，過去における宿主の切り替えが示唆される．図25(a)はホリネズミとそれに寄生するシラミのミトコンドリアCOI遺伝子に基づく最尤系統樹を並べて書いたものである(Hafner *et al.*, 1994; Huelsenbeck *et al.*, 2000)．2つの系統樹を結ぶ線分は，宿主(左)と寄生種(右)の対応関係を表わしている．ランダムに宿主の切り替えがおきているにしては2つの系統樹の間には強い相関関係が見られる一方，*P. bulleri*，*Z. trichopus*，*C. merriami*の宿主3種と*G. perotensis*，*G. trichopi*，*G. nadleri*の寄生種3種との間の対応関係が乱れている．また*G. personatus*の系統樹上の位置とその寄生種である*G. texanus*の系統樹の位置にも微妙な違いが見られる．

図25(b)は2回の宿主切り替え(矢印)を経験した宿主・寄生種の系統樹を示している．まず，寄生種P4がP5と分かれた後に，種H3の祖先に宿主を拡大した．H3においては，それ以前寄生種がいたかどうかはデータ

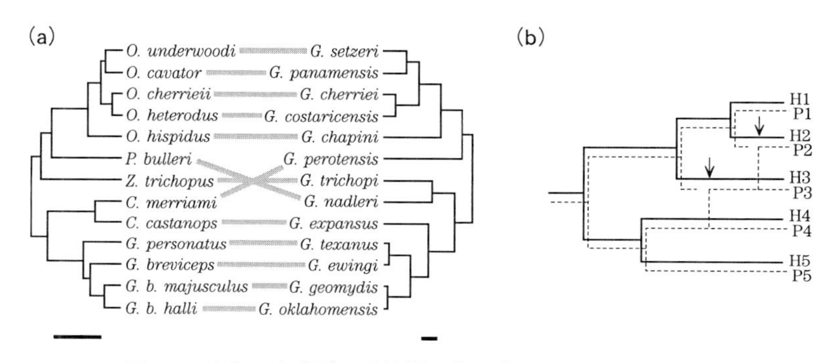

図 25 宿主・寄生種の系統樹の食い違いから推測される寄生種の宿主の切り替え．(a)ミトコンドリアCOI遺伝子に基づくホリネズミ(左)とシラミ(右)の分子系統樹 (Huelsenbeck *et al.*, 2000)．2つの系統樹を結ぶ線分は，宿主と寄生虫の対応関係を表し，下の物差しは座位あたり0.1回の置換を示す．(b)宿主の2回の切り替え(矢印)と宿主(実線)・寄生種(点線)のトポロジーの食い違い．

からは判断できないが，図ではそれ以前の寄生種が他の寄生種の侵入により置き換えられたように表現されている．その後この寄生種はさらに宿主H2にまで分布域を広げた．こうして，宿主 H1〜H5 の系統関係は(((H1, H2), H3), (H4, H5))のようになるのに対し，これらの寄生種 P1〜P5 のそれは(P1, ((P2, P3), P4), P5)とねじれた関係をもつことになる．

ところで，系統樹の食い違いは，配列の長さの有限性と塩基置換の確率性からくる統計的誤差が原因している可能性もある．したがって，宿主の切り替えの履歴を偏りなく推測するためには，この統計的誤差を解析に織り込む必要がある．これはベイズモデルの得意とするところである．

ここでは，進化速度は一定としたモデルを考える．系統樹を所与とすると式(30)と式(31)により配列の尤度が表現される．トランジションとトランスバージョンの比など，尤度を規定するパラメータの事前分布として広範囲からの一様分布を用い，できるだけ事前制約を課さない無情報分布に近づける．系統樹上の宿主切り替えは，その回数 ξ とそれぞれの時点 $z=(z_1,\cdots,z_\xi)'$，切り替え元 $\gamma=(\gamma_1,\cdots,\gamma_\xi)'$，および切り替え先 $\delta=(\delta_1,\cdots,\delta_\xi)'$ で表現される．回数については，期待値 λT のポアソン分布(T は系統樹の総枝長)に従うとする．その期待値を規定する λ にはさらに超事前分布を導入し，広範囲の一様分布 $U[0,1000]$ に従うとする．あらかじめ切り替えのパターンについて事前情報がない限り，切り替え元を系統樹上に一様ランダムに配置させる．時点 s において $b(s)$ の系統が存在するとすると，この時点における宿主切り替えの切り替え先は $b(s)-1$ の系統のうちのいずれか 1 つ，ランダムに割り当てられる．こうして，宿主の系統樹が与えられたときの宿主切り替えの事前分布は

$$p(\xi,z,\gamma,\delta)=e^{-\lambda T}(\lambda T)^{\xi}\left(\frac{1}{T}\right)^{\xi}\prod_{t=1}^{\xi}\frac{1}{b(z_t)-1}$$

で与えられる．

先のミトコンドリア COI 遺伝子に基づくホリネズミとシラミの例で宿主切り替えの回数と切り替えのパターンを推定したところ，切り替えの回数は 9.2 回(95% 信頼限界は 4〜20)であった．さらに切り替え元と切り替え先の同時事後分布から，主立った切り替えとして *P. bulleri* と *Z. trichopus* の間

の宿主交代，*C. merriami* と *C. castanops* の間の宿主交代，*G. personatus* から *G. b. halli* への宿主切り替え，および *G. b. halli* から *G. b. majusculus* への宿主切り替えが浮かび上がってきた．

4.3 ゲノムの適応進化を検出する統計モデル

4.1 節から伺い知れるように，重要な遺伝的形質の変化はゲノムに確実に足跡を残している．こうして見てくると，遺伝子が異常に変化した系統を絞り込むことや，複数の遺伝子が相関をもって変化したことを，統計的に検出することの重要性が推測されよう．ゲノム適応進化の諸相を感度良く検出するための統計モデルとアルゴリズムの開発に，分子進化学における若き理論家のエネルギーと夢が注がれている．

(a) 同義置換と非同義置換

進化の過程でゲノムが受ける選択圧を測るモデルとして，現在のところコドンモデルが多くの生物科学者に重宝されている．これはたんぱく質をコードする構造遺伝子を解析するものである．遺伝子はまず mRNA に転写され，これがたんぱく質のアミノ酸配列を決定する．mRNA の塩基はコドンとよばれる 3 つ組ごとに読みこまれ，アミノ酸に翻訳される．表 19 は核遺伝子のコード表を表わしている．葉緑体遺伝子も核遺伝子と同様のコード表を用いているが，ミトコンドリア遺伝子のコード表は若干異なる．塩基置換はコドンを変えるが，これが同時にアミノ酸を変える場合とアミノ酸レベルでは変化しない場合とがある．アミノ酸を変えない塩基置換は**同義置換**，アミノ酸を変える置換を**非同義置換**とよぶ．表からわかるように，コドンの 3 番目における塩基置換は同義置換となる可能性が高い．重要な機能を担う遺伝子の場合，アミノ酸レベルで変化すると，その多くは集団から脱落するであろう．したがって通常，同義置換は非同義置換に比べて有害度が低く，集団に固定する確率が高いと想定される．これが逆に非同義置換が同義置換よりも頻繁におきているのであれば，何か異変がおきたと見ることができる．積極的にアミノ酸を変えるゲノムが集団内で有利な座を得，

表 19 アミノ酸コード表

コドン	アミノ酸	コドン	アミノ酸	コドン	アミノ酸	コドン	アミノ酸
UUU	Phe	UCU	Ser	UAU	Tyr	UGU	Cys
UUC	Phe	UCC	Ser	UAC	Tyr	UGC	Cys
UUA	Leu	UCA	Ser	UAA	Ter	UGA	Ter
UUG	Leu	UCG	Ser	UAG	Ter	UGG	Trp
CUU	Leu	CCU	Pro	CAU	His	GGU	Arg
CUC	Leu	CCC	Pro	CAC	His	GGC	Arg
CUA	Leu	CCA	Pro	CAA	Gln	GGA	Arg
CUG	Leu	CCG	Pro	CAG	Gln	GGG	Arg
AUU	Ile	ACU	Thr	AAU	Asn	AGU	Ser
AUC	Ile	ACC	Thr	AAC	Asn	AGC	Ser
AUA	Ile	ACA	Thr	AAA	Lys	AGA	Arg
AUG	Mer	ACG	Thr	AAG	Lys	AGG	Arg
GUU	Var	GCU	Ala	GAU	Asp	GGU	Gly
GUC	Var	GCC	Ala	GAC	Asp	GGC	Gly
GUA	Var	GCA	Ala	GAA	Glu	GGA	Gly
GUG	Var	GCG	Ala	GAG	Glu	GGG	Gly

固定していったとみなすことができる．免疫系に関与する遺伝子，病原菌への抵抗性遺伝子，性決定遺伝子などでは，非同義置換が同義置換よりも頻繁におこる正の淘汰圧(多様化選択)が働いたことが認められている(Hughes and Nei, 1988; Bishop *et al.*, 2000; Swanson and Vacquier, 1995)．

■局所的に作用する正の淘汰圧

Goldman と Yang(1994), Nielsen と Yang(1998)は，先に述べた組成の偏りとトランジション／トランスバージョンの違いに加えて同義置換と非同義置換の違いを考慮に入れ，コドンが i から j に移る速度を

$$r_{ij} = \begin{cases} u\pi_j & \text{(同義置換のトランジション)} \\ u\rho\pi_j & \text{(同義置換のトランスバージョン)} \\ u\omega\pi_j & \text{(非同義置換のトランジション)} \\ u\omega\rho\pi_j & \text{(非同義置換のトランスバージョン)} \end{cases} \tag{35}$$

とモデル化した．$\omega > 1$ は正の淘汰圧を受けてアミノ酸レベルの進化が促

進されていることを意味し，$\omega < 1$ は逆にアミノ酸レベルの進化が抑えられていることを意味する．$\omega = 1$ は進化的に中立な場合である．

Yang ら(2000)は，正の淘汰圧は遺伝子のごく限られた座位にかかり，配列全体を均質とみなして解析すると，多くの場合正の淘汰圧が検出できないことを示した．表20は種々の遺伝子を解析した結果を示している．免疫系からの攻撃を受けるウイルスの遺伝子など，強い正の淘汰圧がかかっていることが推測されるが，推定された ω の値はいずれも1よりも小さく，正の淘汰圧は観測されない．

表 20 種々の遺伝子の ω(非同義置換速度と同義置換速度の比)．s は解析した配列の数，n は配列の長さ，ρ はトランジションとトランスバージョンの比，PS は配列内の不均質性を考慮に入れたときに正の淘汰圧が検出されたもの(Yang *et al.*, 2000)

データ	配列数 (s)	長さ (n)	ρ	ω	PS
ヒト上科のミトコンドリアにおける12個の遺伝子	7	3331	14.25	0.041	Y
脊椎動物 β グロブリン遺伝子	17	144	2.07	0.237	Y
ショウジョウバエ脱水素酵素 (*Adh*) 遺伝子	23	254	1.58	0.094	N
フラビウイルスグリコプロテイン遺伝子	22	490	3.94	0.052	N
ヒトインフルエンザA型ウイルス赤血球凝集素遺伝子	28	329	4.62	0.391	Y
HIV-1 *vif* 遺伝子	29	192	3.72	0.644	Y
HIV-1 *pol* 遺伝子	23	947	4.89	0.196	Y
日本脳炎 *env* 遺伝子	23	500	9.52	0.051	N
ダニ媒介フラビウイルス NS-5 遺伝子	18	342	2.25	0.025	N
HIV-1 *env* 遺伝子 V3 領域	13	91	2.47	0.901	Y

ところでひとつの遺伝子の中でも，立体構造上の制約などにより，淘汰圧のかかり方は一様ではないこと，すなわち ω の大きさが座位により異なることが想像される．こうした事情は，パラメータに分布 $g(\omega)$ を導入することにより，解析に取り入れることができる．すなわち，式(30)で ω について周辺尤度をとることにより，

$$f(\boldsymbol{X}_h|\boldsymbol{\theta}) = \int f_0(\boldsymbol{X}_h|\boldsymbol{\theta}, \omega)g(\omega)d\omega \tag{36}$$

となる．分子進化の中立説によると，多くの分子レベルの突然変異は集団に比べ機能的に同等か劣っているものからなる．ここでの適応進化のモデルでは，この遺伝子内で生じるコドン置換において，中立説に従う突然変異のみならず機能的に勝る突然変異が存在することを意味しており，すべて適応進化で駆動されていることを主張するものでないことに注意する．表20右のPSと書かれている欄に示すように，配列にかかる淘汰圧が一様でないことを考慮に入れると，10の遺伝子のうち，6つにおいて正の淘汰圧が検出された．その多くは免疫に関わる遺伝子と免疫からの攻撃にさらされるウイルスの遺伝子で，多様化するものが適応的に定着することを示している．

進化系統樹の尤度計算にかかる時間の制約とデータ自身の情報の量の制約から，この分布を離散分布で近似する．すなわち，各コドン座位が ω_1, ω_2, $\omega_3(\omega_1 < \omega_2 < \omega_3)$ の3つのカテゴリーのいずれかに属するとした．速度行列 R が得られると，時間 t を隔てた推移確率行列は e^{tR} と計算される．したがって，式(31)で求めたようにして各コドン座位の尤度 $f_0(\boldsymbol{X}_h|\boldsymbol{\theta},\omega)$ が分岐時間，ρ, $\omega_1,\omega_2,\omega_3$，およびコドンの平衡確率の関数として計算される．ここで $\boldsymbol{\theta}$ は ω_1, ω_2, ω_3 以外のパラメータである．全データの対数尤度は

$$l(\boldsymbol{\theta},\omega_1,\omega_2,\omega_3|\boldsymbol{X}) = \sum_{h=1}^{n} \log f(\boldsymbol{X}_h|\boldsymbol{\theta},\omega_1,\omega_2,\omega_3) \tag{37}$$

となる．3つのカテゴリーに確率 p_1, p_2, $p_3(=1-p_1-p_2)$ を割り当てる．第 h コドン座位が属するカテゴリーを c_h とおくと，この座位の尤度は

$$\begin{aligned} f(\boldsymbol{X}_h|\boldsymbol{\theta},\omega_1,\omega_2,\omega_3) &= P(\boldsymbol{X}_h, c_h=1) + P(\boldsymbol{X}_h, c_h=2) + P(\boldsymbol{X}_h, c_h=3) \\ &= p_1 f_0(\boldsymbol{X}_h|\boldsymbol{\theta},\omega_1) + p_2 f_0(\boldsymbol{X}_h|\boldsymbol{\theta},\omega_2) + p_3 f_0(\boldsymbol{X}_h|\boldsymbol{\theta},\omega_3) \end{aligned} \tag{38}$$

となる．経験ベイズにより，各座位について各カテゴリーの事後確率が

$$\frac{\hat{p}_k f_0(\boldsymbol{X}_h|\hat{\boldsymbol{\theta}},\hat{\omega}_k)}{f(\boldsymbol{X}_h|\hat{\boldsymbol{\theta}},\hat{\omega}_1,\hat{\omega}_2,\hat{\omega}_3)} \tag{39}$$

により，求められる．

HIV エンベロープ遺伝子でとくに変異の大きいV3 領域を囲む領域を解析した結果が図 26 に示されている．$\hat{\omega}_1 = 0.108$, $\hat{\omega}_2 = 1.211$, $\hat{\omega}_1 = 4.024$ で代表される各カテゴリーの確率がそれぞれ $\hat{p}_1 = 0.604$, $\hat{p}_2 = 0.325$, $\hat{p}_3 = 0.070$ と推定された．図では，各座位でそれぞれのカテゴリーに入る事後確率が 3 つの濃度に分けて示されている．全体から見ると 10 座位あまりと数は限られるが，非同義置換が同義置換の 4 倍の頻度でおきている座位が見られる．立体構造などの制約が緩い部分であるところであるか，あるいは免疫系の認識と大きく関わっている座位であることが予想される．これらの座位に焦点を絞って分子生物学的な実験で機能を調べることにより，効率よく感度の高い検証を行うことができよう．

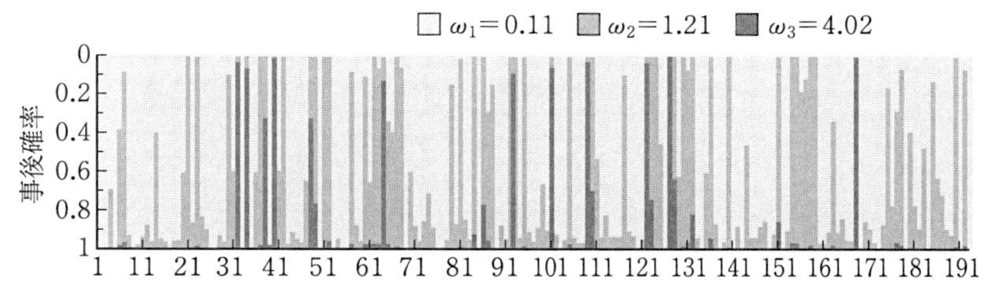

図 **26**　HIV-1 *vif* 遺伝子の座位ごとに求められた ω の各クラスの事後確率(Yang *et al.*, 2000)

(b)　G+C 含量の変化: 発現様式の進化の検出に向けて

アミノ酸の変化を伴わない同義置換にも，淘汰圧がかかっていることが確かめられている．つまり，同じアミノ酸をコードするコドンのうちでも多くを占めるものとそうでないものがある(Grantham *et al.*, 1980; Ikemura, 1981)．遺伝子の機能には，それが生成するたんぱく質とともにその発現様式が大きく関わっている．細胞のたんぱく質生合成の工場であるリボソームは，一部 RNA 分子により成り立っている．これの効率は RNA を構成する塩基の間の結合の強さに左右される．グアニンとシトシンの結合は強く，アデニンとウラシルの結合は弱い．結果として，同じアミノ酸をコードするコドンでも，それぞれでアミノ酸翻訳効率が異なることになる．とくに，

G+C 含量が高いほど熱やアルカリによる変性を受けにくく，翻訳効率も高い傾向がある．そして発現様式も特異的になる傾向がある（Akashi, 2001）．環境の変化により，種々の系統において遺伝子が特異的に発現する必要性がなくなった場合や，さまざまな種において集団が絶滅に瀕し，遺伝子が強く発現しないものも偶然に定着していったような場合は，G+C 含量は系統間で同方向に変化する可能性がある．G+C 含量の変異を無視して塩基配列を比較分析すると，似たような G+C 含量をもつ種を結びつけるため，結果として系統関係を誤って推定してしまうことになる．

こうした問題を踏まえ，Galtier と Gouy（1998）はこの G+C 含量の変化を高感度で検出するモデルを構築した．塩基置換速度行列を

from ＼ to	A	T	C	G
A	$-r_A$	$\frac{1-\theta}{2}$	$\frac{\theta}{2}$	$\rho\frac{\theta}{2}$
T	$\frac{1-\theta}{2}$	$-r_T$	$\rho\frac{\theta}{2}$	$\frac{\theta}{2}$
C	$\frac{1-\theta}{2}$	$\rho\frac{1-\theta}{2}$	$-r_C$	$\frac{\theta}{2}$
G	$\rho\frac{1-\theta}{2}$	$\frac{1-\theta}{2}$	$\frac{\theta}{2}$	$-r_G$

で定義する．θ は G+C 含量の増減傾向を表現し，それぞれの枝に個別の θ を割り当てる．共通祖先における G+C 含量もパラメータとして設定する．500 塩基からなる 10 本の配列に対する種々のシミュレーションテストから，すべての系統で G+C 含量が単調に増加したり，逆に単調に減少する極端な場合においても，共通祖先における G+C 含量が精度良く再現されることが示された．

地球は太古の昔，熱かった．真正細菌と古細菌からなる原核生物は，こうした過酷な環境下に適応していたとする説が多くの人を説得してきた．ところで原核生物において先に述べたように，リボソーム RNA（rRNA）の G+C 含量は最適成長温度と強く相関している．そこで彼らは原核生物から哺乳類にわたる 40 種の rRNA 配列に彼らのモデルを適用し，その共通祖先は現存種とほぼ同程度の G+C 含量をもっていると推定した（Galtier *et al.*, 1998)．現存種の共通祖先以前に地球は熱かったことは否定できないが，現存種にいたる熱環境適応性は，各系統で個別に進化してきた可能性が出てきた．その後 Brochier と Philippe(2002)が，rRNA の保存的な領域から徐々に速度の速い領域を加えてゆくことにより，ここでの場合のように，古い分岐を信頼性高く再構築した．得られた系統樹は，Galtier らの説を支持するものであった．

遺伝子には，それ自身の機能に重点が置かれる構造遺伝子(酵素や細胞骨格のたんぱく質をコードする)と，他の遺伝子の発現を制御するたんぱく質(転写因子)をコードする転写調節遺伝子がある．遺伝子の転写開始点の上流には，転写因子と特異的に結びつき遺伝子の発現を促進する部分，あるいは逆に発現を抑制する部分がある(調節領域)．転写因子と遺伝子の調節領域が相互作用して，遺伝子が発現する．トウモロコシの例から想像されるように，現在では，生物の多様化の多くの部分はこの調節領域の変異による発現量の変化で説明されるだろう，と信じられている(Doebley and Lukens, 1998)．ハワイにおける銀剣草群団は 30 種ほどの植物から構成されるが，これらは分子レベルではきわめて近似しているにもかかわらず，形態レベルでは広範に環境適応している．Barrier ら(2001)はこれらの種におけるシロイヌナズナの花弁の転写調節遺伝子 *APETALA1* と *APETALA3*，および光合成に関与する構造遺伝子 *ASCAB9* と相同な配列を，北アメリカの tarweed におけるそれと比較した．その結果，2 つの転写調節遺伝子では銀剣草群団においてアミノ酸置換を伴う非同義置換の進化速度が大幅に加速されていたことがわかった．これに対して構造遺伝子ではこうした傾向は認められなかった．

遺伝子の調節領域の進化については，まだ十分に知り尽くされているとはいえない．進化速度がきわめて速く，近縁種の間でもしばしばアラインメントがむずかしい．したがって遺伝子の発現に関連する変化は，多くが種内変異を見ることにより検出される．とくに栽培化された作物は，強い選択圧を受けて短い時間に変異を受けていることが考えられ，発現調節の変化を促した要因を低雑音で検出できる可能性があり，関心がもたれている．粘り気のあるモチ米は，*waxy* 遺伝子における 1 つの塩基置換により誕生した(Hirano *et al.*, 1998)．この遺伝子は，胚乳と花粉において直鎖デンプンであるアミロースの合成を制御していることがわかっている．調節領域である第1イントロンの5′スプライス部位が，GTからTTに置き換わり，この遺伝子の転写効率が落ちたのである．

(c)　分子進化の確率変動と階層モデル

こうして見ると，ひとつの遺伝子の中でも，機能的な制約のかかり方は一様でないことが明らかである．また，立体構造上の安定性を保つための制約も部位によって異なってこよう．また，EDNとECPの解析やインフルエンザウイルスやHIVの遺伝子の解析は，進化系統樹のどの部分で速度に異変があるかを感度良く検出することが重要であることを物語っている．

進化速度一定性の仮説，すなわち分子時計を検定する方式はいくつか提唱されてきた(Muse and Weir, 1992; Tajima, 1993)．もっとも簡単なものは，外群との距離を対比較するものである(4.1節(b)項)．ただ実際には，とくにある系統の対に関心がある場合を除いては，比較すべき系統の対が系統間の比較は幾重にも折り重なっており，進化速度一定の検定は多重性を考慮に入れる必要がある．最尤法の枠組みでは，進化速度一定を仮定せず，すべての枝の長さを自由パラメータとしたモデルを分子時計を仮定したモデルと対比し，尤度比検定することができる(Felsenstein, 1981)．しかし遺伝子と機能の関連づけ，ゲノムと生物適応・多様化の間のフィードバックの様相を探索的に調べるためには，速度の変化を柔軟に，しかも高感度で検出する方法が望まれる．

式(31)に見られるように，尤度は隣接する節の間の推移確率を用いて表現される．式(23)や式(26)に見られるように，一般に，推移確率は時間と速度の積，すなわち期待置換数の関数となる．したがって，何らかの補助情報がなければ，分岐年代と進化速度を同時推定することはできない．そこで通常，この期待置換数を枝の長さで表現した分子系統樹を作成する．

図27は地上に生息する30種の植物における *rbcL* (光合成に関与する遺伝子で葉緑体ゲノム上にコードされている)を，アミノ酸を単位にして解析して得られた分子系統樹である(Thorne *et al.*, 1998)．進化速度について

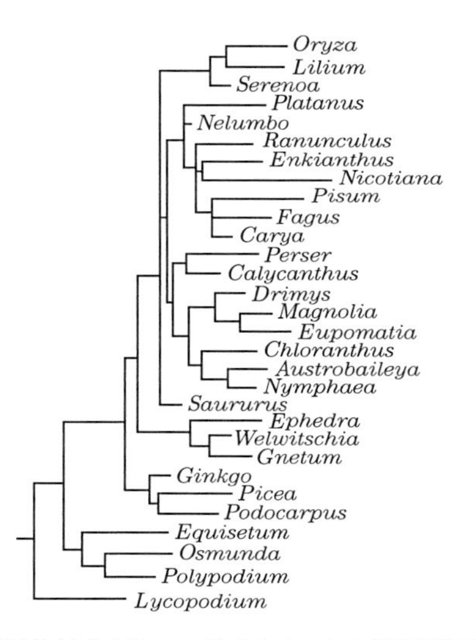

図 27　葉緑体ゲノムにコードされた *rbcL* 遺伝子に基づく地上植物の分子系統樹(Thorne *et al.*, 1998)

は何の制約も課さず，それぞれの枝の長さを自由パラメータとして推定した．たとえば，イネ(*oryza*)とイチョウ(*ginkgo*)が分岐してから現在に至るまでの長さを比較すると，後者の系統の枝の長さが著しく短いことが見て取れる．両系統で経験する時間は共通であるので，これはイネに至る系統に比べイチョウに至る系統では進化速度が大幅に遅いことを示唆している．これは草本に比べ，木本の世代の長さが非常に長いことと関係しているであろう．ただその後，種々の遺伝子について行った解析の分子系統樹を見ると，ソテツも速度は遅いが，針葉樹は被子植物と同程度の速さをもっていることが読みとれる(Bowe *et al.*, 2000; Chaw *et al.*, 2000)．

一方で実は，イチョウは生きた化石とみなされ，その進化の歴史に関心がもたれている．1 億 7000 万年の太古，ジュラ紀における化石が確認されているが，それ以降 1 億年以上にわたり，化石が見つからず，進化研究を大きく妨げている．この時期は，種々の植物において胚珠が現代的なものに進化した重要な時期である．最近中国から発見された 1 億 2000 万年前の化石は，現在にいたる系統の大きな情報の欠落を埋めるものとして注目されるが，その生殖機構は現在のものと近いことがわかった(Zhou and Zheng, 2003)．恐竜の時代からほとんど変わらなかったわけであるが，化石が長期にわたり存在せず，分子レベルでもあまり変化が見られないということを重ね合わせると，次のようにも想像できるであろう．すなわち，たまたま地中深く埋もれていたごく限られた種子が突然変異を凍結されて文字通り生きた化石となり，たまたま何かのきっかけで地上に顔を出したのではないか．もしもそうであれば，進化速度が遅く，しかも速度の一定性がかなり保証されるような遺伝子が存在すれば，これをもとに逆に生命の息吹が復活した時期を推定できる．千年の時を経て種子が発芽する，という事件はしばしばおきる．このオーダーの時間の凍結は，進化の推論においてはほとんど影響を与えない．進化的な時間の長きにわたって，生きたまま種子の時計を止めるのは，ほとんど不可能であることは間違いないが，限定された環境化でこうしたことがおきる可能性はゼロではないかもしれない．速度を見つめるまなざしが展開するロマンがここにある．

ところでこうした目で系統樹を眺めると，さまざまな部位で進化速度が揺れている様子が想像される．ただし，ここで得られた枝の長さはデータに基づく推定値であるため，誤差を含んでいる．推定量の不確実性を考慮に入れて，速度の変動の大きさを見積もる必要がある．分岐年代と速度に事前分布を導入し，これを規定する超パラメータに対して分布を仮定することにより階層モデルが実現される．

■進化速度と分岐年代の事前分布とモデルの頑健性

ここでは，系統樹の形，すなわち分岐の順番は既知であることを仮定する．速さ 1 に規格化された速度行列 R_0 は系統間で異ならず，速さのみが確率変動するモデルを考える．すなわち，$R=rR_0$(r はスカラー)としたとき，r のみが確率変動するとする．R_0 は経験ベイズを適用し，進化速度に制約を加えないモデルから最尤法により推定する．この段階で式(38)のようなランダムモデルを適用することにより，配列内の不均質性を考慮に入れることが可能である．

進化速度が変動する背景要因として，選択圧の変化を中心とした環境変動，集団の大きさの変動，世代の長さの変動などが考えられる．これらはいずれも自己相関をもって変動することが予想される．そこで，事前分布として速度 $r(t)$ の対数をとったものが簡単な拡散過程に従うとする．

すなわち，$\tilde{r}(t) = \log r(t)$ は正規マルコフ過程で，任意の 2 時点 t, $s(t > s)$ に対して

$$E\left[\tilde{r}(t)|\tilde{r}(s)\right] = \tilde{r}(s) - \frac{\nu}{2}(t - s)$$
$$V\left[\tilde{r}(t)|\tilde{r}(s)\right] = \nu(t - s)$$

を仮定する．大まかにいうと，超パラメータである ν は，単位時間あたりの速度の変動係数を表現している．移流項は進化速度の期待値が傾向的に変動させないためにつけたものである．分岐後，速度は 2 系統で独立に変化するとする（Thorne *et al.*, 1998）．

各枝の平均速度は，それをはさむ 2 つの節における速度の平均で近似する．分岐年代を所与とした系統樹の節における速度の対数は，多変量対数正規分布に従う．分布を規定する超パラメータとして平均速度 μ および拡散係数 ν をもつ．これら 2 つの超パラメータは独立なガンマ分布に従うとする．次項に述べるように時間スケールを規格化し，μ の期待値は 1，標準偏差は 0.5 に設定する．また，ν については強い制約とならないよう，平均，分散ともに 2.0 に設定する．複数の遺伝子を扱う場合には，独立な事前分布を導入する（Thorne and Kishino, 2002）．速度変動の事前分布としては，この他 Ornstein–Uhlenbeck 過程，ポアソン過程によるジャンプ型変動などのモデルが提案されているが，これらの分岐年代や速度はこれらのモデルにほとんど依存せず，頑健に推定されることが確かめられている（Huelsenbeck *et al.*, 2000; Ari-Brosou and Yang, 2002）．

分岐年代の事前分布として，種分化と種のサンプリングをモデル化した事前分布も考えられる．これまでのところこれに関して十分信頼できる情報が得られていないことから，ここではこうしたモデル化は避け，できるだけデータのもつ情報を超えた強い制約を課さないよう配慮した．外群を用意することにより，内群の共通祖先，すなわち根の推定が可能となる．分岐年代の事前分布は，この根に対する事前分布とその他の節に対する事前

分布から構成される．根の分岐年代についてはガンマ分布を仮定する．部分的に経験ベイズのアプローチを適用し，その期待値は分子時計を仮定して得られた分岐年代とする．不確実性を考慮に入れるため，期待値の $\frac{1}{2}$ の標準偏差を仮定する．

根以外における内部の節の分岐年代は，ゆるい事前分布を導入することが重要である．系統樹内の長い経路から順に，内部の節の分岐年代を相対値の形で割り当ててゆく．経路が $k-1$ 個の節により k 個の枝に分けられる場合には，それらの長さの相対値 π_i, $i=1,\cdots,k$ はディリクレ分布

$$f(\pi_1,\pi_2,\cdots,\pi_k|\alpha_1,\alpha_2,\cdots,\alpha_k)=\frac{\Gamma\left(\sum_{i=1}^{k}\alpha_i\right)}{\prod_{i=1}^{k}\Gamma(\alpha_i)}\prod_{i=1}^{k}\pi_i^{\alpha_i-1}$$

に従うとする．ここで，$\alpha_1=\alpha_2=\cdots=\alpha_k=1$ とする．これは $k-1$ 個の一様乱数により内部の節の相対的な位置を決めることと同等である．さらに，化石などから，ある節における分岐年代の下限，上限，あるいは両方の証拠がわかっている場合がある．この場合は，上の事前分布をこの区間に制限することにより，この情報を加味した事前分布が得られる．

尤度関数の形から，塩基組成と各枝における各種塩基置換数が分子進化におけるさまざまなモデルにおける十分統計量であることがわかる．後述するように，われわれの提案する方法は 2 段階からなっており，第 1 段で枝毎の塩基置換数を最尤推定し，その分散共分散行列を Fisher 情報行列から評価する．第 2 段ではこの推定量が多変量正規分布に従うとみなし，メトロポリス–ヘイスティング法(Metropolis *et al.*, 1953; Hastings, 1970)で分岐年代および各枝の速度，速度変化の大きさを規定する超パラメータの事後分布を求める．

図 28 および図 29 は，この方法の分岐年代の事前分布に対する頑健性を，極端な系統関係をもつ長さ 1000 の 16 本の配列のシミュレーションにより確かめたものである．最近に分岐が集中した系統樹，および分岐年代が過去の 1 時点近辺に集中した場合の両極端について性能を評価した(Kishino *et al.*, 2001)．横棒は事後平均の平均を表わし，縦棒は同じく 95% 信頼区間の上限値および下限値の平均を示している．内部の節の 1 つに太い横棒

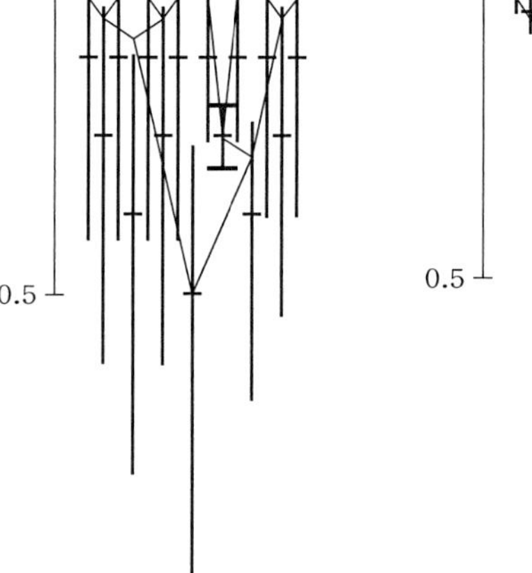

(a) 事前分布

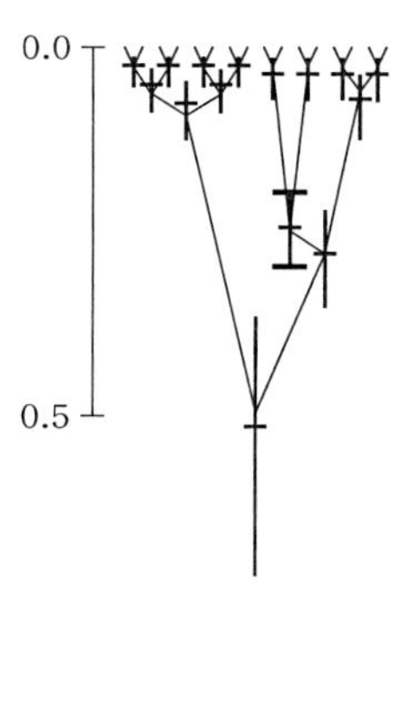

(b) 事後分布

図 **28**　最近に分岐が集中した系統樹における分岐年代の事前分布と事後分布．長さ 1000，配列数 16(Kishino *et al.*, 2001)．

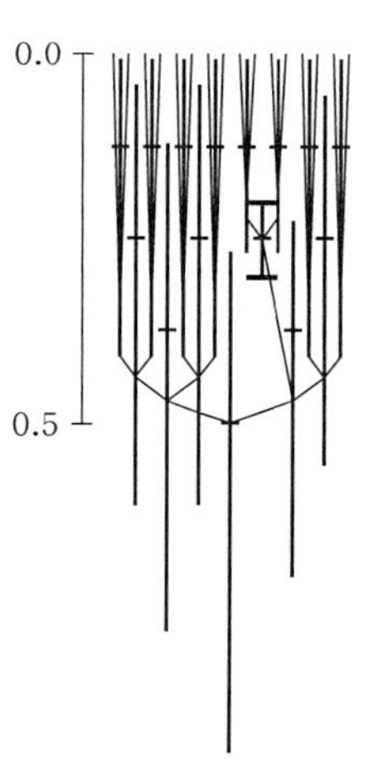

(a) 事前分布

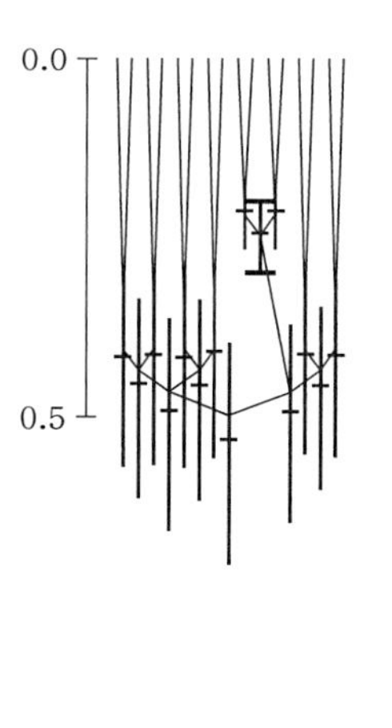

(b) 事後分布

図 **29**　過去の 1 時点に分岐が集中した星型系統樹に近くなった場合の分岐年代の事前分布と事後分布(Kishino *et al.*, 2001)．

で挟まれた制約条件がかかっており，ここにおいては分岐年代の事前分布はこの区間に収まっている．その他の節はこの部分の影響をほとんど受けず，大きな分散をもちながら平均的には節が各経路を等分している様子が読み取れる．これに対して事後分布は，いずれの場合においても，事前分布の影響から解き放たれて，真値をほぼ偏りなく推定している．分岐年代を正しく推定できるということは，同時に進化速度とその変化も感度良く推定できることを示している．

■遺伝子間の共進化の検出

遺伝子が互いに関連した機能をもっている場合には，外界から同方向の選択圧を受けることが推察される．その結果，これらの遺伝子は同様の系統で速度が加速される，あるいは逆に同時に減速される，という共進化を経験することになる．Shindryalov ら(1994), Pazos ら(1997), Pazos と Valencia(2001)などは，逆に，この同時に変化する共進化の情報を利用して，1つのたんぱく質の中で立体構造上，近接し相互作用する部位や，あるいは，たんぱく質間の相互作用を検出する方法を提案した．そこでは，系統樹における枝の長さを遺伝子間，あるいは座位で比較し，その相関を見る．2つの系統樹で枝の長さの長短が似ていれば，速度の速い系統と遅い系統を共有することを期待したアプローチである．

ところで，多くの遺伝子は進化の歴史で速度がほぼ一定で，分子時計が近似的に成立することが知られている．こうした遺伝子は，分岐年代を共有するため，相似な系統樹をもつことになる．したがって，枝の長さの相関関係のみを測ると，機能や立体構造上の相互作用とは無関係な，むしろ機能的にあまり重要でない遺伝子群が，見かけ上互いに高い相関をもってしまうことが懸念される．見かけ上の意味のない相関を排除するためには，速度と時間を分離し，前者の変動における相関関係を測ることが重要となる．

複数の遺伝子の速度変化の事前分布として相関を許した多変量の確率過程を導入することにより，超パラメータの事後分布の形で遺伝子間の共進化を検出することができよう．ただ，数多くの遺伝子を同時解析するときには，その間の相関を記述する超パラメータの数は遺伝子数の2乗のオーダーで膨らんでゆく．ゲノムデータベース解析を睨んだ実際的な配慮から，超パラメータの事後分布として共進化を検出する方式を取らず，遺伝子間で独立を仮定した事前分布に対する速度の事後平均を遺伝子間で比較し，相関の有意性を見る(Thorne and Kishino, 2002)．

遺伝子間の共進化を測るために，2 遺伝子における各節での速度の事後平均 $\overline{r}_{mj}(m=1,2,\ j \in \mathrm{node}(T))$ を求め，順位相関をとる．無相関の帰無仮説の下での分布は，速度変化の確率変動と推定誤差による不確実性を踏まえていなければならない．ここでは，速度変化の方向を無作為化することにより分布を得る．すなわち，帰無仮説のもとでの各節における速度の事後平均 $\overline{r}'_{mj}$ を

$$\begin{aligned} \overline{r}'_{m,i_0} &= \overline{r}_{m,i_0} \\ \overline{r}'_{m,j} &= \overline{r}'_{m,\mathrm{anc}(j)} + W_{mj}\left(\overline{r}_{m,j} - \overline{r}_{m,\mathrm{anc}(j)}\right) \qquad (j \in \mathrm{node}(T) \setminus i_0) \end{aligned} \tag{40}$$

により生成する．W_{mj} は 1, -1 をそれぞれ確率 $\frac{1}{2}$ でとる互いに独立な確率変数である．

2 種の緑藻類を外群とし，陸上植物 28 種における 4 つの遺伝子(葉緑体ゲノム上の光合成遺伝子 *rbc*L，同じく葉緑体ゲノム上の 16S リボソーム DNA(rDNA)，核ゲノム上の 18S rDNA，およびミトコンドリアゲノム上の 19S rDNA)を解析して，これらの遺伝子が共進化する様子を調べた(Thorne and Kishino, 2002)．表 21 は，18S rDNA においては他との相関が有意ではないが，これらの遺伝子が全般に互いに正の相関をもって，進化速度を変えてきていることが読み取れる．

表 21　*rbc*L, 16S rDNA, 18S rDNA, 19S rDNA の 4 遺伝子における進化速度の変化の間の順位相関．カッコ内は 1000 回のシミュレーションにより得られた p 値．

	18S	19S	*rbc*L
16S	0.186 (0.250)	0.377 (0.019)	0.432 (0.008)
18S		0.144 (0.269)	0.250 (0.084)
19S			0.441 (0.002)

時間の効果を排除し，純粋に速度の変化の間の相関を測ったわけであるが，多くの対で正の相関が検出された背景には，時間以外にもこれらの遺伝子が共有する世代の長さの変動，集団の大きさの変動などの要因が考えられる．今後数多くの遺伝子を解析することにより，全遺伝子に働く一般要因と各遺伝子固有の個別要因を切り離し，より機能的な関連や立体構造上の相互作用と直接関わる相関関係を検出することができるようになるであろう．

進化速度が変動する要因としては，世代の長さ，有効な集団の大きさ(5.1節(a)項)，選択圧の変化が考えられる．突然変異率は世代が長い生物ほど低い傾向がある．また有効な集団の大きさが小さいときは，分子進化の確率性が増し，弱有害な突然変異も集団に固定される可能性が高くなる．このため，進化速度は大きくなる傾向がある．世代の長さの変化はゲノム上のすべての遺伝子の突然変異率に同様に影響するのに対し，選択率は遺伝子によって異なる．したがって，数多くの遺伝子を同時解析することにより，いずれの要因が進化速度の変動に大きく貢献してきたか，推測することができるであろう．また，選択圧や有効な集団の大きさの変化は，主としてアミノ酸置換を伴う非同義置換に影響を与えるのに対して，世代の長さや突然変異率の変化は同義置換・非同義置換双方の速度と相関をもつであろう．したがって，同義置換と非同義置換の2変量モデルを通して，速度変動の要因分解を行うことができるであろう．

(d) 速度変化の座位，速い遺伝子と遅い遺伝子

一般的な傾向として，機能的な制約の強い遺伝子は，突然変異の多くは集団から脱落するため，観測される塩基置換・アミノ酸置換の速度は遅い．さらにまた，多くのたんぱく質は単独で働いているわけではなく，複雑な代謝経路(パスウェイ)に組み込まれている．そしてこの代謝経路が総体として役割を演ずる．たとえば，植物の適応進化において，色のもつ意味は大きい．アントシアニン合成系は多くの植物において花の色素を生成する．と同時に，その酵素の生成する種々のフラボノイドは，紫外線・病原体・昆虫などからの植物の保護，花粉の発芽の促進，共生生物との仲介，ホル

モン輸送など，さまざまな役割を担う．Rausher ら(1999)は，トウモロコシ，キンギョソウ，およびアサガオについて，アントシアニン合成系で核となる 6 つの構造遺伝子を調べた．その結果，パスウェイの上流に位置する遺伝子ほど進化速度が遅いことが確認された．おそらく上流の遺伝子ほど多くの生化学的なパスウェイと関わっているため，変化に対して保守的になっているのであろう．

Michael Purugganan たちのグループは早くから，生物の適応進化と多様化において遺伝子発現の調節のなす役割が大きいことに注目してきた．4.3 節(b)項で紹介したハワイ銀剣草の研究もその一環であるが，さらに，モデル生物であるシロイヌナズナの花の発生のパスウェイを解析した．このパスウェイは花序のアーキテクチャーを決める *TERMINAL FLOWER1*(*TFL1*)，花の分裂組織のアイデンティティを決める *LEAFY*(*LFY*)，*APETALA1*(*AP1*)，*CAULIFLOWER*(*CAL*)，および花の器官のアイデンティティを決める *APETALA3*(*AP3*) および *PISTILLATA* (*PI*) などの転写調節遺伝子から構成される．転写調節遺伝子は構造遺伝子よりも進化速度が速いため，集団内の変異(5.1 節)を調べることにより速度が比較された．その結果，パスウェイの上流に位置する *TFL1* および *LFY* のコード領域における変異は，*AP1*，*CAL*，*AP3*，*PI* のそれよりも著しく低いことがわかった(Olsen *et al.*, 2002)．

さらにミクロに掘り下げて，遺伝子のうち，機能やその変化において重要な役割を担う座位を検出する試みが重ねられている．機能的に重要な座位は，他の座位に比べて進化速度が遅いことが想定される．また，種分化や遺伝子重複によりたんぱく質の機能が変化するに伴い，これらの座位にかかる制約にも変化が生ずる．図 30 は，遺伝子重複により 2 つのメンバーからなる多重遺伝子族が形成され，グループ 1 とグループ 2 の間に機能的な違いがもたらされた様子を模式的に表現している．それぞれの種が相同なアミノ酸配列を 2 つずつもつが，種 1 においてはグループ 2 のたんぱく質が欠落した．アミノ酸をコードするコード領域の中で 2 つのグループの違いを特徴づける座位を検出することが目的である．上流の調節領域における変異が，遺伝子発現の調節様式の違いを生み，両グループの性格を異なるものにしている可能性もある．しかし，この領域は塩基置換に加え多

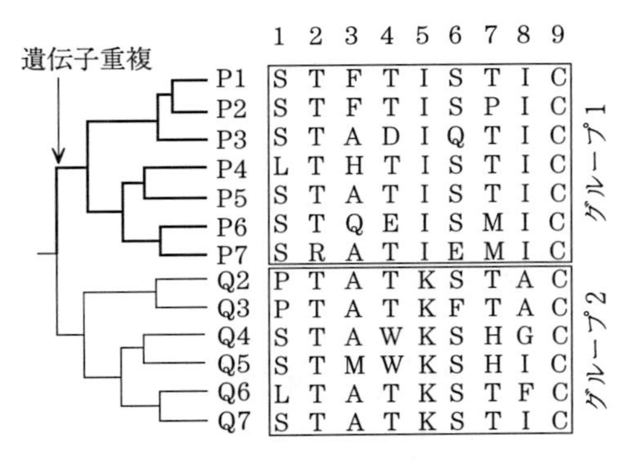

図 30　多重遺伝子族の部分族を特徴づける座位

くの挿入や欠失を経験しており，変異が大きく，ノイズの中から本質的なシグナルを抽出してくるのがむずかしい．ここではこれには目をつむる．

2 番目と 9 番目の座位は非常に保守的で，強い機能的な制約が働いていることを伺わせる．これと逆に，3 番目，4 番目，7 番目の座位は比較的変異が大きく，機能的な制約が弱いように見える．5 番目の座位は遺伝子重複後に突然変異がおき，両グループの間で違いが生じたもので，いずれの系統においても変異は小さく，重要な機能を果たしていることが想像される．この意味で，この座位はもっとも直接的に両グループの間の機能の違いをもたらしたとみなすことができるが，よく見ると他にも両グループの違いを特徴づける座位がある．1 番目と 8 番目の座位は，グループ 1 では保存されているが，グループ 2 では変異が大きい．この座位において，グループ 2 にいたる系統で機能的な制約がゆるんだと解釈するのが自然である．反対に，3 番目の座位は，グループ 2 では非常に保存されているが，グループ 1 では多様である．2 つのグループがこれらの座位において互いに補償作用を及ぼしながら，有機的に働いていることを伺わせる．

このように両グループを通じて保守的な座位を 0 型の座位，グループで変異が少なく他方で変異が大きい座位を **1** 型の座位，そして両グループで変異が少なく，しかも両者は異なるアミノ酸になっている座位を **2** 型の座位という．こう見てくると，この問題は級内分散と級間分散を比較する分散分析の枠組みで統計的に扱えるように考えられるであろう．級間分散が大きく，級内分散の小さい 2 型の座位は容易に検出され，1 型は級内分散がグループ間で異なる座位と整理されるように思われる．

考え方としてはこれで誤りないのであるが，配列は互いに独立ではないことに注意する必要がある．なぜならば，これらの配列は祖先を共有しているからである．変異の大きさは進化速度で表現される．図 30 左には，3 番目の座位の進化速度が枝の太さで描かれており，グループ 2 で速度が速くなっている様子を表現している．すなわち，一方のグループでは速度が遅く，他方で速い座位が 1 型の座位と定義される．

他方 2 型は，遺伝子重複後の突然変異を除いては両系統でほとんど変化がないことを意味している．すなわち，5 番目の座位は一見してグループ 1 とグループ 2 を明瞭に分けており，非常に有意に検出されるように思われるのであるが，進化的には，遺伝子重複直後のイソロイシン (I) からリジン (K) へ，あるいはリジンからイソロイシンへの 1 回の置換のみで説明される．さらにアミノ酸のコード (表 19) から，コドンの 2 番目におけるチミンとグアニンの違いである可能性が高い．こうして見てくると，両グループにわたって変異の少ない 0 型の座位と統計的にほとんど区別がつかないこと，言い換えると，妥当な解析に基づくと，2 型の座位を有意に検出するのはむずかしいことに気づくであろう．

グループ 1 から s_1 本，グループ 2 から s_2 本の配列

$$\begin{array}{llll}
\mathrm{P}_1 & X_{11} \cdots X_{1h} \cdots X_{1n} \\
\vdots & \vdots \quad \vdots \quad \vdots \\
\mathrm{P}_{s_1} & X_{s_1 1} \cdots X_{s_1 h} \cdots X_{s_1 n} \\
\mathrm{Q}_1 & Y_{11} \cdots Y_{1h} \cdots Y_{1n} \\
\vdots & \vdots \quad \vdots \quad \vdots \\
\mathrm{Q}_{s_2} & Y_{s_2 1} \cdots Y_{s_2 h} \cdots Y_{s_2 n}
\end{array} \tag{41}$$

を最尤法で解析する．$\boldsymbol{Z} = (\boldsymbol{Z}_1, \cdots, \boldsymbol{Z}_n)$ を行列表現されたデータ，

$$\boldsymbol{Z}_h = (\boldsymbol{X}_h', \boldsymbol{Y}_h')' = (X_{1h}, \cdots, X_{s_1 h}, Y_{1h}, \cdots, Y_{s_2 h})'$$

を第 h 座位のデータとする．

配列の分岐年代を $\boldsymbol{\theta}$，グループ 1 とグループ 2 の部分系統樹を $T_{\boldsymbol{X}}$ および $T_{\boldsymbol{Y}}$，グループ 1 における進化速度を λ_1，グループ 2 における進化速度を λ_2，グループ 1 とグループ 2 を結ぶ 2 つの枝における進化速度を λ_0, λ_0' とおくと，これらの速度を所与とした第 h 座位における尤度 $f(\boldsymbol{Z}_h|\boldsymbol{\theta},\lambda_0,\lambda_1,\lambda_2)$ は

$$
\begin{aligned}
f(\boldsymbol{Z}_h|\boldsymbol{\theta},\lambda_0,\lambda_0',\lambda_1,\lambda_2)
&= \sum_{Z_{i_0h}} \pi_{Z_{i_0h}} \left(\sum_{X_{j_0h}} P_{Z_{i_0h},X_{j_0h}}(t_0|\lambda_0) \cdot \right. \\
&\qquad \left. \prod_{j\in \mathrm{node}(T_{\boldsymbol{X}})\backslash j_0} \sum_{X_{jh}} P_{X_{\mathrm{anc}(j)h},X_{jh}}(t_{\mathrm{anc}(j),j}|\lambda_1) \right) \cdot \\
&\qquad \left(\sum_{Y_{j_0'h}} P_{Z_{i_0h},Y_{j_0'h}}(t_0|\lambda_0') \cdot \right. \\
&\qquad \left. \prod_{j'\in \mathrm{node}(T_{\boldsymbol{Y}})\backslash j_0'} \sum_{Y_{j'h}} P_{Y_{\mathrm{anc}(j')h},Y_{j'h}}(t_{\mathrm{anc}(j'),j'}|\lambda_2) \right) \qquad (42)
\end{aligned}
$$

と表わされる．ここで，$\mathrm{node}(T_{\boldsymbol{X}})$ は系統樹 $T_{\boldsymbol{X}}$ の節を表わし，j_0 はその根である．同様に，$\mathrm{node}(T_{\boldsymbol{Y}})$ は系統樹 $T_{\boldsymbol{Y}}$ の節を表わし，j_0' はその根である．i_0 はこれらを併せた系統樹の根である．

Gu(1999, 2001)は，1 型の座位はグループ間で速度が異ならないとする帰無仮説

$$H_0 : \lambda_0 = \lambda_0' = \lambda_1 = \lambda_2 (\equiv \lambda)$$

に対して対立仮説

$$H_1 : \lambda_0 = \lambda_0' = \lambda_1 (\equiv \lambda) \neq \lambda_2 \quad \text{あるいは} \quad \lambda_0 = \lambda_0' = \lambda_2 (\equiv \lambda) \neq \lambda_1$$

を考えることにより検出される，と問題を定式化した．同様に 2 型の座位に対する仮説は

$$H_2 : \lambda_0 = \lambda_1 = \lambda_2 (\equiv \lambda) \neq \lambda_0' \quad \text{あるいは} \quad \lambda_0' = \lambda_1 = \lambda_2 (\equiv \lambda) \neq \lambda_0$$

と表現される*4．分岐年代 $\boldsymbol{\theta}$ は配列全体から推定されるにしても，進化速

*4　論理性を明確にさせるために，ここでは原論文と多少異なる定式化を行っている．

度をそれぞれの座位で個別に精度良く推定することは期待できない．そこで，配列全体を解析することにより，平均的な速度と座位間の不均質性をガンマ分布の形で推定する．この分布を用いて，H_0 の下での周辺尤度が

$$P(\boldsymbol{Z}_h|H_0) = E_\lambda\left[f(\boldsymbol{Z}_h|\boldsymbol{\theta}, \lambda, \lambda, \lambda, \lambda)\right]$$

として得られる．他方，H_1 および H_2 の下での周辺尤度は

$$P(\boldsymbol{Z}_h|H_1) = \frac{1}{2}\left(E_{\lambda,\lambda_2}\left[f(\boldsymbol{Z}_h|\boldsymbol{\theta}, \lambda, \lambda, \lambda, \lambda_2)\right] + E_{\lambda,\lambda_1}\left[f(\boldsymbol{Z}_h|\boldsymbol{\theta}, \lambda, \lambda, \lambda_1, \lambda)\right]\right)$$

$$P(\boldsymbol{Z}_h|H_2) = \frac{1}{2}\left(E_{\lambda,\lambda_0'}\left[f(\boldsymbol{Z}_h|\boldsymbol{\theta}, \lambda, \lambda_0', \lambda, \lambda)\right] + E_{\lambda_0,\lambda}\left[f(\boldsymbol{Z}_h|\boldsymbol{\theta}, \lambda_0, \lambda, \lambda, \lambda)\right]\right)$$

である．ただし，速度に関する二重積分においては，独立な同分布を想定する．これに基づき，経験ベイズの枠組みで，各座位について 1 型および 2 型である事後確率を求めた．重複後種分化までにある程度の時間が経っていることが期待される場合には，2 つのグループ間の独立性を仮定して 1 型の座位を迅速に検出することができる．

プロスタグランジンは免疫系の制御，腎臓の発生，生殖に関わる諸機能，消化管の統合など，種々の生命活動において決定的な役割を担っている．シクロオキシゲナーゼ(COX)酵素は，アラキドン酸エステルをプロスタグランジンに変換する際の重要なステップにおいて触媒の作用をする．哺乳類においては，組織特異的なアイソフォーム(同一機能だがアミノ酸配列の異なるたんぱく質)COX-1，COX-2 が存在する．COX-1 が用いられて生成されたプロスタグランジンは正常な生理過程に関与するが，COX-2 により生成されたプロスタグランジンは炎症を引き起こす．製薬会社は COX-2 を調べて選択的な阻害剤を開発すべく，大きな投資を行っている．そこで，COX-1 と COX-2 を比較分析して，機能的な変化がどのようにして生じたか，熱い関心がもたれることになる．1 型の事後確率が 0.7 以上の座位が 17 座位検出され，うち 64 番目の座位と 73 番目の座位はそれぞれ 89%，86% と，非常に高い事後確率をもっていた．

Gu のアプローチは，グループ間の速度差に注目し，機能的な差異に本質的な座位を検出しようとするものであった．両グループでともに保守的である 0 型も，グループ全体の機能の特徴づけにとって重要であるが，あえて目をつむっている．そこで Knudsen と Miyamoto(2001)は，配列全体

の平均速度との対比により，もっと直接的に 0 型，1 型の座位を検出する方法を提案した．すなわち，配列全体の平均速度を $\overline{\lambda}$ とすると，また 0 型に対する仮説は帰無仮説

$$\overline{H}_0 : \lambda_0 = \lambda_0' = \lambda_1 = \lambda_2 = \overline{\lambda}$$

に対して対立仮説

$$H_0' : \lambda_0 = \lambda_0' = \lambda_1 = \lambda_2 (\equiv \lambda) \neq \overline{\lambda}$$

を尤度比検定することにより検出される．(これにより，保守的な座位と変異の大きい座位が検出されることになる．) 1 型は帰無仮説 H_0 に対して対立仮説 H_1 を検定することにより検出される．

myc 遺伝子は c-*myc*，N-*myc*，L-*myc* からなるたんぱく質ファミリーを形成し，細胞の増殖と分化を制御に重要な役割を果たす転写因子をコードする．c-*myc* は多くの組織において，また発生の各段階で遍く発現するのに対し，N-*myc*，L-*myc* の発現は時空間的に限定されている．多くの癌がこの遺伝子における突然変異に起因する．この遺伝子は 144 アミノ酸残基からなる N 末端領域，210 アミノ酸残基からなる中央領域，および C 末端の 85 アミノ酸残基からなるヘリックス–ループ–ヘリックス–ロイシンジッパー領域(bHLHZip)からなる．N 末端領域は転写の調節に不可欠であり，bHLHZip は特異的な DNA 結合に重要である．この多重遺伝子族の機能的な分化を調べるために，L-*myc* 4 配列を外群として，c-*myc* 27 配列と N-*myc* 7 配列の 2 つのグループを比較した．その結果，平均と異なる速度をもつ座位が 91 検出され，それらの多くは転写の調節の統合や抑制に重要な領域にマップされた．また保存された 0 型の座位は配列内で一様に分布せず，機能的な制約を反映して N 末端領域と bHLHZip に偏って存在した．また 5% 有意で 49 の 1 型の座位が検出された．439 アミノ酸残基から確率 0.05 でランダムにサンプリングした場合の二項確率の上側 1% 点 33 をはるかに超える．同様に 1% 有意で 16 の 1 型の座位が検出されたが，これも二項確率の上側 1% 点 10 を大きく超える．それらの多くは N 末端領域に位置し，bHLHZip にあるものは少なかった．このことは，転写因子の機能分化においては転写調節領域が DNA 結合領域よりも重要であることを示唆している．従来構造解析から，第 107 座位から第 130 座位にかけての

領域が機能分化に大きく貢献したとみなされていたが，9つの1型座位がこの領域にマップされた．

(e)　遺伝子重複と重複遺伝子の運命

ゲノムの進化においては，遺伝子重複を通じた遺伝子の獲得の役割が大きいと信じられている(Ohno, 1970)．しばしばゲノム内に似た配列が複数存在することから，ゲノムが遺伝子重複を経験していることを推察することができる．遺伝子重複と重複した遺伝子に働く淘汰圧，運命については，現在においても進化学者の間で完全に一致した見解には到達していない．

遺伝子重複により同一の遺伝子が2つできると，一方の遺伝子は機能的な制約を解かれて自由に変異し，やがては遺伝子として機能しなくなり，偽遺伝子となってゆく．重複遺伝子がそのまま保持されるための要因としては，変異の後たまたま新たな機能が加わる，あるいは複数のコピーをもつことに対して正の淘汰圧がかかる，といったメカニズムが考えられていた(Ohta, 1987, 1988; Nowak *et al.*, 1997)．

新機能の獲得と機能喪失の二分化(neo-functionalization)に対して，Forceら(1999)およびLynchとForce(2000)は，発現様式の多様化に注目し，部分機能化(subfunctionalization)による重複遺伝子の維持を提唱した．遺伝子は，転写因子やRNAポリメラーゼが遺伝子上流部分にある特定の塩基配列を認識して結合し，転写される．真核生物ではしばしば，この調節領域は複数の転写調節配列からなる．これらの転写調節配列それぞれにおいて，重複した遺伝子の一方で自由な変異がおこり，結果としてこれらの遺伝子の発現が時間空間的にすみわける(したがって，各遺伝子の発現が特異的なものになる)ことになる，と説明する．

遺伝子重複の中でも，植物においてしばしば観測されるゲノムの倍数化は特別の意味をもつ．倍数化した系統や種は環境に対する適応力が大きく，分布範囲も広いことが多い．Cronnら(1999)はワタの異質倍数体における16の部位を解析し，重複後これらが互いに独立に進化していること，しかも通常の遺伝子重複と異なり，重複遺伝子の一方において進化速度の加速が観察されないことを見出した．ゲノムの倍数化には小領域の重複を超えた安定化作用が働く要因があるのかもしれない．

Lynch と Conery(2000)はゲノムレベルで解析を行い，重複遺伝子の生成と死滅について推測を行った．彼らは，ゲノムデータの整備された数種の真核生物について，機能をもっていると思われるアミノ酸配列に相同性検索(Altschul *et al.*, 1997)をかけることにより数多くの重複遺伝子対をはじき出した．そしてたんぱく質をコードするコード領域について，比較的中立的であると期待される同義置換を時計に見立て，非同義置換の速度が変化する様子を間接的に推定した．すなわち，遺伝子対のそれぞれについて同義置換で測った距離 S，および非同義置換で測った距離 R を求め，これに簡単な微分方程式

$$\frac{dR}{dS}=\frac{1}{a-b\exp(-mS)}$$

から得られる曲線

$$R=\frac{1}{am}\left(mS-\log\left(\frac{a-b}{a-b\exp(-mS)}\right)\right)$$

を当てはめた．遺伝子重複直後は非同義置換の速度と同義置換の速度の比は $\left.\frac{dR}{dS}\right|_{S=0}=\frac{1}{a-b}$ 倍，十分時間を経た後には $\left.\frac{dR}{dS}\right|_{S=\infty}=\frac{1}{a}$ 倍になる．m は速度の半減期と関係している．ところで，重複遺伝子対の R および S は，重複後両系統でおきた非同義置換および同義置換を測っている．遺伝子重複後，一方の遺伝子のみで機能的な制約がゆるみ，非同義置換が加速されるとみなされる場合には，この系統での非同義置換速度と同義置換速度の比は $\frac{dR'}{dS}=2\frac{dR}{dS}-\left.\frac{dR}{dS}\right|_{S=\infty}$ となる．

ヒト，マウス，ニワトリ，ショウジョウバエ，線虫，シロイヌナズナ，イネ，および酵母について，解析を行った(表22)．遺伝子の固有性からモデルの適合度はあまり高くないものの，機能をもっているときは平均的に非同義置換の速度は同義置換の速度の 5% 程度に抑えられていること，重複後，機能的制約のゆるんだ遺伝子においては非同義置換の速度が同義置換の 7 割から 9 割程度まで上昇することが示唆された．さらに，同義置換で計った重複遺伝子対の年齢分布から，遺伝子重複により機能的制約を解かれた遺伝子が機能を獲得するまでの半減期を 300 万年から 700 万年程度と

表 22 同義置換を単位にとった非同義置換の遺伝子重複後の速度変化(Lynch and Conery, 2000). $\frac{dR'}{dS}$ は遺伝子重複後一方の遺伝子において機能的な制約がゆるむとしたときの，その系統における非同義置換・同義置換速度比(著者により挿入). r^2 はモデルの重相関係数.

種	m	$\left.\frac{dR}{dS}\right\|_{S=0}$	$\left.\frac{dR}{dS}\right\|_{S=\infty}$	$\frac{dR'}{dS}$	r^2
ヒト	0.412	0.442	0.038	0.846	0.759
マウス	6.754	0.388	0.106	0.670	0.730
ニワトリ	0.829	0.382	0.032	0.732	0.720
ショウジョウバエ	0.564	0.450	0.050	0.850	0.533
線虫	0.547	0.372	0.062	0.682	0.647
シロイヌナズナ	0.695	0.458	0.043	0.873	0.750
イネ	0.500	0.412	0.034	0.790	0.540
酵母	20.357	0.433	0.090	0.776	0.531

推定した．さらに近接した重複遺伝子対の数から，100 万年のうちに 100 個から 500 個中 1 個の遺伝子が重複する，と推定した．間接的な観測に基づく大雑把な解析であるが，全ゲノムを用いてその進化の様相をマクロ的に捉えた点で注目される．

他方，Kondrashov ら(2002)は細菌 26 種，古細菌 6 種，真核生物 7 種のゲノムについて相同性検索を行って重複遺伝子対と近縁種においてこれに相同な遺伝子を抽出してきた．相同な遺伝子を外群として重複遺伝子の重複後の進化速度を比較したところ，一方で速度が加速化する，という顕著な傾向は見られなかった．非同義置換と同義置換の速度比は両系統で 1 よりはるかに小さいものが大勢を占め，多くの場合，遺伝子重複後も両遺伝子とも強い機能的な制約下にあることが示唆された．

5 集団内の多型性の解析

ヒトとチンパンジーが分かれたのは 600 万年程度前(Glazko and Nei,

2003)と考えられている．集団中，系統の多くは途中で絶える．北京原人も，現代人の直接の祖先ではない．それでは現代人が共通祖先に行き着くのは何年前のことであろうか．ミトコンドリアは母系遺伝をするため，ミトコンドリア上の遺伝子を比較することにより母方の祖先を手繰っていくことができる．同様にして男性に限られるが，Y 染色体から父方の祖先が推定される．常染色体に座乗する遺伝子は母親由来のものと父親由来のものがあるため，ミトコンドリアや Y 染色体に比べ，共通祖先にたどり着くまでに時間がかかる．現代人の直近の共通祖先は，ミトコンドリアや Y 染色体では 20 万年程度，X 染色体では 50 万年程度，常染色体では 80 万年程度と推定されている(Horai *et al.*, 1995; Fu, 1996; Disotell, 1999; Kaessmann *et al.*, 1999)．1 世代を 20 年とすると，およそ 1000 世代から数千世代程度のオーダーである．核の遺伝子は，父方と母方 2 通りの祖先をもつことになる．同一のハプロタイプにある 2 遺伝子も，それらの間の組換えとともに，2 世代，3 世代と世代を遡るにつれ，異なる祖先系統をもつことがわかる．HIV-1 ウイルスの世代の長さはおよそ 1.8 日程度であるから，ヒトと集団の大きさが同じであれば，3 年程度で共通祖先に行き着くことになる．ここでいう集団の大きさとは，有効な集団の大きさのことで，遺伝子どうしが無作為交配する理想集団に換算したときの大きさである．近親交配や性比のアンバランス，個体数の変動などのために一般に個体数に比べて何桁も小さい数となる．

連鎖解析は形質と遺伝子やマーカーの間の相関関係を見るものであった．また，種レベルの進化は集団内の変異の蓄積の上に成り立っている．したがって妥当な解析を行うためには，集団内の多様性の構造を理解することが不可欠である．そこで本章では，その理論枠組みを簡単に紹介する．DNA 配列の集団内の多様性を中心に紹介するが，配列中の座位をゲノム中のマーカーと読みかえることにより，マーカーの多型性をまったく同様に解析することができる．関心のある読者は，根井(1990), Hartl と Clark(1997)を参照されたい．

集団内の解析を行うときも，種間の解析と同様，遺伝子の塩基配列などを対象とするが，上述したような時間スケールを念頭に置いておくことは重要である．マイクロサテライトやミトコンドリア DNA など，進化速度が速い配列を対象として集団内の遺伝的多型を測る．これでも，共通祖先から現在に至るまでに，ひとつの座位で 2 回以上の塩基置換がおこる可能性はほとんど無視できる．遺伝的多型は，その共通祖先から現在にいたるまでのいずれかの系統で遺伝子が塩基置換を受けたことを表現する．したがって，遺伝子の共通祖先までの世代数と世代あたりの塩基置換率と強く関係している．交配様式の確率構造を統計モデルで記述することにより，集団の大きさやその履歴，遺伝子にかかる淘汰圧などが見えてくる(Nei and Li, 1979; Tajima, 1983; Takahata and Nei, 1985)．

5.1　遺伝的多様度と遺伝子の系譜

配列の集団内の遺伝的多様度としては 2 つの尺度が知られている．ひとつは座位ごとに多型な対を数えるもので**遺伝的多様度**とよばれ，もうひとつは多型な座位の数を一度に数えるもので**多型性**とよばれている．配列が進化的に中立な場合には，いずれも有効な集団の大きさを反映している．集団が膨張すると，突然変異の時間分布は最近に偏る．また，突然変異の多くが有害である場合には，それらの寿命が短いため，現在観察される突然変異の痕跡は最近のものに限られてくる．その結果，頻度の少ないマイナーなハプロタイプが数多く観察される．2 つの尺度を対比することによりこの現象を観察することができる．遺伝的多様度の統計的性質を知るには，多様性の元になるものは共通祖先から現在に至るまでの塩基置換(マイクロサテライトの場合には繰り返し配列の重複・挿入)にあることを認識することが重要である．

図 31 は集団中の 10 本の配列の共通祖先からの系譜と塩基置換を，模式的に示している．分子系統樹と似た形をしているが，この図は現在から過去に向けて読む．すなわち，祖先が分岐するのではなく，共通祖先に合体する様子を示している．括弧で括ることにより直近の共通祖先を表現することにする．祖先を手繰っていくと，この中ではまず最初に S3 と S4 が共通祖先に行き当たる．続いて S6 と S7，S5 と (S6,S7)，S9 と

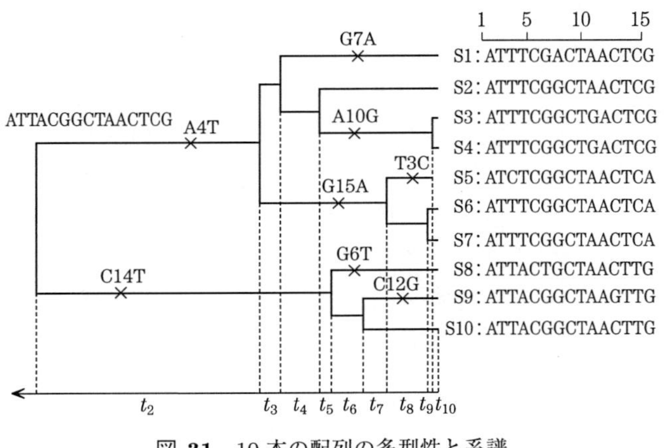

図 **31**　10 本の配列の多型性と系譜

S10，S8 と (S9,S10)，S2 と (S3,S4)，S1 と (S2,(S3,S4))，(S1,(S2,(S3,S4))) と (S5,(S6,S7))，((S1,(S2,(S3,S4)))，(S5,(S6,S7))) と (S8,(S9,S10)) の共通祖先へと合体していく．時間に関して遡ることにより得られる遺伝子の系譜は**合体過程**(coalescent process)(Kingman, 1982)という．集団遺伝学により確率構造が記述される確率過程である．

ここでは塩基置換速度を大幅に上げて，多型性を強調している．多型な座位は第 3 座位，第 4 座位，第 6 座位，第 7 座位，第 10 座位，第 12 座位，第 14 座位，および第 15 座位の 8 座位である．これら全体の直近の共通祖先は ATTACGGCTAACTCG であったが，S1-S7 の共通祖先に至る系統で第 4 座位が A から T に変化し，その後 S1 へ至る過程で第 7 座位が G から A に，S3 へ至る過程で第 10 座位が A から G に変化した．また (S5,(S6,S7)) へ至る過程で第 15 座位が G から A に変化し，その後 S5 へ至る系統で第 3 座位が T から C に変化した．配列 S8, S9, S10 に至る系統では，3 つの座位が変化している．多型な座位を個別に調べると，最近塩基置換を経験した第 3 座位，第 6 座位，第 7 座位，第 10 座位，第 12 座位は，8 配列中 1 配列のみ異なっており，より高次の系統で塩基置換がおきた第 4 座位，第 14 座位，第 15 座位よりも多型性が低いことが読みとれる．

図 31 下には，共通祖先に相次いで合体するまでの時間間隔を $t_2, t_3, \cdots, t_{10}$

で示している．添え字は，その間の祖先の数である．これらが独立な指数分布で近似できることを見るであろう．

(a) 遺伝子間の共通祖先までの世代数

孤立した小さな集落に住む住民は，2〜3 世代遡ると祖先を共有する．大都会では隣人も他人である．無作為交配により等確率で次世代に子孫を残す集団の平衡状態での交配様式を記述することにより，遺伝子あるいはマーカー(以下簡単に遺伝子という)の共通祖先までの世代数を見ることにする．この場合の集団の大きさは**有効な集団の大きさ**とよばれ，N_e で表現される．2 倍体生物で核にコードされている遺伝子では，遺伝子数は $N=2N_e$ である．無作為交配集団では，ランダムに抽出された 2 遺伝子が次世代に子孫を残す．この操作を繰り返しを許して，次世代が同じ遺伝子数になるまで繰り返される．

無作為交配集団からサンプリングされた 2 つの遺伝子の共通祖先までの世代数を t とする．選択圧はかからず，1 世代で共通祖先に至らない確率は，一方の祖先が他方の祖先と異なる確率であるから，

$$P(t>1)=\frac{N-1}{N}=1-\frac{1}{N}$$

である．(ただし，免疫に関与した遺伝子など，正の多様化淘汰圧がかかっている遺伝子においては，突然変異を受けた遺伝子が他の遺伝子に比べ子孫の中で大きな割合を占める傾向があるため，数学的な扱いは複雑になる(Neuhauser and Krone, 1997)．同様の議論を進めると，一般の $k=0,1,\cdots$ に対して，

$$P(t>k)=\left(1-\frac{1}{N}\right)^k \tag{43}$$

となり，共通祖先までの世代数は幾何分布に従うことがわかる．したがって，期待値は

$$E[t]=\sum_{k=1}^{\infty}kP(t=k)=\sum_{k=1}^{\infty}k\left(P(t>k)-P(t>k-1)\right)=N$$

である．N がある程度大きい場合には連続近似が実用的である．このとき，式(43)は

$$P(t > k) \sim \exp\left(-\frac{k}{N}\right) \tag{44}$$

と近似され，世代数を連続近似すると，共通祖先までの世代数は指数分布に従う．

無作為交配集団から抽出された j 個の遺伝子の共通祖先までの世代数 t_j も，同様にして求めることができる．これらのいずれもが 1 世代では共通祖先をもたない確率は

$$P(t_j > 1) = \prod_{i=1}^{j-1}\left(1 - \frac{i}{N}\right)$$

である．標本サイズに比して有効な集団が大きいときは，

$$P(t_j > 1) \sim 1 - \sum_{i=1}^{j-1}\frac{i}{N} = 1 - \frac{j(j-1)}{2N}$$

と近似され，さらに $\exp\left(-\frac{j(j-1)}{2N}\right)$ と指数関数で近似される．一般に，

$$P(t_j > k) \sim \exp\left(-k\frac{j(j-1)}{2N}\right) \tag{45}$$

が得られることから，合体までの待ち時間は，期待値が $\frac{2N}{j(j-1)}$ の指数分布で近似される．ゲノム上異なる領域にある遺伝子は，それらの間の組換えのゆえに共通祖先までの世代数も異なってくる．ほとんど連鎖していない遺伝子の待ち時間は，互いに独立とみなしてよい．しかし，同一遺伝子上の隣接座位は強く連鎖しているため，高い相関をもつ．組換えを経験しないと多くの研究者に信じられているミトコンドリアゲノム上の遺伝子は合体時間も共有する．

式(45)からわかるように，n 本の配列の過去を手繰ると，高次の共通祖先に遡るにつれ合体までの待ち時間は急速に長くなる．また，実際のデータから推測された合体時刻が上で期待されるパターンから大きくずれている場合には，配列にかかる淘汰圧や集団の大きさの変動を予想することになる．たとえば，集団が細り(ボトルネックがかかり)その後急成長したようなときには，合体時刻がボトルネックのかかった時期に集中することになる(Slatkin and Hudson, 1991; Harpending *et al.*, 1997)．

このように，合体時刻のスケールは有効な集団の大きさで決まる．ここ

で有効な集団の大きさとは，無作為集団に換算したときの個体数であった．逆に，合体時刻のスケールとして有効な集団の大きさを捉え直したとき，実際の個体数としばしば大きく乖離することが理解される．たとえば多くの生物では個体数が時とともに大きく変動する．合体時刻は大まかにいうともっとも最近におきたボトルネックまでの時間，およびそのときの個体数と関係する．個体数の変動がきわめて大きい場合，有効な集団の大きさは個体数の時間平均よりは最小値に近い．若干の計算により，実際には調和平均であることが確かめられる．また多くの場合，集団は群れをなし，棲み分けをするため，さまざまなレベルで分集団に分かれ階層構造をなしている．その結果，交配は局所局所に限定され，合体時間は長いもの(主として分集団間)と短いもの(主として分集団内)に2極化する．したがって，有効な集団の大きさには細分化の構造と分集団の消長，その間の交流の頻度が関係してくる．こうした状況は集団を分集団のメタポピュレーションとして捉えることにより，うまく記述できる(Kitada *et al.*, 2000; Pannell and Charlesworth, 2000; Frost *et al.*, 2001)．

(b) 遺伝的多様度と淘汰圧，集団の履歴

集団が近年ボトルネックにありいま膨張しつつあると，近年おきた突然変異が多型性の多くを占めることになり，頻度の少ないマイナーなハプロタイプが多く観察される．また多くの突然変異が有害で，しかもこれに対する淘汰圧が比較的弱いような場合にも，頻度の少ないマイナーな配列が数多く観察されることになる．逆に，集団が縮小しつつあると，マイナーな配列がまず集団から抜けていく可能性が高い．あるいは多様化圧が働いているときには，マイナーなハプロタイプが観察されない．そこで，配列の集団内での多型性を詳細に見ることにより，集団の大きさが過去にどのように変化したか，あるいは遺伝子にどのような淘汰圧がかかっているか，推測することができる．

集団から長さ m の配列を n 本とってきたとする．これらを

$$
\begin{array}{lccccc}
\text{配列 } 1 & X_{11} \cdots X_{1h} \cdots X_{1m} \\
\vdots & \vdots \quad \vdots \quad \vdots \quad \vdots \quad \vdots \\
\text{配列 } j & X_{j1} \cdots X_{jh} \cdots X_{jm} \\
\vdots & \vdots \quad \vdots \quad \vdots \quad \vdots \quad \vdots \\
\text{配列 } n & X_{n1} \cdots X_{nh} \cdots X_{nm}
\end{array}
$$

と表わし，$\boldsymbol{X} = (X_{jh})$ を行列表現されたデータ，

$$\boldsymbol{X}_h = (X_{1h}, \cdots, X_{nh})'$$

を第 h 座位のデータとする．多型性 $\hat{S}$ および多様度 $\hat{\pi}$ は

$$\hat{S} \equiv \sum_{h=1}^{m} (1 - \delta(\boldsymbol{X}_h))$$

$$\hat{\pi} \equiv \frac{2}{n(n-1)} \sum_{h=1}^{m} \sum_{j<j'} (1 - \delta(X_{jh}, X_{j'h}))$$

で定義される．ここで $\delta(\cdot)$ はディラックのデルタ関数である．$\hat{S}$ は，高度に多型な座位もほとんど単型である座位も等価に数えるのに対し，$\hat{\pi}$ は多型性の度合いに応じて座位の重みが異なる．したがって，これら 2 つを比較することにより，集団の履歴や淘汰圧を検出することができる（Tajima, 1989; Fu and Li, 1993）．

集団の大きさに変化がなく，遺伝子に淘汰圧がかかっていない場合には，5.1 節（a）項で求めた合体時間をもつ合体過程のそれぞれの枝の上に突然変異をポアソン過程として独立に上乗せすることにより，現在の配列が得られたと考えることができる．（座位あたりではなく）配列の突然変異率を，世代あたり μ とする．式（45）により，標本中の全配列の共通祖先に至るまでの総枝長 g_{totanc} の期待値は

$$E\left[g_{\mathrm{totanc}}\right] = \sum_{j=2}^{n} j \frac{2N}{j(j-1)} = 2N \sum_{j=1}^{n-1} \frac{1}{j}$$

である．通常観測される突然変異率では，配列の共通祖先にいたるこれらの枝で 2 回以上塩基置換がおきる確率は無視できる．座位あたりの突然変異率が μ/m であることに注意すると，$\hat{S}$ の期待値は

$$E\left[\hat{S}\right] = m\left(1 - E\left[\left[\exp\left(-\frac{\mu}{m}g_{\mathrm{totanc}}\right)|g_{\mathrm{totanc}}\right]\right]\right) \sim \mu E\left[g_{\mathrm{totanc}}\right]$$
$$= 2\mu N \sum_{j=1}^{n-1}\frac{1}{j}$$

と近似される．$\tilde{S} \equiv \hat{S}/\sum_{j=1}^{n-1}\frac{1}{j}$ は $\theta \equiv 2N\mu$ の不偏推定量となっている(Watterson, 1975)．同様に，$\hat{\pi}$ も θ の不偏推定量である．

したがって，統計量

$$d = \hat{\pi} - \tilde{S}$$

は，集団の大きさに変化がなく，かつ突然変異が進化的に中立であるときは，期待値は 0 となる．集団が縮小したり，多様化圧がかかっているときは正の値を，集団が膨張したり突然変異の多くが有害で集団に残る寿命が比較的短いときは負の値をとる．$\hat{\pi}$ と $\tilde{S}$ の間の分散・共分散は容易に評価され，基準化変量

$$D = \frac{d}{\sqrt{\hat{V}\left[d\right]}}$$

により有意性検定を行う．

Hudson ら(1987)は，複数の独立な遺伝子領域について，2 つの近縁種 A, B の種内変異 $\tilde{S}_k^{\mathrm{A}}$，$\tilde{S}_k^{\mathrm{B}}$ および種間差異 $\hat{\pi}_k^{\mathrm{AB}}$ $(k=1,\cdots,K)$ を測定することにより，中立性を検定する方法を提案した．2 つの集団の有効遺伝子数を $2N^{\mathrm{A}}$, $2N^{\mathrm{B}}=2fN^{\mathrm{A}}$ とする．一般に突然変異率 u_k は領域により異なるため，$\theta_k^{\mathrm{A}}=2N^{\mathrm{A}}u_k$，$\theta_k^{\mathrm{B}}=2N^{\mathrm{B}}u_k$ も異なる．しかし，比 $\theta_k^{\mathrm{B}}/\theta_k^{\mathrm{A}}$ は一定 $(=f)$ である．2 種の分岐年代を T とし，分岐時点における有効遺伝子数を $2N^{\mathrm{A}}\left(1+f\right)/2$ とする．種間差異 $\hat{\pi}_k^{\mathrm{AB}}$ について，$E\left[\hat{\pi}_k^{\mathrm{AB}}\right]=\theta_k^{\mathrm{A}}(T+(1+f)/2)$ が容易にわかる．そこで統計量

$$\chi^2 = \sum_{k=1}^{K}\frac{\left(\tilde{S}_k^{\mathrm{A}}-\hat{\theta}_k^{\mathrm{A}}\right)^2}{\hat{V}\left[\tilde{S}_k^{\mathrm{A}}\right]} + \sum_{k=1}^{K}\frac{\left(\tilde{S}_k^{\mathrm{B}}-\hat{f}\hat{\theta}_k^{\mathrm{A}}\right)^2}{\hat{V}\left[\tilde{S}_k^{\mathrm{B}}\right]}$$
$$+ \sum_{k=1}^{K}\frac{\left(\hat{\pi}_k^{\mathrm{AB}}-\hat{\theta}_k^{\mathrm{A}}\left(\hat{T}+\left(1+\hat{f}\right)/2\right)\right)^2}{\hat{V}\left[\hat{\pi}_k^{\mathrm{AB}}\right]}$$

が有意に大きいとき，これらの領域のいずれかに淘汰圧がかかっていると

する．

McDonald と Kreitman(1991)は，2 近縁種で，種内で多型な座位，および種内で固定され種間で異なる座位(2 集団で固定された多型)について，同義置換による多型と非同義置換による多型とに分解した．そしてこれらを対比することにより，遺伝子にかかる淘汰圧を検出する方法を提案した．表 23 は，アルコール脱水化酵素をコードする *Adh* 遺伝子について，2 集団に固定された多型および種内の多型における非同義置換と同義置換を数えたものである．2 集団に固定された多型で非同義置換の割合が高いことから，アミノ酸置換が有利であるか近年集団が膨張していることが示唆される．

表 23　ショウジョウバエ *Adh* 遺伝子の適応進化．2 集団に固定された多型および種内の多型における非同義置換と同義置換(McDonald and Kreitman, 1991)

	2 集団に固定された多型	種内の多型
非同義置換	7	2
同義置換	17	42

ひとつの遺伝子からでは，$\tilde{S}$ と $\hat{\pi}$ の間の有意な差が淘汰圧によるものか，それとも集団の大きさの変化によるものか，区別がつかない．しかし，ゲノム上の複数の部位を同時に解析することにより，この差がいずれによるものか，識別することが可能になる．なぜならば，淘汰圧のかかり方は遺伝子ごとにまったく異なるのに対して，集団の大きさの変化は遺伝子間でほぼ共通とみなすことができるからである．

(c)　農耕による選択圧の測定と重要遺伝子探索

最近，トウモロコシの大御所 Doebley のグループがまた，興味深い新たな切り口による重要遺伝子同定を提案した(Vigouroux *et al.*, 2002)．彼らは農業における品種改良のターゲットとなるような形質を規定する遺伝子はこれまでのヒトの品種改良の過程で結果として大きな選択圧を受け，多様性が低下しているであろう，と想像した．トウモロコシでは組換えが頻繁におこることから，多様性の低下はこうした選択圧を受けた部位に局所的に働き，それ以外のゲノム領域では栽培種 maize は近縁種 teosinte と同程度の多様性をもつと想定された．そこでゲノムから，teosinte に比べ maize で多様性が低下している遺伝子を抽出したのである．

当時トウモロコシのマッピングプロジェクトでは 1772 の反復配列がマーカーとして開発されており，うち 1053 がアメリカにおける 11 の maize 近交系の間で多型(class I)，719 が単型(class II)であった．class II のマーカーのうち 470 について，さらに 5 つの maize 在来種，6 つの teosinte を加えて多型性を調べたところ，75 のマーカーが teosinte で多型，maize で単型であった．そこでこれらを class II E とした．このうち 44 マーカーと対照群として class I に属する 31 のマーカーについて，さらに広げた標本(teosinte 44 配列，maize 45 配列)内の多様性を調べた．拡大標本においても，これらのマーカーでは teosinte に対して maize で多様度が小さい傾向が観察された(表 24)．トウモロコシの部分標本による分類に対応して，拡大標本においても，class II E では class I よりも maize で多様度の落ち込みが大きい．class I では，5% 有意で中立性が棄却されたマーカーは，31 のマーカーのうち 1 マーカーであった．これに対して，class II E では，2 つのマーカーで teosinte において多様化圧が観察され，7 つのマーカーで maize における純化圧が観察された．

表 24　teosinte と maize の多様性と多様性の喪失
(Vigouroux *et al.*, 2002)

	teosinte	maize 在来種	多様性の相対的喪失
対立遺伝子数			
class I	7.0 (±0.55)	5.5 (±0.45)	0.19 (±0.053)
class II E	5.6 (±0.43)	3.4 (±0.25)	0.32 (±0.037)
遺伝的多様度			
class I	0.60 (±0.038)	0.51 (±0.036)	0.11 (±0.063)
class II E	0.54 (±0.034)	0.21 (±0.029)	0.62 (±0.042)

農耕の初期において，maize が teosinte から派生してきたとき，集団の大きさはかなり限定されていたと思われる(Eyre-Walker *et al.*, 1998)．これに伴い遺伝的多様性は野生種に比べ極端に落ち込んでいたであろう．その後育種のターゲットとは無関係なゲノム領域では多様性が回復し，重要

な遺伝子部分ではほとんど多様性は回復しないか，むしろ選択圧を受けてさらに低下した．そこで，集団の大きさが変化しながら遺伝的組成が変化する様子を再現させるシミュレーションプログラム（Hudson, 2002）により，農耕の初期の数千年前にボトルネックがかかったことを想定し，選択圧がかからない場合に期待される遺伝的多様性の分布を求めた．こうして有意に選択圧が検出された 15 の部位を，機能が知られている遺伝子のデータベースで相同性検索したところ，6 つの遺伝子がひっかかってきた．それらはアルカロイド生合成を助け，大豆の発芽時にその種に存在する酵素であったり，植物の多くの発生過程に関与する MADS ボックス遺伝子であったり，これまで品種改良に大きく貢献してきた遺伝子として納得できるものであった．品種の改良が進み，多型性がなくなった遺伝子などは連鎖解析で検出することはできないが，この方法は問題なく拾い出すことができる強みがある．

同様の解析で，Edward Buckler と Brandon Gaut たちのグループは農業上重要な形質である澱粉の代謝系パスウェイにかかるトウモロコシの人による淘汰圧を調べた．これまでのところ，このパスウェイに関係する遺伝子として 20 あまりの遺伝子が知られている．彼らはそのうち，もっとも重要な 6 つの遺伝子 *amylose extender1*(*ae1*)，*brittle2*(*bt2*)，*shrunken1*(*sh1*)，*shrunken2*(*sh2*)，*sugary1*(*su1*)，および *waxy1*(*wx1*) を調べたところ，これらの遺伝子の多様度は，近縁種 *parviglumis* に比べ，著しく低くなっていた．こうしたことから，栽培種内での交配・遺伝的改良を通じた現在の育種に加え，近縁野生種の対立遺伝子を取り込むことにより多様度を保ち，改良の幅を高レベルに維持することの可能性が示唆された（Whitt *et al.*, 2002）*5．

---

*5　ところで，*sh1* はパスウェイの最上流に位置するショ糖合成酵素で，実の詰まり具合と関係している．が，彼らの結果によれば，*parviglumis* においては最下流の *wx1* と同程度の遺伝的多様度をもち，しかも人による淘汰圧の痕跡も少ない．一方で，4.3 節(d)項では，パスウェイの上流ほど進化速度が遅い傾向にあることを見た．ひょっとすると，このパスウェイには，*sh1* と並列的に働く未知の重要遺伝子が存在するのかもしれない．

5.2 合体時間の尤度解析

遺伝的多様度は有効な集団の大きさと突然変異率の積とある意味で等価であることを見た．ところで，集団から採られた標本は，共通祖先をもつことから相関をもっている．共通祖先までにすぐに行き着く遺伝子対は相関が強く，合体時間が長い遺伝子対はほぼ独立である．したがって，有効な集団の大きさを推定する有効な手法として，合体時間の情報を陽に取り込んだ尤度解析が自然に浮かび上がってくる．

(a) 合体時間が既知の場合

まず配列の長さが十分長く，合体時間が曖昧さなく特定できる場合を考える．大きさ N の無作為交配集団から抽出された n 個の遺伝子の相次ぐ合体の間の世代数 $t_n,\ t_{n-1},\cdots,t_2$（図 31）は，

$$P(t_j > k) \sim \exp\left(-k\frac{j(j-1)}{2N}\right)$$

と，独立な指数分布で近似された（式(45)）．ところで，遺伝子の系統樹では，その枝の上でおきた塩基置換などの進化イベントの数の期待値で枝の長さを表現した．これを時間の単位にとったとき，配列の突然変異率を世代当たり μ とすると，期待置換数で時間の単位にとった合体時間間隔 $u=(u_n,\ u_{n-1},\cdots,u_2)'$ の尤度関数は

$$L(\theta|u) \equiv P(u|\theta) = \prod_{j=2}^{n}\frac{j(j-1)}{\theta}\exp\left(-\frac{j(j-1)}{\theta}u_j\right) \qquad (46)$$

と表わされる（Felsenstein, 1992）．ここで，$\theta=2N\mu$ である．対数尤度は

$$\ell(\theta|u) = \sum_{j=2}^{n}(\log j + \log(j-1)) - (n-1)\log\theta - \frac{1}{\theta}\sum_{j=2}^{n} j(j-1)u_j$$

となり，最尤推定量

$$\hat{\theta}_{\mathrm{MLE}} = \frac{\sum_{j=2}^{n} j(j-1)u_j}{n-1} \qquad (47)$$

を得る．分散は

$$\mathrm{Var}\left[\hat{\theta}_{\mathrm{MLE}}\right] = \frac{1}{(n-1)^2}\sum_{j=2}^{n} j^2(j-1)^2\mathrm{Var}\left[u_j\right] = \frac{\theta^2}{n-1}$$

である．

θ の不偏推定量である遺伝的多様度 $\hat{\theta}_P = \hat{\pi}$ と多型性 $\hat{\theta}_S = \tilde{S} \equiv \hat{S}/\sum_{j=1}^{n-1}\frac{1}{j}$ で推定精度を比べてみよう．まず，遺伝子の系図が既知の場合は $\hat{\pi}$ は

$$\hat{\pi} = \frac{4\sum_{j=2}^{n} m_j \sum_{j'=i}^{n} u_{j'}}{n(n-1)}$$

と表現されることに注意する．m_j は第 j 合体時間で合体する配列対の数である（$\sum_{j=2}^{n} m_j \frac{n(n-1)}{2}$）．$m = (m_n, m_{n-1}, \cdots, m_2)'$ は確率変数であるため，これによる条件つき平均，および条件つき分散を評価することにより

$$\mathrm{Var}\left[\hat{\theta}_P\right] = \mathrm{Var}\left[\hat{E}\left[\pi|m\right]\right] + E\left[\mathrm{Var}\left[\hat{\pi}|m\right]\right] = \frac{2(n^2+n+3)\theta^2}{9n(n-1)}$$

が得られる．$\lim_{n\to\infty}\mathrm{Var}\left[\hat{\pi}\right] = \frac{2}{9}\theta^2$ と，ある配列部位に限定すると一致性をもたない．ただし，数多くの部位を調べることで推定精度を上げることができる．遺伝子の系図が既知のときは，多型性 $\hat{S}$ は標本中の全配列の共通祖先に至るまでの総枝長により

$$\hat{S} = \sum_{j=2}^{n} j u_j$$

と表現される．これより，$\hat{\theta}_S$ の分散は

$$\mathrm{Var}\left[\hat{\theta}_S\right] = \frac{\sum_{j=2}^{n} j^2\mathrm{Var}\left[u_j\right]}{\left(\sum_{j=1}^{n-1}\frac{1}{j}\right)^2} = \frac{\sum_{j=1}^{n-1}\frac{1}{j^2}}{\left(\sum_{j=1}^{n-1}\frac{1}{j}\right)^2}\theta^2$$

と評価される．

図 32 は $\hat{\theta}_{\mathrm{MLE}}$, $\hat{\theta}_S$, $\hat{\theta}_P$ の変動係数(CV)を，標本サイズの関数としてプロットしたものである．標本サイズが 50 のときは変動係数はそれぞれ 0.143, 0.285, 0.481 であり，標本サイズが 200 になると，最尤推定量の変動係数は 0.071 と半減するが，他の推定量は 0.218, 0.474 と減少がゆるやかである．

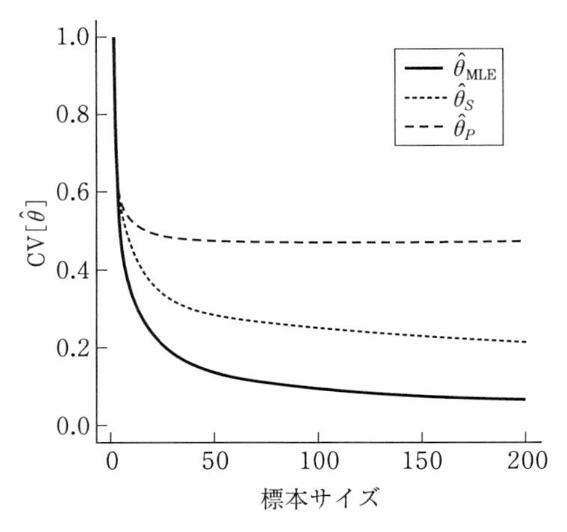

標本サイズ	20	50	100	200
CV $\left[\hat{\theta}_{\text{MLE}}\right]$	0.229	0.143	0.101	0.071
CV $\left[\hat{\theta}_S\right]$	0.356	0.285	0.247	0.218
CV $\left[\hat{\theta}_P\right]$	0.497	0.481	0.476	0.474

図 **32**　有効な集団の大きさの推定精度

合体時間の情報をフルに利用した最尤推定量の有利性が見てとれる.

(b)　実データの尤度

実際には，配列データ X は長さが有限なため，遺伝子の系図 T を一意に特定することはできない．このため，合体時間 $u=u(T)$ そのものを観察することはできない．そこでデータの尤度は，系図に関する不確実性を考慮に入れて，

$$L(\theta|X) = \int_T P(T|\theta)P(X|T)dT \tag{48}$$

と，周辺尤度として得られる(Griffiths and Tavaré, 1994)．T はトポロジーと枝の長さをわたる．$P(T|\theta)$ は式(46)により規定され，$P(X|T)$ は系図の尤度である(4.2 節(c)項).

5.1節(b)項で述べたように，集団の履歴や選択により合体時間が歪んでくる．たとえば集団がある時期にボトルネック現象を経験すると，ボトルネックのかかった時期に数多くの合体時点が集中する．この時期に純化圧が働いても，同様に合体時点が集中する．逆に，合体時間の分布が中立で定常状態の集団から期待されるものと大幅にずれていると，これを選択圧や集団の履歴の証拠とすることができる．単一の遺伝子を解析する限りにおいては，合体時点の歪みが集団の履歴によるものか，あるいは選択圧によるものか，識別することはできない．しかし，集団の履歴はゲノム全体に影響を与えるのに対し，選択圧は遺伝子ごとに個別に作用する．このため，複数の部位を解析することにより，両者の間の識別が可能となる(Galtier *et al.*, 2000)．複数の部位を解析する場合には，それらが核DNAに座乗し，ほぼ連鎖していないとみなされる場合には，部位間の組換えから合体過程は互いに独立になる．このため，各部位の尤度を乗ずることによりデータ全体の尤度が得られる．ただし，ミトコンドリアDNAは母系遺伝し，組換えはまったくないか，仮にあったとしてもごく稀と考えられている．このため，この上に座乗する遺伝子は共通の合体過程をもつ．

Tは厄介パラメータ(nuisance parameters)であり，当面の関心ではない．MCMCにより積分する(Kuhner *et al.*, 1995, 1998)か，あるいは準最尤法により，まず遺伝子の系図を最尤推定し，この推定値に基づいて式(47)によりθを推定する．準最尤法は周辺尤度最大化の近似法とみなせるが，実用上，遺伝子の系図の形から集団構造や集団の履歴に関する知見が得られることが多い．この中間ステップは，構造を集団を説明する統計モデルのチェックを逐一行いながら妥当なモデルへと接近していく重要なステップである．

集団の大きさが変動する場合には，θは時間の関数となり，式(46)で表現された合体時間の尤度は

$$L(\theta|u) \equiv P(u|\theta) = \prod_{j=2}^{n} \frac{j(j-1)}{\theta(v_{j-1})} \exp\left(-\int_{v_j}^{v_{j-1}} \frac{j(j-1)}{\theta(v)} dv\right) \quad (49)$$

となる．ここで，$v_j \equiv \sum_{j'=j}^{n} u_{j'}$は，祖先が$j$個体から$j-1$個体へと合体す

る時点である．集団の履歴をパラメトリックにモデル化することにより，これを規定するパラメータを最尤推定することができる．Pybus ら(2000)は $j(j-1)u_j$ が共通祖先が j 個体である期間における θ の調和平均の推定量になっていることに注意し，$\tilde{u}=(n(n-1)u_n,\ (n-1)(n-2)u_{n-1},\cdots,2u_2)'$ を v に対してプロットすることを提案した．もちろんノイズを多く含んでいるが，集団の履歴をノンパラメトリックに表現している．これに基づき，信頼性の高いモデリングを実現することが可能となる．

(c)　ウイルス進化と継時サンプリング

4.1 節(c)項で述べたように，RNA ウイルスはきわめて分子進化速度が速く，わずか数年の間にも目に見える変化を経験する．このため，異なる時点から採られたウイルスの配列を比較することにより，進化速度を直接推定することが可能となってくる(Rambaut, 2000; Drummond and Rodrigo, 2000; Drummond *et al.*, 2001)．したがって，ウイルスの集団と適応のプロセスを特徴づけるパラメータを推定するためには，どのような時点からの標本の配列を決定するのが最適か，といった実験計画が興味深いテーマとなり得る(Seo *et al.*, 2002a)．

共通祖先から各配列までの累積置換数を採集された時点の関数としてプロットすると，直線の傾きとして進化速度が観察される(4.1 節(c)項)．ところで，この直線の x 切片はウイルスの起源の時点の推定量となっている．Korber ら(2000)は 159 人のエイズ患者から採取された HIV-1 ウイルスのエンベロープ遺伝子に基づき，このウイルスの起源を推定した結果，エイズの誕生は 1931 年(95% 信頼区間：1915-1941)と推定された．一方，1957 年から 1960 年にかけて中央アフリカにおいてポリオワクチンが開発されたが，このときにチンパンジーに感染するエイズ SIVcpz が紛れ込み，ヒトに広がったのではないかとの疑いがもたれていた．この解析結果は，ヒトへのエイズはポリオワクチン開発以前に誕生していたことを強く示唆している．

C 型肝炎は日本ではかなりよく見られるが，アメリカでは稀である．果たしてこれは 2 国間の環境の違いによるものなのか．Tanaka ら(2002)は，

C 型肝炎患者を最大 20 年間にわたって追跡調査し，継時的に得られたゲノムの長い領域(アメリカ 47 配列，日本 32 配列)を解析した．ウイルスの起源は日本で 1880 年，アメリカで 1910 年と，30 年間の時間差が観察された．Pybus ら(2000)の方法により集団の履歴にロジスティック曲線を当てはめたところ，アメリカにおけるウイルス集団の成長の立ち上がりは 1960 年頃と，これも日本より少なくとも 30 年遅れていた．推定された 2 本の曲線がほぼ平行であることから，アメリカでも近い将来，C 型肝炎が日本と同レベルまで蔓延してくることが予想された．

継時的にサンプリングされた配列の合体過程の尤度は，式(46)を若干修正することにより得られる．ここでは合体時点既知の場合の尤度を記しておく(Seo *et al.*, 2002b; Drummond *et al.*, 2002)．サンプリングは世代数で換算して現在から $g_0=0, g_1, \cdots, g_s$ 世代前，これに配列の突然変異率 μ を乗じて期待置換数で時間の単位をとると現在から $\tilde{g}_0=0, \tilde{g}_1, \cdots, \tilde{g}_s$ 前に，それぞれ $n_0, n_1, \cdots, n_s$ 本の配列が読まれたとする．まず，$\tilde{g}_1$ まで遡る以前の配列の合体時間を $v^0 \equiv (v^0_{n_0}, v^0_{n_0-1}, \cdots, v^0_{c_0})' (v^0_{c_0-1} > \tilde{g}_1)$ とし，その時間間隔 $u^0 \equiv (u^0_{n_0}, u^0_{n_0-1}, \cdots, u^0_{c_0}, u^0_*)'$ を $u^0_{n_0} = v^0_{n_0}, u^0_{n_0-1} = v^0_{n_0-1} - v^0_{n_0}, \cdots, u^0_{c_0} = v^0_{c_0} - v^0_{c_0+1}, u^0_* = \tilde{g}_1 - v^0_{c_0}$ とする．この間の合体過程の尤度は

$$L(\theta|u^0) = P(u^0_*|\theta) \prod_{j_0=c_0}^{n_0} \frac{j_0(j_0-1)}{\theta} \exp\left(-\frac{j_0(j_0-1)}{\theta} u^0_{j_0}\right)$$

と表わされる．ここで，$P(u^0_*|c_0, \theta)$ は共通祖先が $c_0 - 1$ 個体の状態で u^0_* の間合体がおこらない確率で，

$$P(u^0_*|c_0, \theta) = \begin{cases} \exp\left(-\dfrac{c_0(c_0-1)}{\theta} u^0_*\right) & (c_0 > 2) \\ 1 & (c_0 = 2) \end{cases}$$

である．

$\tilde{g}_1$ に n_1 の配列が加わるため，この時点での配列は $\tilde{n}_1 = n_1 + c_0 - 1$ 本である．$\tilde{g}_1$ と $\tilde{g}_2$ の間の合体時間 $v^1 \equiv (v^1_{n_1+c_0-1}, v^1_{n_1+c_0-2}, \cdots, v^1_{c_1})'$ とし，これらの時間間隔 $u^1 \equiv (u^1_{n_1+c_0-1}, u^1_{n_1+c_0-2}, \cdots, u^1_{c_1}, u^1_*)'$ も同様に定義すると，この間の合体過程の尤度は

$$L(\theta|u^1) = P(u_*^1|\theta) \prod_{j_1=c_1}^{n_1+c_0-1} \frac{j_1(j_1-1)}{\theta} \exp\left(-\frac{j_1(j_1-1)}{\theta} u_{j_1}^1\right)$$

となる．したがって，サンプリング時点を加味した全合体過程の尤度は

$$L(\theta|u^0, u^1, \ldots, u^s) = \prod_{s'=0}^{s} P(u_*^{s'}|\theta) \cdot \prod_{j_{s'}=c_{s'}}^{\tilde{n}_{s'}} \frac{j_{s'}(j_{s'}-1)}{\theta} \exp\left(-\frac{j_{s'}(j_{s'}-1)}{\theta} u_{j_{s'}}^{s'}\right) \tag{50}$$

である．ここで $\tilde{n} = (n_0, n_1 + c_0 - 1, \cdots, n_s + c_{s-1} - 1)'$ はサンプリング時点における合体過程に関わる配列の数である．

Shankarappa ら(1999)は 9 人のエイズ患者について定期的に血液を採取し，それぞれ 100 本あまりの配列を得た(4.1 節(c)項)．Seo ら(2002b)はこれらの患者について，潜伏期間におけるエンベロープ遺伝子(env)の進化速度と有効な集団の大きさを求めた．継時的にサンプリングされた配列は，年あたり座位あたり塩基置換率に関する情報をもっている．これより，合体までの塩基置換数を塩基置換率で除することにより，合体時刻が推定できる．他方，有効な集団の大きさを推定するには，配列が祖先配列に合体するまでの世代数に関する情報が必要である．遺伝子の塩基置換率には，世代あたり突然変異率と世代の長さが関係している．もしもこの遺伝子の世代あたりの突然変異率が患者により異ならないとすれば，年あたり座位あたり塩基置換率の患者間の違いは，世代の長さの違いを意味している．表 25 は，9 人のエイズ患者の潜伏期間の長さ，この間にサンプルされたエンベロープ遺伝子配列の数，およびこれらに基づいて推定された年あたり座位あたり塩基置換率，および有効な集団の大きさを示している．突然変異率を世代あたり座位あたり $\mu = 2.5 \times 10^{-5}$ と仮定している．塩基置換率と分子進化速度の間に負の相関が認められる．ところで，もう一方の極として世代の長さ一定の仮定が考えられる．この場合には世代あたり突然変異率が患者により異なることになるが，有意性は弱まるものの，このシナリオにおいても負の相関が観測された．潜伏期間の長さやその間のウイルス分子進化速度には個人差がある．これは免疫系の強さ，すなわち宿主の健康状態などの環境に関係しているのであろう．

表 25 9人のエイズ患者の潜伏期間の長さ，この間にサンプルされたエンベロープ遺伝子配列の数，年あたり座位あたり塩基置換率，および有効な集団の大きさ(Seo *et al.*, 2002b). 突然変異率を世代あたり座位あたり $\mu = 2.5 \times 10^{-5}$ と仮定している.

患者	潜伏期間の長さ(月)	配列数	進化速度($\times 10^{-3}$)	世代の長さ(日)	有効な集団の大きさ
P1	77	77	4.73 (0.543)	1.93	3922.8 (692.7)
P2	87	91	4.83 (0.728)	1.89	4012.1 (724.9)
P3	67	62	10.9 (1.28)	0.84	1527.7 (258.1)
P4	81	151	4.49 (0.337)	2.03	5480.8 (671.8)
P5	42	56	12.4 (1.51)	0.73	1789.7 (303.7)
P6	74	86	6.48 (0.620)	1.41	4856.0 (626.4)
P7	81	99	8.00 (0.732)	1.14	4491.0 (566.7)
P8	122	81	3.75 (0.374)	2.43	5409.3 (793.1)
P9	100	39	10.6 (0.917)	0.86	2473.1 (456.6)

数多くの患者から集められたウイルス遺伝子配列を比較分析し，これら環境因子と対応づけることにより，きめ細やかな疫学研究の可能性が芽生えてくる.

5.3 分集団構造の解析

多くの生物は群れやコロニー，生息領域とさまざまなレベルで部分集団の構造をもつ．部分集団間の遺伝的交流が希薄であると，対立遺伝子頻度に差異が生じてくる．こうした**分集団構造**を検出することは，集団の理解にとって重要であるだけでなく，マーカー間，あるいはマーカー・形質間の連鎖不平衡を通じた遺伝子のマッピングにおいても不可欠である．分集団構造を無視して解析すると，無意味な見かけ上の連鎖不平衡を拾ってしまうのである(3.1 節(c)項).

(a) 集団の部分構造と分集団間の遺伝的交流

集団の部分構造，すなわち集団内の分集団間の遺伝的不均質性を測る尺度として，しばしば $\boldsymbol{F_{ST}}$ が用いられる．集団全体の遺伝的多様度を π_T，分

集団内の遺伝的多様度の平均値を π_S とおくと，

$$F_{ST} = \frac{\pi_T - \pi_S}{\pi_T}$$

で定義される．遺伝的多様度は，遺伝子の集団内の分散を表現していることを思い出すならば，F_{ST} は全分散に占める級間分散の割合とみなすことができる．この値は配列を比較することにより観測されるが，これを分集団の間の遺伝的交流の度合いと捉え直すことにより，生物としての集団構造に翻訳することができる．

図 33 は A, B, C, 3 つの分集団からなる集団における遺伝子の合体過程を模式的に表現したものである．図中には 4 回の移住が観察される．a1～a3 の共通祖先は分集団 C から移住してきており，c4～c6 の共通祖先と祖先を共有する．a4～a6 の共通祖先が分集団 B から移住してきており，b1～b4 の共通祖先と祖先を共有する．同様に，b5～b7 は c1～c3 と祖先を共有する．このように，稀にではあるが，分集団の間の移住があるため，同一分集団に属する遺伝子の祖先を手繰っていくと，他の分集団の出身だったりする．また，現在異なる分集団に属するものどうしが祖先を手繰っていくとやがて共通祖先に行き着く．

単純なモデルを通して，こうした遺伝的交流が遺伝的多様度の分集団間変異とどう関わってくるか，見てみる．集団が，大きさ N_e(2 倍体生物で

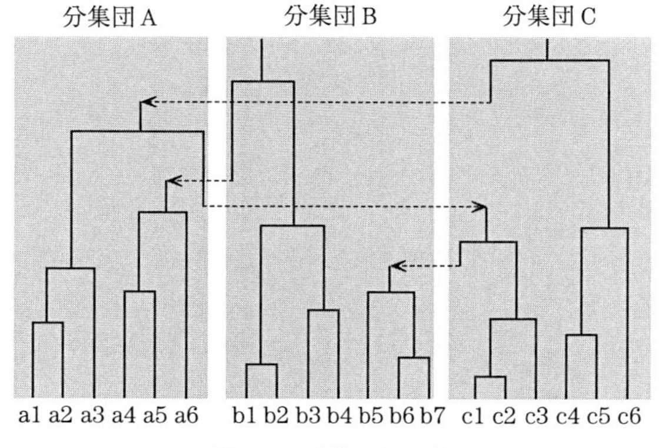

図 **33**　分集団と移住

は遺伝子数 $N=2N_{\mathrm{e}}$)からなる数多く($=n(\gg 1)$ 個)の分集団から成り立っているとする．各分集団に属する遺伝子は無作為に交配する．分集団への移入率は世代あたり $m\ (\ll 1)$ とおき，突然変異率はこれまで同様 μ とおく．移住のパターンは一様ランダムであるとする．分集団内の遺伝子対の遺伝的多様度 π_{S} に加えて，異なる分集団の遺伝子間の遺伝的多様度 π_{b} を用意する．

同一の分集団から抜き取られた遺伝子対について祖先を手繰ると，やがては他の分集団からの移入か共通祖先への合体かいずれを経験する．k 世代まで遡ってもこれら 2 つのイベントいずれをも経験しない確率は $p\equiv\left(1-\frac{1}{N}\right)(1-m)^2\sim 1-\left(\frac{1}{N}+2m\right)$ である．無用な表記上の煩雑さを避けるため，以下この近似は等号で置き換える．いずれかのイベントがおきたとき，それが共通祖先への合体である確率は $\frac{1}{N}\Big/\left(\frac{1}{N}+2m\right)$，移入である確率は $2m\Big/\left(\frac{1}{N}+2m\right)$ である．遺伝子対の祖先がいずれかのイベントを経験する時点でいったん条件づけし，その後期待値をとることにより分集団内の遺伝的多様度が求められるため，

$$
\begin{aligned}
\pi_{\mathrm{S}} &= \sum_{k=1}^{\infty}\left(\frac{1}{N}+2m\right)\left(1-\left(\frac{1}{N}+2m\right)\right)^{k-1} \\
&\quad\times\left(\frac{\frac{1}{N}}{\frac{1}{N}+2m}2k\mu+\frac{2m}{\frac{1}{N}+2m}(2k\mu+\pi_{\mathrm{b}})\right) \\
&= \frac{2\mu}{\frac{1}{N}+2m}+\frac{2m}{\frac{1}{N}+2m}\pi_{\mathrm{b}}
\end{aligned}
\tag{51}
$$

という関係を得る．

異なる分集団に属する遺伝子対は，いずれかが移住しない限り共通祖先には行き着かない．k 世代まで遡ってもいずれも移入を経験しない確率は $q\equiv(1-m)^2\sim 1-2m$ である．移入があったとき，それがもう一方の遺伝子の所属する分集団からの移入である確率は $\frac{1}{n-1}$，そうでない確率は $\frac{1}{n-1}$ である．今度は遺伝子対の祖先が移入を経験する時点でいったん条件づけし，その後期待値をとることにより分集団間の遺伝的多様度が求め

られるため，

$$\pi_{\mathrm{b}} = \sum_{k=1}^{\infty} 2m\,(1-2m)^{k-1} \times \left(\frac{1}{n-1}\,(2k\mu + \pi_S) + \left(1 - \frac{1}{n-1}\right)(2k\mu + \pi_{\mathrm{b}}) \right) = \frac{2\mu}{2m} + \frac{1}{n-1}\pi_{\mathrm{S}} + \left(1 - \frac{1}{n-1}\right)\pi_{\mathrm{b}} \tag{52}$$

を得る．

集団全体の遺伝的多様度は

$$\pi_{\mathrm{T}} = \frac{1}{n}\pi_{\mathrm{S}} + \left(1 - \frac{n-1}{n}\right)\pi_{\mathrm{b}}$$

で与えられることに注意すると，式(51)と式(52)より，nが十分大きいとき，

$$F_{\mathrm{ST}} = \frac{1}{1 + 2Nm\left(\dfrac{n}{n-1}\right)^2} = \frac{1}{1 + 4N_{\mathrm{e}}m\left(\dfrac{n}{n-1}\right)^2} \tag{53}$$

となることが容易に確かめられる．したがって，F_{ST} は移入率ではなく世代あたり移入個体数 $M = N_{\mathrm{e}}m$ に関係しているのである．集団が数多くの分集団から構成され $(n \ll 1)$，世代あたり移入個体数が $M = 100,\ 10,\ 1, 0.5,\ 0.3\ \ 0.1$ のとき，F_{ST} の値はそれぞれ 0.002, 0.024, 0.200, 0.333, 0.155, 0.714 となる．ただしここでの移入個体数は，分集団が無作為交配し，かつ移入者と在来者も同様に交配するとしたときの有効な移入数である．分集団内と考えられる範囲の中にも幾層にも階層構造があり，交配はしばしば局所局所に限定される．とくに移住者と在来者との交配率は低いだろう．したがって，物理的な個体の移入はこれよりもかなり大きいと期待される．

式(51)と式(52)の議論と同様にして，尤度解析も可能である(Hudson, 1990)．部分構造間の移住を伴う集団から得られた配列の祖先が経験した合体および移住の事象の時間間隔を $u = (u_1,\ u_2,\ \cdots, u_s)'$ とする．これらの事象のタイプを，移住に関する情報 $w_{\mathrm{m}} = (w_{\mathrm{m}1},\ w_{\mathrm{m}2},\ \cdots, w_{\mathrm{m}s})'$ および合体に関する情報 $w_{\mathrm{c}} = (w_{\mathrm{c}1},\ w_{\mathrm{c}2},\ \cdots, w_{\mathrm{c}s})'$ で表現する．j 番目の事象が分集団 ν_1 から ν_2 への移住である場合には $w_{\mathrm{m}j} = (\nu_1, \nu_2)', w_{\mathrm{c}j} = 0$，$j$ 番目の事象が分集団 ν における合体である場合には $w_{\mathrm{c}j} = (\nu)', w_{\mathrm{m}j} = 0$ とする．

移住行列を m とする．すなわち，$m_{\nu_1\nu_2}$ を分集団 ν_2 における分集団 ν_1 からの移入率とし，$\tilde{m}=m/\mu$ とする．また，分集団 ν の有効な遺伝子数(2倍体では有効な集団の大きさの 2 倍) を N_ν とし，$\theta_\nu=2N_\nu\mu$ とする．w が 0 のとき 0，それ以外では 1 をとる関数 $\delta(w)$ を用意すると，移住を考慮に入れた合体過程の尤度が

$$L(\theta,\tilde{m}|u,w_{\mathrm{m}},w_{\mathrm{c}})=\prod_{j=1}^{s}\left(\delta\left(w_{\mathrm{c}j}\right)\frac{k_{w_{\mathrm{c}j}}(k_{w_{\mathrm{c}j}}-1)}{\theta_{w_{\mathrm{c}j}}}+\delta\left(w_{\mathrm{m}j}\right)k_{w_{\mathrm{m}j2}}\tilde{m}_{w_{\mathrm{m}j1}w_{\mathrm{m}j2}}\right) \tag{54}$$

$$\exp\left(-u_j\sum_{i=1}^{n}\left(\frac{k_{ij}(k_{ij}-1)}{\theta_i}+k_{ij}\sum_{z\neq i}\tilde{m}_{zi}\right)\right)$$

として得られる．遺伝子の系統樹に関する不確実性を考慮に入れ，周辺尤度を最大化させることにより，分集団の大きさと移住率を推定することができる(Beerli and Felsenstein, 2001)．

(b) 集団の不均質性と混合の階層モデル

分集団があらかじめ規定されており，ある地域においてこれらが混じり合っているような場合がある．たとえば，サケは稚魚期を終えて川を下り，大洋を回遊した後，成熟期を迎えると産卵場所に戻る．高度な帰川性をもち，自分の生まれた川を上り，かつ自分の生まれた場所で産卵する．こうした状況では，それぞれの河川をいわば分集団とみなすことができる．大洋では種々の分集団に属する個体が混じり合っているが，多型マーカーの対立遺伝子頻度を分集団のそれの混合分布で記述することにより，混合率を推定することができる．

K 個の分集団が存在し，それぞれ対立頻度が $p^{(k)}=(p_1^{(k)},\cdots,p_m^{(k)})'$ $(k=1,\cdots,K)$ であったとする．混合集団において分集団の混合率を $\theta=(\theta_1,\cdots,\theta_K)'$ とする．いま，分集団と標本 $n^{(k)}=(n_1^{(k)},\cdots,n_m^{(k)})'$ $(k=1,\cdots,K)$ および混合集団からの標本 $n^{(0)}=(n_1^{(0)},\cdots,n_m^{(0)})'$ の尤度は

$$L\left(\theta, p^{(1)}, \cdots, p^{(K)} | n^{(0)}, n^{(1)}, \cdots, n^{(K)}\right) = \left(\prod_{i=1}^{m}\left(\sum_{k=1}^{K}\theta_k p_i^{(k)}\right)^{n_i^{(0)}}\right)\prod_{k'=1}^{K}\prod_{i'=1}^{m} p_{i'}^{(k')^{n_{i'}^{(k')}}}$$

と表現される(Smouse *et al.*, 1990; 岸野, 2001). 連鎖していない複数のマーカーを調べたときは，それぞれのマーカー情報の尤度を乗ずることにより，全体の尤度が得られる.

しかし，多くの場合，分集団の間の境界は必ずしも自明なものではなく，集団は複雑にかつ不均質な構造をもっていることが多い. このような場合は分集団をあらかじめ特定することができず，必然的に分集団の対立遺伝子頻度の情報が得られない. Pritchard ら(2000a)は，マイクロサテライトや SNP など核の上の多数のマーカーを調べることにより，分集団の数と各分集団における対立遺伝子頻度を各個体の分集団への所属確率とともに同時推定する方法を開発した. 各個体において，H ($\ll 1$) 個のマーカーの遺伝子型

$$g_i = (g_{i1}, \cdots, g_{iH})' = ((g_{i11}, g_{i12}), \cdots, (g_{iH1}, g_{iH2}))'$$

が測定される. 分集団の対立遺伝子頻度を

$$p^{(k)} = (p_1^{(k)}, \cdots, p_H^{(k)})' = ((p_{11}^{(k)}, \cdots, p_{1m_1}^{(k)}), \cdots, (p_{H1}^{(k)}, \cdots, p_{Hm_H}^{(k)}))'$$

とする($k = 1, \cdots, K$). 第 i 個体の分集団への所属確率を $\theta_i = (\theta_{i1}, \cdots, \theta_{iK})'$ とする($i = 1, \cdots, n$). この遺伝子型の尤度も各分集団の遺伝子型頻度

$$q^{(k)} = (q_1^{(k)}, \cdots, q_H^{(k)})' = ((q_{111}^{(k)}, q_{112}^{(k)}, \cdots, q_{1m_1-1m_1}^{(k)}, q_{1m_1m_1}^{(k)}), \cdots, (q_{H11}^{(k)}, \cdots, q_{Hm_Hm_H}^{(k)}))'$$

の混合分布で記述することができる($k = 1, \cdots, K$). このままでは，識別不可能であるが，各分集団は無作為交配を行い，Hardy–Weinberg 平衡

$$q_{hjj'}^{(k)} = 2^{1-\delta_{jj'}} p_{hj}^{(k)} p_{hj'}^{(k)} \quad (j, j' = 1, \cdots, m_h, k = 1, \cdots, K,\ h = 1, \cdots, H)$$

が成立しているとすることにより，大幅にモデルの自由度が減少する. $\delta_{jj'}$ はクロネッカーのデルタである. こうして，n 個の個体を分集団の対立遺伝子頻度とそれらへの所属確率で表現した

$$L\left(\theta_i, i=1,\cdots,n, p^{(1)},\cdots,p^{(K)}|g_1,\cdots,g_n\right)$$
$$=\prod_{i=1}^{n}\prod_{h=1}^{H}\left(\sum_{k=1}^{K}2^{1-\delta_{g_{ih1}g_{ih2}}}\theta_{ik}p^{(k)}_{hg_{ih1}}p^{(k)}_{hg_{ih2}}\right)$$

が得られる*6．無情報な事前分布を導入することにより，MCMC を利用して事後分布が得られる．

さらに，国際結婚を想起すれば容易に理解できるように，分集団が交じり合うと遺伝的な混合(admixture)がおきる．この場合，個体のゲノムの各領域は一般には異なる分集団に帰属する．世代を重ねると，組換えにより，帰属分集団は入れ子状態になってくる．こうしてこの方法は分子生態学や人類遺伝学を中心とし，野生生物の集団構造に関する種々の調査・研究に大きな影響を与えることとなった．

各個体を分集団に分解することにより，連鎖不平衡を偏りなく検出することが可能となってくる(Pritchard *et al.*, 2000b)．交配実験の不可能な人類遺伝と異なり，植物遺伝学の領域では，突然変異体の解析と交配実験が遺伝形質の解析の王道である．従来から，連鎖不平衡による相関解析は，種々の誤差が混在する可能性がある間接的な手段として軽視されていた．が，交配実験で検出される遺伝子は，親系統における変異を越えて説明力をもたない弱みがある．また組換えの頻度が低いために，少ない世代数では連鎖解析の精度は限られたものになる．これに対して，連鎖不平衡の解析は突然変異後何世代もの組換えの結果を見ていることになるため，偏りを取り除くことができればきわめて感度が高い．Thornsberry ら(2001)はこの性質を利用して，すでにトウモロコシ maize の突然変異体の解析から

*6　実は，Punt ら(1995)も同様の解析を行っていた．そこでは北西太平洋におけるミンククジラの集団構造を知ることが目的であった．大規模回遊の過程で，黄海・日本海の集団とオホーツク海の集団が北海道・道東沖や三陸沖でどのように混じり合っているか，推定した．黄海・日本海，北海道・道東沖，三陸沖に関しては過去の捕獲があり，2 制限酵素について切断型頻度の情報があった．オホーツク海においては捕獲がないため，この集団における Hardy-Weinberg 平衡を仮定して，この集団の遺伝子頻度と混合率を同時推定した．ただ，広く生態学や人類遺伝学における問題との関連を認識していなかったため，ケーススタディにとどまった．当該分野で注目されている問題に日常的に接触することによって，真に求められる方法論を開発することが可能となる．

開花期と草高に関係している遺伝子として単離されていた *Dwarf8* の詳細な遺伝解析を行うことに成功した．92のトウモロコシ近交系の塩基配列をまとめて相関解析した結果，コード領域における鍵となる領域の構造を変える欠失を検出した．世代で積み重ねられた組換えによる連鎖不平衡の解消のため，わずか1000bpの配列内の相関を検出できる分解能を達成することができた．Rosenbergら(2002)は世界52の地域から集められた1056人のすべてについて，常染色体上に座乗する377のマイクロサテライトを調べた．その結果，これらが大きく6つの分集団に分かれることがわかった．そして，このうち5つは，それぞれほぼ地理的な領域に対応していた．このことは，地域を限って分析すれば，集団構造からくる見かけ上の連鎖不平衡を拾う過ちは，あまりないであろうことを示唆する．

関連図書

Adachi, J. and Hasegawa, M. (1996): Model of amino acid substitution in proteins encoded by mitochondrial DNA. *Journal of Molecular Evolution*, **42**, 459–468.

Akashi, H. (2001): Gene expression and molecular evolution. *Current Opinion in Genetics and Development*, **11**, 660–666.

Altschul, S. F. and Lipman, D. J. (1990): Protein database searches for multiple alignments. *Proceedings of National Academy of Sciences, U. S. A.*, **87**, 5509–5513.

Altschul, S. H. *et al.* (1990): Basic local alignment search tool. *Journal of Molecular Biology*, **215**, 403–410.

Altschul, S. F. *et al.* (1997): Gapped BLAST and PSI-BLAST: a new generation of protein database search programs. *Nucleic Acids Research*, **25**, 3389–3402.

Altschul, S. H. *et al.* (2001): The estimation of statistical parameters for local alignment score distributions. *Nucleic Acids Research*, **29**, 351–361.

Aris-Brosou, S. and Yang, Z. (2002): The effects of models of rate evolution on estimation of divergence dates with a special reference to the metazoan 18S rRNA phylogeny. *Systematic Biology*, **51**, 703–714.

Bar-Hen, A. and Kishino, H. (2000): Comparing the likelihood functions of phylogenetic trees. *Annals of the Institute of Statistical Mathematics*, **52**, 43–56.

Barrier, M. *et al.* (2001): Accelerated regulatory gene evolution in an adaptive radiation *Proceedings of National Academy of Sciences, U. S. A.*, **98**, 10208–10213.

Beerli, P. and Felsenstein, J. (2001): Maximum likelihood estimation of a migration matrix and effective population sizes in n subpopulations by using a coalescent approach. *Proceedings of National Academy of Sciences, U. S. A.*, **98**, 4563–4568.

Berger, J. *et al.* (2001): Genetic mapping with SNP markers in Drosophila. *Nature Genetics*. **29**, 475–481.

Blaxter, M. L. *et al.* (1998): A molecular evolutionary framework for the phylum Nematoda. *Nature*, **392**, 71–75.

Bishop, J. G. *et al.* (2000): Rapid evolution in plant chitinases: molecular targets of selection in plant-pathogen coevolution. *Proceedings of National Academy of Sciences, U. S. A.*, **97**, 5322–5327.

Botstein, D. *et al.* (1980): Construction of a genetic linkage map in man using restriction fragment length polymorphisms. *American Journal of Human Genetics*, **32**, 314–331.

Bowe, L. M. *et al.* (2000): Phylogeny of seed plants based on all three genomic compartments: Extant gymnosperms are monophyletic and Gnetales' closest relatives are conifers. *Proceedings of National Academy of Sciences, U. S. A.*, **97**, 4092–4097.

Brochier, C. and Philippe, H. (2002): Phylogeny: a non-hyperthermophilic ancestor for bacteria. *Nature*, **417**, 244.

Burnham, C. R. (1959): Teosinte branched. *Maize Genetics Cooporation Newsletter*, **33**, 74.

Bush, R. M. *et al.* (2000): Effects of passage history and sampling bias on phylogenetic reconstruction of human influenza A evolution. *Proceedings of National Academy of Sciences, U. S. A.*, **97**, 6974–6980.

Cannings, C. and Thompson, E. A. (1977): Ascertainment in the sequential sampling of pedigrees. *Clinical Genetics*, **12**, 208–212.

Chaw, S. M. *et al.* (2000): Seed plant phylogeny inferred from all three plant genomes: Monophyly of extant gymnosperms and origin of Gnetales from conifers. *Proceedings of National Academy of Sciences, U. S. A.*, **97**, 4086–4091.

Cheng, R. *et al.* (1996): Estimation of the position and effect of a lethal factor locus on a molecular marker linkage map. *Theoretical and Applied Genetics*, **93**, 494–502.

Churchill, G. A. and Doerge, R. W. (1994): Empirical threshold values for quantitative trait mapping. *Genetics*, **138**, 963–971.

Collins, A. *et al.* (1999): Genetic epidemiology of single-nucleotide polymorphisms. *Proceedings of National Academy of Sciences, U. S. A.*, **96**, 15173–15177.

Cronn, R. C. *et al.* (1999): Duplicated genes evolve independently after polyploid formation in cotton. *Proceedings of National Academy of Sciences, U. S. A.*, **96**, 14406–14411.

Dayhoff, M. O. *et al.* (1978): A model of evolutionary change in proteins, In M.O. Dayhoff (ed.): Atlas of Protein Sequence and Structure, Vol. 5, Suppl. 3, National Biomedical Research Foundation: Washington, D.C., pp. 345–352.

Devos, K. M. and Gale, M. D. (2000): Genome relationships: The grass model in current research. *Plant Cell*, **12**, 637–646.

Disotell, T. R. (1999): Human evolution: Origins of modern humans still look recent. *Current Biology*, **9**, R647–R650.

Doebley, J. and Lukens, L. (1998): Transcriptional regulators and the evolution of plant form. *Plant Cell*, **10**, 1075–1082.

Doebley, J. and Stec, A. (1991): Genetic analysis of the morphological differences between maize and teosinte. *Genetics*, **129**, 285–295.

Doebley, J. and Stec, A. (1993): Inheritance of the morphological differences between maize and teosinte: Comparison of results for two F2 populations. *Genetics*, **134**, 559–570.

Doebley, J. *et al.* (1990): Genetic and morphological analysis of a maize-teosinte F2 population: Implications for the origin of maize. *Proceedings of National Academy of Sciences, U. S. A.*, **87**, 9888–9892.

Doebley, J. *et al.* (1995): Teosinte branched1 and the origin of maize: Evidence for epistasis and the evolution of dominance. *Genetics*, **141**, 333–346.

Doebley, J. *et al.* (1997): The evolution of apical dominance in maize. *Nature*, **386**, 485–488.

Doerge, R. W. and Churchill, G. A. (1996): Permutation tests for multiple loci affecting a quantitative character. *Genetics*, **142**, 285–294.

Doolittle, W. F. (1999): Phylogenetic classification and the universal tree. *Science*, **284**, 2124–2128.

Drummond, A. J. and Rodrigo, A. G. (2000): Reconstructing genealogies of serial samples under the assumption of a molecular clock using serial-sample UPGMA. *Molecular Biology and Evolution*, **17**, 1807–1815.

Drummond, A. J. *et al.* (2001): The inference of stepwise changes in substitution rates using serial sequence samples. *Molecular Biology and Evolution*, **18**, 1365–1371.

Drummond, A. J. *et al.* (2002): Estimating mutation parameters, population history and genealogy simultaneously from temporally spaced sequence data. *Genetics*, **161**, 1307–1320.

Excoffier, L. and Slatkin, M. (1995): Maximum-likelihood estimation of molecular haplotype frequencies in a diploid population. *Molecular Biology and Evolution*, **12**, 921–927.

Eyre-Walker, A. *et al.* (1998): Investigation of the bottleneck leading to the domestication of maize. *Proceedings of National Academy of Sciences, U. S. A.*, **95**, 4441–4446.

Felsenstein, J. (1981): Evolutionary trees from DNA sequences: A maximum likelihood approach. *Journal of Molecular Evolution*, **17**, 368–376.

Felsenstein, J. (1985): Confidence limits on phylogenies: An approach using the bootstrap. *Evolution*, **39**, 783–791.

Felsenstein, J. (1992): Estimating effective population size from samples of sequences: Inefficiency of pairwise and segregating sites as compared to phylogenetic estimates. *Genetical Research*, **59**, 139–147.

Fitch, W. M. *et al.* (1997): Long term trends in the evolution of H(3) HA1 human influenza type A. *Proceedings of National Academy of Sciences, U. S. A.*, **94**, 7712–7718.

Force, A. *et al.* (1999): Preservation of duplicate genes by complementary, degenerative mutations. *Genetics*, **151**, 1531–1545.

Frost, S. D. W. *et al.* (2001): Genetic drift and within-host metapopulation dynamics of HIV-1 infection. *Proceedings of National Academy of Sciences, U. S. A.*, **98**, 6975–6980.

Fu, Y.-X. (1996): Estimating the age of the common ancestor of a DNA sample using the number of segregating sites. *Genetics*, **144**, 829–838.

Fu, Y. X. and Li, W. H. (1993): Statistical tests of neutrality of mutations. *Genetics*, **133**, 693–709.

Gale, M. D. and Devos, K. M. (1998): Plant comparative genetics after 10 years. *Science*, **282**, 656–659.

Galtier, N. *et al.* (2000): Detecting bottlenecks and selective sweeps from DNA sequence polymorphism. *Genetics*, **155**, 981–987.

Galtier, N. and Gouy, M. (1998): Inferring pattern and process: Maximum-likelihood implementation of a nonhomogeneous model of DNA sequence evolution for phylogenetic analysis. *Molecular Biology and Evolution*, **15**, 871–879.

Galtier, N. and Boursot, P. (2000): A new method for locating changes in a tree reveals distinct nucleotide polymorphism vs. divergence patterns in mouse mitochondrial control region. *Journal of Molecular Evolution*, **50**, 224–231.

Galtier N. *et al.* (1999): A nonhyperthermophilic common ancestor to extant life forms. *Science*, **283**, 220–221.

Gelman, A. *et al.* (1995): Bayesian Data Analysis. Chapman and Hall: London.

Gilks, W. R. *et al.* (ed.) (1996): Markov Chain Monte Carlo in Practice. Chapman and Hall: London.

Glazko, G. V. and Nei, M. (2003): Estimation of divergence times for major lineages of primate species. *Molecular Biology and Evolution*, **20**, 424–434.

Goldman, N. (1993): Statistical tests of models of DNA substitution. *Journal of Molecular Evolution*, **36**, 182–198.

Goldman, N. *et al.* (1998): Assessing the impact of secondary structure and solvent accessibility on protein evolution. *Genetics*, **149**, 445–458.

Goldman, N. and Yang, Z. (1994): A codon-based model of nucleotide substitution for protein-coding DNA sequences. *Molecular Biology and Evolution*, **11**, 725–736.

Gonnet, G. H. *et al.* (1992): Exhaustive matching of the entire protein sequence database. *Science*, **256**, 1443–1445.

Gotoh, O. (1982): An improved algorithm for matching biological sequences. *Journal of Molecular Biology*, **162**, 705–708.

Grantham, R. *et al.* (1980): Codon catalog usage and the genome hypothesis. *Nucleic Acids Research*, **8**, r49–r62.

Griffiths, R. C. and Tavaré, S. (1994): Sampling theory for neutral alleles in a varying environment. *Philos. Trans. R. Soc. Lond. B.*, **344**, 403–410.

Gu, X. (1999): Statistical methods for testing functional divergence after gene duplication. *Molecular Biology and Evolution*, **16**, 1664–1674.

Gu, X. (2001): Maximum-likelihood approach for gene family evolution under functional divergence. *Molecular Biology and Evolution*, **18**, 453–464.

Hafner, M. S. *et al.* (1994): Disparate rates of molecular evolution in cospeciating hosts and parasites. *Science*, **265**, 1087–1090.

Harpending, H. C. *et al.* (1998): Genetic traces of ancient demography. *Proceedings of National Academy of Sciences, U. S. A.*, **95**, 1961–1967.

Hartl, D. L. and Clark, A. G. (1997): Principle of Population Genetics, Third edition. Sinauer Associates, Inc. Publisher: Massachusetts.

Hasegawa, M. *et al.* (1985): Dating of the human-ape splitting by a molecular clock of mitochondrial DNA. *Journal of Molecular Evolution*, **22**, 160–174.

長谷川政美，岸野洋久(1996)：分子系統学．岩波書店．

Hastings, W. K. (1970): Monte Carlo sampling methods using Markov chains and their applications. *Biometrika*, **57**, 97–109.

Hein, J. *et al.* (2000): Statistical alignment: Computational properties, homology testing and goodness-of-fit. *Journal of Molecular Biology*, **302**, 265–279.

Henikoff, S. and Henikoff, J. G. (1992): Amino acid substitution matrices from protein blocks. *Proceedings of National Academy of Sciences, U. S. A.*, **89**, 10915–10919.

Hill, W. G. (1974): Estimation of linkage disequilibrium in randomly mating populations. *Heredity*, **33**, 229–239.

Hirano, H. Y. *et al.* (1998): A single base change altered the regulation of the Waxy gene at the posttranscriptional level during the domestication of rice. *Molecular Biology and Evolution*, **15**, 978–987.

Horai, S. *et al.* (1995): Recent African origin of modern humans revealed by complete sequences of hominoid mitochondrial DNAs. *Proceedings of National Academy of Sciences, U. S. A.*, **92**, 532–536.

Hudson, R. R. *et al.* (2002): A test of neutral molecular evolution based on nucleotide data. *Genetics*, **116**, 153–159.

Hudson, R. R. (1990): Gene genealogies and the coalescent process. In D. Futuyma and J. Antonovics (eds): *Oxford Surveys in Evolutionary Biology*, **17**, 1–44.

Hudson, R. R. (2002): Generating samples under a Wright-Fisher neutral model. *Bioinformatics*, **18**, 337–338.

Huelsenbeck, J. P. *et al.* (2000): A compound Poisson process for relaxing the molecular clock. *Genetics*, **154**, 1879–1892.

Huelsenbeck, J. P. *et al.* (2000): A Bayesian framework for the analysis of cospeciation. *Evolution*, **54**, 352–364.

Hughes, A. L. and Nei, M. (1988): Pattern of nucleotide substitution at major histocompatibility complex class I loci reveals overdominant selection. *Nature*, **335**, 167–170.

Iglehart, D. L. (1972): Extreme values in the GI/G/1 queue. *Annals of Mathematical Statistics*, **43**, 627–635.

Ikemura, T. (1981): Correlation between the abundance of Escherichia coli transfer RNAs and the occurrence of the respective codons in its protein genes. *Journal of Molecular Biology*, **146**, 1–21.

Jones, D. T. *et al.* (1992): The rapid generation of mutation data matrices from protein sequences. *Comput. Appl. Biosci.*, **8**, 275–282.

Jukes, T. H. and Cantor, C. R. (1969): Evolution of protein molecules. In H. N. Munro (ed.): Mammalian Protein Metabolism. Academic Press: New York, pp. 21–32.

Kaessmann, H. *et al.* (1999): DNA sequence variation in a non-coding region of low recombination on the human X chromosome. *Nature Genetics*, **22**, 77–81.

鎌谷直之(編)(2001)：ポストゲノム時代の遺伝統計学. 羊土社.

Kao, C.-H. *et al.* (1999): Multiple interval mapping for quantitative trait loci *Genetics*, **152**, 1203–1216.

Kao, C.-H. and Zeng, Z.-B. (1997): General formulas for obtaining the MLEs and the asymptotic variance-covariance matrix in mapping quantitative trait loci when using the EM algorithm. *Biometrics*, **53**, 653–665.

Karlin, S. and Altschul, S. F. (1990): Methods for assessing the statistical significance of molecular sequence features by using general scoring schemes. *Proceedings of National Academy of Sciences, U. S. A.*, **87**, 2264–2268.

Karlin, S. *et al.* (1990): Statistical composition of high-scoring segments from molecular sequences. *Annals of Statistics*, **18**, 571–581.

Kingman, J. F. C. (1982): On the genealogy of large populations. *Journal of Applied Probability*, **18A** (Suppl.), 27–43.

Kijak, G. H. *et al.* (2002): Origin of human immunodeficiency virus type 1 quasispecies emerging after antiretroviral treatment interruption in patients with therapeutic failure. *Journal of Virology*, **76**, 7000–7009.

Kimura, M. (1968): Evolutionary rate at molecular level. *Nature*, **217**, 624–626.

Kimura, M. (1980): A simple method for estimating evolutionary rate of base substitutions through comparative studies of nucleotide sequences. *Journal of Molecular Evolution*, **16**, 111–120.

Kimura, M. (1983): The neutral theory of molecular evolution. Cambridge University Press.

Kishino, H. and Hasegawa, M. (1989): Evaluation of the maximum likelihood estimate of the evolutionary tree topologies from DNA sequence data. *Journal of Molecular Evolution*, **29**, 170–179.

Kishino, H. *et al.* (1990): Maximum likelihood inference of protein phylogeny and the origin of chloroplasts. *Journal of Molecular Evolution*, **31**, 151–160.

Kishino, H. *et al.* (2001): Performance of a divergence time estimation method under a probabilistic model of rate evolution. *Molecular Biology and Evolution*, **18**, 352–361.

岸野洋久(2001)：生のデータを料理する：統計科学における調査とモデル化(増補版)．日本評論社．

Kitada, S. *et al.* (2000): Empirical Bayes procedure for estimating genetic distance between populations and effective population size. *Genetics*, **156**, 2063–2079.

Knudsen, B. and Miyamoto, M. M. (2001): A likelihood ratio test for evolutionary rate shifts and functional divergence among proteins. *Proceedings of National Academy of Sciences, U. S. A.*, **98**, 14512–14517.

Kondrashov, F. A. *et al.* (2002): Selection in the evolution of gene duplications. *Genome Biology*, **3**, research 0008.1–0008.9.

Korber, B. *et al.* (2000): Timing the ancestor of the HIV-1 pandemic strains. *Science*, **288**, 1789–1796.

Korstanje, R. and Paigen, B. (2002): From QTL to gene: The harvest begins. *Nature Genetics*, **31**, 235–236.

Kruglyak, L. (1999): Prospects for whole-genome linkage disequilibrium mapping of common disease genes. *Nature Genetics*, **22**, 139–144.

Kuhner, M. K. *et al.* (1995): Estimating effective population size and mutation rate from sequence data using Metropolis-Hastings sampling. *Genetics*, **140**, 1421–1430.

Kuhner, M. K. *et al.* (1998): Maximum likelihood estimation of population growth rates based on the coalescent. *Genetics*, **149**, 429–434.

Lander, E. S. and Botstein, D. (1989): Mapping mendelian factors underlying quantitative traits using RFLP linkage maps. *Genetics*, **121**, 185–199.

Lander, E. S. and Green, P. (1987): Construction of multilocus genetic linkage maps in humans. *Proceedings of National Academy of Sciences, U. S. A.*, **84**, 2363–2367.

Linhart, H. (1988): A test whether two AIC's differ significantly. *South African Statistical Journal*, **22**, 153–161.

Lipman, D. J. and Pearson, W. R. (1985): Rapid and sensitive protein similarity searches. *Science*, **227**, 1435–1441.

Luo, D. *et al.* (1996): Origin of floral asymmetry in Antirrhinum. *Nature*, **383**, 794–799.

Luo, Z. W. *et al.* (2002): Precision and high-resolution mapping of quantitative trait loci by use of recurrent selection, backcross or intercross schemes *Genetics*, **161**, 915–929.

Lutzoni, F. and Pagel, M. (1997): Accelerated evolution as a consequence of transitions to mutualism. *Proceedings of National Academy of Sciences, U. S. A.*, **94**, 11422–11427.

Lynch, M. and Conery, J. S. (2000): The evolutionary fate and consequences of duplicate genes. *Science*, **290**, 1151–1155.

Lynch, M. and Force, A. (2000): The probability of duplicate gene preservation by subfunctionalization. *Genetics*, **154**, 459–473.

McDonald, J. H. and Kreitman, M. (1991): Adaptive protein evolution at the *Adh* locus in *Drosophila*. *Nature*, **351**, 652–654.

Metropolis, N. *et al.* (1953): Equations of state calculations by fast computing machines. *J. Chem. Phys.*, **21**, 1087–1092.

Meuwissen, T. H. E. *et al.* (2002): Fine mapping of a quantitative trait locus for twinning rate using combined linkage and linkage disequilibrium mapping. *Genetics*, **161**, 373–379.

Miyata, T. and Yasunaga, T. (1980): Molecular evolution of mRNA: A method for estimating evolutionary rates of synonymous and amino acid substitutions from homologous nucleotide sequences and its application. *Journal of Molecular Evolution*, **16**, 23–36.

Mizuno, H. *et al.* (2001): ORI-GENE: Gene classification based on the evolutionary tree. *Bioinformatics*, **17**, 167–173.

Moran, N. A. (2002): Microbial minimalism: Genome reduction in bacterial pathogens. *Cell*, **108**, 583–586.

Muse, S. V. and Gaut, B. S. (1994): A likelihood approach for comparing synonymous and nonsynonymous nucleotide substitution rates, with application to the chloroplast genome. *Molecular Biology and Evolution*, **11**, 715–724.

Muse, S. V. and Weir, B. S. (1992): Testing for equality of evolutionary rates. *Genetics*, **132**, 269–276.

Nadeau, J. H. and Frankel, W. N. (2000): The roads from phenotypic variation to gene discovery: mutagenesis versus QTLs. *Nature Genetics*, **25**, 381–384.

Nadeau, J. H. *et al.* (2000): Analysing complex genetic traits with chromosome substitution strains. *Nature Genetics*, **24**, 221–225.

Nakamichi, R. *et al.* (2001): Detection of closely linked multiple quantitative trait loci using a genetic algorithm. *Genetics*, **158**, 463–475.

Needleman, S. B. and Wunsch, C. D. (1970): A general method applicable to the search for similarities in the amino acid sequence of two proteins. *Journal of Molecular Biology*, **48**, 443-453.

Nei, M. and Li, W.-H. (1979): Mathematical model for studying genetic variation in terms of restriction endonucleases. *Proceedings of National Academy of Sciences, U. S. A.*, **76**, 5269-5273.

根井正利(1990): 分子進化遺伝学(五條掘孝・斎藤成也訳). 培風館.

Neuhauser, C. and Krone, S. M. (1997): The Genealogy of samples in models with selection. *Genetics*, **145**, 519-534.

Nielsen, R. and Yang Z. (1998): Likelihood models for detecting positively selected amino acid sites and applications to the HIV-1 envelope gene. *Genetics*, **148**, 929-936.

Mitra, R. D. *et al.* (2003): Digital genotyping and haplotyping with polymerase colonies. *Proceedings of National Academy of Sciences, U. S. A.*, **100**, 5926-5931.

Nowak, M. A. *et al.* (1997): Evolution of genetic redundancy. *Nature*, **388**, 167-170.

Ochman, H. and Moran, N. A. (2001): Gene lost and gene found: Evolution of bacterial pathogenesis and symbiosis. *Science*, **292**, 1096-1098.

Ohno, S. (1970): Evolution by Gene Duplication. Springer-Verlag: Berlin.

Ohta, T. (1976): Role of very slightly deleterious mutations in molecular evolution and polymorphism. *Theoretical Population Biology*, **10**, 254-275.

Ohta, T. (1987): Simulating evolution by gene duplication. *Genetics*, **115**, 207-213.

Ohta, T. (1988): Time for acquiring a new gene by duplication. *Proceedings of National Academy of Sciences, U. S. A.*, **85**, 3509-3512.

Olsen, K. M. *et al.* (2002): Contrasting evolutionary forces in the *Arabidopsis thaliana* floral developmental pathway. *Genetics*, **160**, 1641-1650.

Olson, M. V. (1999): When less is more: gene loss as an engine of evolutionary change. *American Journal of Human Genetetics*, **64**, 18-23.

Pagel, M. (1994): Detecting correlated evolution on phylogenies: a general method for the comparative analysis of discrete characters. *Proc. R. Soc. Lond.*, **B 255**, 37-45.

Pannell, J. R. and Charlesworth, B. (2000): Effects of metapopulation processes on measures of genetic diversity. *Phil. Trans. R. Soc. Lond. B.*, **355**, 1851-1864.

Paterson, A. H. *et al.* (1988): Resolution of quantitative traits into Mendelian factors by using a complete linkage map of restriction fragment length polymorphisms. *Nature*, **335**, 721-726.

Paterson, A. H. *et al.* (1995): Convergent domestication of cereal crops by independent mutations at corresponding genetic loci. *Science*, **269**, 1714–1718.

Pawlotsky, J.-M. *et al.* (1999): Evolution of the hepatitis C virus second envelope protein hypervariable region in chronically infected patients receiving alpha interferon therapy. *Journal of Virology*, **73**, 6490–6499.

Pazos, F. *et al.* (1997): Correlated mutations contain information about protein-protein interaction. *Journal of Molecular Biology*, **271**, 511–523.

Pazos, F. and Valencia, A. (2001): Similarity of phylogenetic trees as indicator of protein-protein interaction. *Protein Engineering*, **14**, 609–614.

Pearson, W. R. and Lipman, D. J. (1988): Improved tools for biological sequence comparison. *Proceedings of National Academy of Sciences, U. S. A.*, **85**, 2444–2448.

Pellegrini, M. *et al.* (1999): Assigning protein functions by comparative genome analysis: Protein phylogenetic profiles. *Proceedings of National Academy of Sciences, U. S. A.*, **96**, 4285–4288.

Pritchard, J. K. *et al.* (2000a): Inference of population structure using multilocus genotype data. *Genetics*, **155**, 945–959.

Pritchard, J. K. *et al.* (2000b): Association mapping in structured populations. *American Journal of Humman Genetics*, **67**, 170–181.

Punt, A. E. *et al.* (1995): On the use of allele frequency data to provide estimates of the extent of mixing between the various North Pacific minke whale stocks. *Rep. Int. Whal. Commun.*, **45**, 293–302.

Pybus, O. G. *et al.* (2000): An integrated framework for the inference of viral population history from reconstructed genealogies. *Genetics*, **155**, 1429–1437.

Rambaut, A. (2000): Estimating the rate of molecular evolution: Incorporating non-contemporaneous sequences into maximum likelihood phylogenies. *Bioinformatics*, **16**, 395–399.

Rannala, B. and Reeve, J. P. (2001): High-resolution multipoint linkage-disequilibrium mapping in the context of a human genome squence. *The American Journal of Human Genetics*, **69**, 159–178.

Rausher, M. D. *et al.* (1999): Patterns of evolutionary rate variation among genes of the anthocyanin biosynthetic pathway. *Molecular Biology and Evolution*, **16**, 266–274.

Rosenberg, N. A. *et al.* (2002): Genetic structure of human populations. *Science*, **298**, 2381–2385.

Saitou, N. and Nei, M. (1987): The neighbor-joining method: A new method for reconstructing phylogenetic trees. *Molecular Biology and Evolution*, **4**, 406–425.

Schadt, E. E. *et al.* (2003): Genetics of gene expression surveyed in maize, mouse and man. *Nature*, **422**, 297–302.

Scholl, E. H. *et al.* (2003): Horizontally transferred genes in plant-parasitic nematodes: A high-throughput genomic approach. *Genome Biology*, **4**, R39.

Seo, T.-K. *et al.* (2002a): A viral sampling design for testing the molecular clock and for estimating evolutionary rates and divergence times. *Bioinformatics*, **18**, 115–123.

Seo, T.-K. *et al.* (2002b): Estimation of effective population size of HIV-1 within a host: A pseudo-maximum likelihood approach. *Genetics*, **160**, 1283–1293.

Shankarappa, R. *et al.* (1999): Consistent viral evolutionary changes associated with the progression of human immunodeficiency virus type 1 infection. *Journal of Virology*, **73**, 10489–10502.

Shimodaira, H. and Hasegawa, M. (1999): Multiple comparisons of log-likelihoods with applications to phylogenetic inference. *Molecular Biology and Evolution*, **16**, 1114–1116.

Shimodaira, H. (2002): An approximately unbiased test of phylogenetic tree selection. *Systematic Biology*, **51**, 492–508.

Shindryalov, I. N. *et al.* (1994): Can three-dimensional contacts in protein structures be predicted by analysis of correlated mutations? *Protein Engineering*, **7**, 349–358.

Sillanpää, M. J. and Arjas, E. (1998): Bayesian mapping of multiple quantitative trait loci from incomplete inbred line cross data. *Genetics*, **148**, 1373–1388.

Sillanpää, M. J. and Arjas, E. (1999): Bayesian mapping of multiple quantitative trait loci from incomplete outbred offspring data. *Genetics*, **151**, 1605–1619.

Slatkin, M. and Hudson, R. R. (1991): Pairwise comparisons of mitochondrial DNA sequences in stable and exponentially growing populations. *Genetics*, **129**, 555–562.

Smouse, P. E. *et al.* (1990): A genetic mixture analysis for use with incomplete source population-data. *Canadian Journal of Fisheries and Aquatic Sciences*, **47**, 620–634.

Snel, B. *et al.* (1999): Genome phylogeny based on gene content. *Nature Genetics*, **21**, 108–110.

Soller, M. *et al.* (1976): On the power of experimental designs for the detection of linkage between marker loci and quantitative loci in crosses between inbred lines. *Theoretical and Applied Genetics*, **47**, 35–39.

Spielman, R. S. *et al.* (1993): Transmission test for linkage disequilibrium: The insulin gene region and insulin-dependent diabetes mellitus (IDDM). *American Journal of Human Genetics*, **52**, 506–516.

Swanson, W. J. and Vacquier, V. D. (1995): Extraordinary divergence and positive Darwinian selection in a fusagenic protein coating the acrosomal process of abalone spermatozoa. *Proceedings of National Academy of Sciences, U. S. A.*, **92**, 4957-4961.

Tachida, H. (1991): A study on a nearly neutral mutation model in finite populations. *Genetics*, **128**, 183-192.

Tajima, F. (1983): Evolutionary relationship of DNA sequences in finite populations. *Genetics*, **105**, 437-460.

Tajima, F. (1989): Statistical method for testing the neutral mutation hypothesis by DNA polymorphism. *Genetics*, **123**, 585-595.

Tajima, F. (1993): Simple methods for testing the molecular evolutionary clock hypothesis. *Genetics*, **135**, 599-607.

Takahata, N. and Nei, M. (1985): Gene genealogy and variance of interpopulational nucleotide differences. *Genetics*, **110**, 325-344.

Tamura, K. and Nei, M. (1993): Estimation of the number of nucleotide substitutions in the control region of mitochondrial DNA in humans and chimpanzees. *Molecular Biology and Evolution*, **10**, 512-526.

Tanaka, Y. *et al.* (2002): A comparison of the molecular clock of hepatitis C virus in the United States and Japan predicts that hepatocellular carcinoma incidence in the United States will increase over the next two decades. *Proceedings of National Academy of Sciences, U. S. A.*, **99**, 15584-15589.

Thompson, E. A. (1981): Optimal sampling for pedigree analysis: Sequential schemes for sibships. *Biometrics*, **37**, 313-325.

Thorne, J. L. and Churchill, G. A. (1995): Estimation and reliability of molecular sequence alignments. *Biometrics*, **51**, 100-113.

Thorne, J. L. *et al.* (1996): Combining protein evolution and secondary structure. *Molecular Biology and Evolution*, **13**, 666-673.

Thorne, J. L. and Kishino, H. (2002): Divergence time and evolutionary rate estimation with multilocus data. *Syst. Biol.*, **51**, 689-702.

Thorne, J. L. *et al.* (1991): An evolutionary model for maximum likelihood alignment of DNA sequences. *Journal of Molecular Evolution*, **33**, 114-124.

Thorne, J. L. *et al.* (1998): Estimating the rate of evolution of the rate of molecular evolution. *Molecular Biology and Evolution*, **15**, 1647-1657.

Thornsberry, J. M. *et al.* (2001): Dwarf8 polymorphisms associate with variation in flowering time. *Nature Genetics*, **28**, 286-289.

鵜飼保雄(2000): ゲノムレベルの遺伝解析：MAP と QTL. 東京大学出版会.

Vigouroux, Y. *et al.* (2002): Identifying genes of agronomic importance in maize by screening microsatellites for evidence of selection during domestication. *Proceedings of National Academy of Sciences, U. S. A.*, **99**, 9650-9655.

Vogl, C. and Xu, S. (2000): Multipoint mapping of viability and segregation distorting loci using molecular markers. *Genetics*, **155**, 1439-1447.

Vuong, Q. H. (1989): Likelihood ratio tests for model selection and non-nested hypotheses. *Econometrica*, **57**, 307–333.

Wang, R. L. *et al.* (1999): The limits of selection during maize domestication. *Nature*, **398**, 236–239.

Watterson, G. A. (1975): On the number of segregating sites in genetical models without recombination. *Theoretical Population Biology*, **7**, 256–276.

Weber, J. L. and Myers, E. W. (1997): Human whole-genome shotgun sequencing. *Genome Research*, **7**, 401–409.

Whitt, S. R. *et al.* (2002): Genetic diversity and selection in the maize starch pathway. *Proceedings of National Academy of Sciences, U. S. A.*, **99**, 12959–12962.

Wu, R. and Zeng, Z.-B. (2001): Joint linkage and linkage disequilibrium mapping in natural populations. *Genetics*, **157**, 899–909.

Wu, R. *et al.* (2002): Joint linkage and linkage disequilibrium mapping of quantitative trait loci in natural populations. *Genetics*, **160**, 779–792.

Xu, S. (2003): Estimating polygenic effects using markers of entire genome. *Genetics*, **163**, 789–801.

Yamaguchi, Y. and Gojobori, T. (1997): Evolutionary mechanisms and population dynamics of the third variable envelope region of HIV within single hosts. *Proceedings of National Academy of Sciences, U. S. A.*, **94**, 1264–1269.

Yang, Z. (1993): Maximum-likelihood estimation of phylogeny from DNA sequences when substitution rates differ over sites. *Molecular Biology and Evolution*, **10**, 1396–1401.

Yang, Z. *et al.* (1995): A new method of inference of ancestral nucleotide and amino acid sequences *Genetics*, **141**, 1641–1650.

Yang, Z. *et al.* (2000): Codon-substitution models for heterogeneous selection pressure at amino acid sites. *Genetics*, **155**, 431–449.

Yi, N. and Xu, S. (2000): Bayesian mapping of quantitative trait loci under complicated mating designs. *Genetics*, **157**, 1759–1771.

Zeng, Z.-B. (1994): Precision mapping of quantitative trait loci. *Genetics*, **136**, 1457–1468.

Zhang, J. *et al.* (1998): Positive Darwinian selection after gene duplication in primate ribonuclease genes *Proceedings of National Academy of Sciences, U. S. A.*, **95**, 3708–3713.

Zhang, J. and Rosenberg, H. F. (2002): Complementary advantageous substitutions in the evolution of an antiviral RNase of higher primates. *Proceedings of National Academy of Sciences, U. S. A.*, **99**, 5486–5491.

Zhou, Z. and Zheng, S. (2003): The missing link in Ginkgo evolution. *Nature*, **423**, 821–822.

II

確率モデルによる配列情報解析

浅井潔

目　次

生物配列に含まれる情報は生物の設計図の役割を果たしているが，その多様性は進化の長い歴史における突然変異の蓄積によって獲得されたものである．突然変異は遺伝情報を担う生物配列における確率的な出来事であり，また，生物配列にはその機能，構造に応じた統計的特徴があるから，それらを柔軟に扱うための統計的枠組みが必要とされている．

本書第II部では，生物配列の統計的性質を確率モデルとよばれる統一的枠組みで取扱う．たとえば，ヒトなどの高等動物を含む真核生物のDNA配列上に点在する遺伝子には，タンパク質に翻訳される部分(エキソン)と，切り取られて捨てられる部分(イントロン)がモザイク上に並んでいる．つまり，4種類の塩基による文字列の背後には，隠れた本質が存在しているのである．

生物配列の確率モデルでは，「隠れた本質」のことを隠れ状態，文字列のことを出力とよぶ．隠れ状態に関する確率的規則が状態遷移モデルであり，各隠れ状態からどのような文字列が観察されるかは出力確率で決まる．隠れマルコフモデル(HMM)を中心とした確率モデルを用いた生物配列の解析では，1990年代初頭の先駆的な発表(浅井ら，1991)以来，日本のグループが多くの印象的な業績を残している．本書が，日本でこの分野を学ぶ方々の助けになれば幸いである．

第II部の構成は，以下のとおりである．第1章では生物配列の基本的な統計的性質と配列アラインメント，およびそのスコアの統計的意味について述べる．第2章では状態遷移モデルがマルコフ過程である確率モデル，隠れマルコフモデル(HMM)を導入し，第3章でその応用について述べる．第4章では変形文法の一種である文脈自由文法を確率化した確率文脈自由文法(SCFG)と，そのRNA配列への適用について解説する．最後に，第5章では確率モデル上のカーネル法という新しい考え方に基づく配列解析を導入する．

1 生物配列

生物の基本構成単位は細胞であるが，その遺伝情報の主体は細胞内**DNA**であり，その全体をゲノムとよんでいる．遺伝情報を担うDNAは，細胞内で2重らせん構造をとり，環状や染色体の形で存在している．DNAの遺伝情報はその一部が**RNA**として転写され，あるものは構造RNAとしてその機能を担い，あるものはさらにタンパク質に翻訳されてその機能を発揮する．

DNA，RNA，タンパク質とそれぞれ総称されるこれらの生体高分子は，さまざまな構造や機能を担っているが，有限種類の要素(4種類の塩基や20種類のアミノ酸)が直鎖状につながり，それがさらに折りたたまって存在するという，重要な共通点をもっている．直鎖を構成する要素を記号化し，1次元の記号列と考えるとき，DNA，RNAの塩基配列，タンパク質のアミノ酸配列などとよび，これらを総称して生物配列(遺伝的配列)とよんでいる．本書で扱う遺伝情報は主にこれら生物配列の文字列情報である．

生物の遺伝的情報はこれらの生物配列の中に蓄えられ，あるいは写し取られたり切り取られたりして生物の活動を担っている．もちろん，これらの「文字列」は，その背後にDNA，RNA，タンパク質としての実体があるから，単なる記号列として解釈しさえすれば生命の秘密が解明されるといった単純な問題ではない．しかし，記号化された生物配列は，1次元の文字列として扱うことができるから，文字列に関するあらゆる理論，統計処理が適用可能である．

1.1 塩基配列とタンパク質配列

DNA，RNAの塩基配列の情報を担う構成要素はA，C，G，T(U)の4

文字で表わされる 4 種類の塩基[*1]であり，タンパク質のアミノ酸配列の情報を担う構成要素は A, C, D, E, F, G, H, I, K, L, M, N, P, Q, R, S, T, V, W, Y の 20 文字で表わされる 20 種類のアミノ酸である(表 1)．今後，本書では DNA，RNA の塩基配列，タンパク質のアミノ酸配列のことを，単に **DNA 配列**，**RNA 配列**，**タンパク質配列**などとよび，これらを総称して**生物配列**とよぶ．また，数式中などでは，塩基は英小文字で表記することにする．

表 1　20 種類のアミノ酸名とその 1 文字記号，3 文字記号．あえて 1 文字記号のアルファベット順に表記した．

1 文字記号	3 文字記号	和名	英語名
A	Ala	アラニン	Alanine
C	Cys	システイン	Cysteine
D	Asp	アスパラギン酸	Aspartic Acid
E	Glu	グルタミン酸	Glutamic Acid
F	Phe	フェニルアラニン	Phenylalanine
G	Gly	グリシン	Glycine
H	His	ヒスチジン	Histidine
I	Ile	イソロイシン	Isoleucine
K	Lys	リジン	Lysine
L	Leu	ロイシン	Leucine
M	Met	メチオニン	Methionine
N	Asn	アスパラギン	Asparagine
P	Pro	プロリン	Proline
Q	Gln	グルタミン	Glutamine
R	Arg	アルギニン	Arginine
S	Ser	セリン	Serine
T	Thr	スレオニン	Threonine
V	Val	バリン	Valine
W	Trp	トリプトファン	Tryptophan
Y	Tyr	チロシン	Tyrosine

アルファベット Σ 上の有限長の文字列の集合を Σ^* とする．文字列 $x \in \Sigma^*$ が生物配列であれば，Σ は以下の 3 つのいずれかである．

---

*1　文字の実体は，DNA では A(アデニン)，C(シトシン)，G(グアニン)，T(チミン)の 4 種類の塩基であり，RNA では T(チミン)の代わりに U(ウラシル)が使われる．

DNA 塩基の集合: $\Sigma_D = \{a, c, g, t\}$ (1)

RNA 塩基の集合: $\Sigma_R = \{a, c, g, u\}$ (2)

アミノ酸残基の集合: Σ_P

$$= \{A, C, D, E, F, G, H, I, K, L, M, N, P, Q, R, S, T, V, W, Y\} \quad (3)$$

塩基配列において重要な点は，その構成要素である 4 種類の塩基が互いに相補的な関係にある塩基*2と相補対を形成し，その性質を利用して複写が容易に行われる点である．複写には，DNA が自分自身の複製を作る場合や，遺伝子など DNA の一部が RNA に転写される場合がある．

塩基配列の内容は遺伝情報として生体内で読み取られて利用されるが，読まれるときにはその方向が決まっている．そこで，DNA，RNA を構成するヌクレオチドが直鎖上に重合するときの，5 炭糖の化学的な位置にちなんだ名前で，5′ 側から 3′ 側という方向に，塩基配列の向きが決められた．DNA 塩基配列上でその位置より 5′ 側の部分を上流とよび，3′ 側の部分を下流とよぶ．

DNA では，相補対を形成する塩基が互いに向き合って 2 重らせんを形成している．DNA 2 重らせんの立体構造は塩基配列の内容にほぼ無関係に一定である．相補的な文字列は，図 1 に示すように，互いに逆向きに読まれるように 2 重らせんを構成している．このような一対の配列の一方を，もう一方に対する逆相補的配列とよぶ．

塩基 x に対する相補塩基を $\bar{x}$ と書くとき，塩基配列 $\boldsymbol{x} = x_1 x_2 \cdots x_n$, の逆相

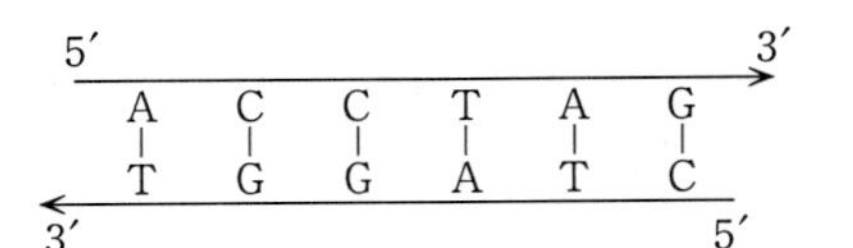

図 1　DNA 2 本鎖の形成する相補塩基対．遺伝情報が読まれる 5′ から 3′ の方向に矢印をつけた．片方の文字列が ACCTAG と並んでいれば，最初の塩基 A と対応する相補的な塩基は T，次の塩基 C と対応する塩基は G，最後の塩基 G に対応する塩基は C なのであるが，もう一方の鎖の読まれる向きは逆なので，文字列としては，CTAGGT と解釈されるのである．

*2　DNA では A と T，C と G が相補的である．RNA では T の代わりに U が使われる．

補配列は，$\bar{\boldsymbol{x}} = \bar{x}_n\bar{x}_{n-1}\cdots\bar{x}_2\bar{x}_1$ と書くことができる．ただし，DNA 塩基では，$\bar{\mathrm{A}}=\mathrm{T}$，$\bar{\mathrm{T}}=\mathrm{A}$，$\bar{\mathrm{C}}=\mathrm{G}$，$\bar{\mathrm{G}}=\mathrm{C}$，RNA の場合は，$\bar{\mathrm{A}}=\mathrm{U}$，$\bar{\mathrm{U}}=\mathrm{A}$，$\bar{\mathrm{C}}=\mathrm{G}$，$\bar{\mathrm{G}}=\mathrm{C}$ である．

ゲノム中のDNA 塩基配列に点在する遺伝子は，DNA 塩基配列と逆相補的な mRNA の塩基配列として転写され，真核生物の場合はスプライシングという切り貼り*3を経て，**mRNA** の塩基配列は塩基 3 文字ごとに 1 個のアミノ酸に翻訳されてタンパク質配列となり，直鎖状のタンパク質は折りたたまってそれぞれの機能を発揮する．mRNA に転写される遺伝子部分の上流には，転写を開始するための情報が書かれたプロモータや，その遺伝子の転写のタイミングや量を制御するための情報が含まれている．多くの場合，特定の DNA 塩基配列のパターンを認識して相互作用するタンパク質がその制御に介在している．

DNA 塩基配列の別の部分には，転写はされるがタンパク質には翻訳されず，特定の機能を担う RNA の情報が含まれている．これらの RNA は通常 1 本鎖で存在するが，1 本鎖が折りたたまってそれ自身が局所的に相補塩基対を作って二次構造を形成している．これらの RNA は機能 RNA とよばれ，多くはきわめて重要な機能を担っている．mRNA からタンパク質への翻訳に欠かすことのできない tRNA は，機能 RNA の一例である．

一方，タンパク質は一列の直鎖上につながった 20 種類のアミノ酸から構成されているが，直鎖上のタンパク質配列にも方向性があり，アミノ酸の NH 基側を N 末端，その反対側を C 末端とよんでいる．RNA のアミノ酸への翻訳は N 末端側から C 末端側に向けておこるから，タンパク質のアミノ酸配列においては，ある位置より N 末端側を上流，C 末端側を下流とよぶ．それぞれのアミノ酸の物理的な特性は異なっており，配列の異なるタンパク質はそれぞれ独特の立体構造をとってその機能を担っている．タンパク質の機能は，アミノ酸の並びそのものではなく，その立体構造と個々のアミノ酸の物理的な性質によって決まってくる．立体構造を決定する要因は，相補対を構成する塩基の局所構造と比べるとはるかに複雑で，文字

*3　DNA から転写された RNA のうち，イントロンとよばれる部分配列が切り取られ，エキソンとよばれる残りの部分配列がつなぎ合わされて mRNA となる．

列の処理だけで立体構造を解明することには限界がある．

本書第II部では以降，生物配列を $\boldsymbol{x} = x_1 x_2 \cdots x_n$ などと記し，その文字列の i 番目から j 番目までの部分文字列を $\boldsymbol{x}_{(i,j)} = x_i x_{i+1} \cdots x_j$ などと記す．

1.2　配列の統計的特徴

生物配列には，その背後に DNA が mRNA に転写されるために必要な情報，真核生物の mRNA がスプライシングされるための情報，遺伝子の塩基配列に 3 文字ずつコードされたタンパク質の配列情報などさまざまな情報が隠れている．これらの情報構造についての知識があれば，後で触れるより高度な確率モデルによる解析やラベルづけが可能となる．

しかしながら，文字列としての配列を前にしてまず行うべき解析は，A, C, G, T の組成や文字列としての周期性を調べたり，特定の長さの文字列の頻度を調べ，頻出する「単語」を発見したりすることであろう．

(a)　文字の出現頻度

配列の統計的特徴としてもっとも単純なものは，文字の出現頻度である．DNA 塩基配列の場合，4 種類の塩基の出現頻度にはさまざまな統計的偏りがあることが知られている．A–T，G–C が相補対をなすゲノムを巨視的に見た場合，AT の比率(AT 含量)の大きな領域と，GC の比率(GC 含量)の大きな領域があることが知られている．図 2 に，GC 含量と遺伝子の位置との関係の一例を示した．多くの場合，GC 含量の大きな部分に遺伝子が存在することが知られている．

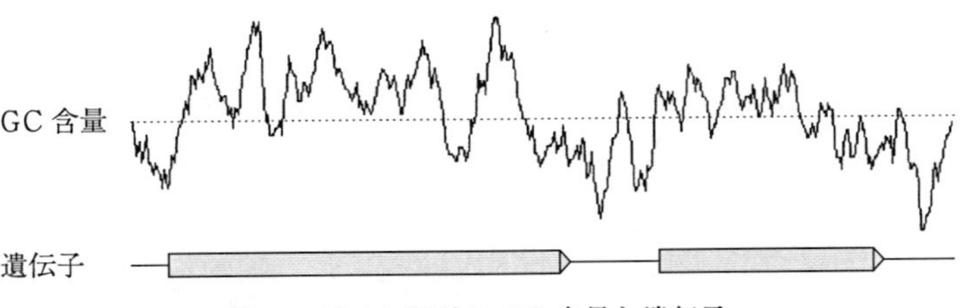

図 2　ゲノム配列の GC 含量と遺伝子

タンパク質配列においても，20 種類のアミノ酸のそれぞれの出現頻度には，大きな偏りがある．図 3(a)に，大腸菌の全遺伝子中のアミノ酸出現頻度を示す．アラニン(A)，ロイシン(L)などは出現頻度が高く，システイン(C)，トリプトファン(W)などはまれにしか現われない．

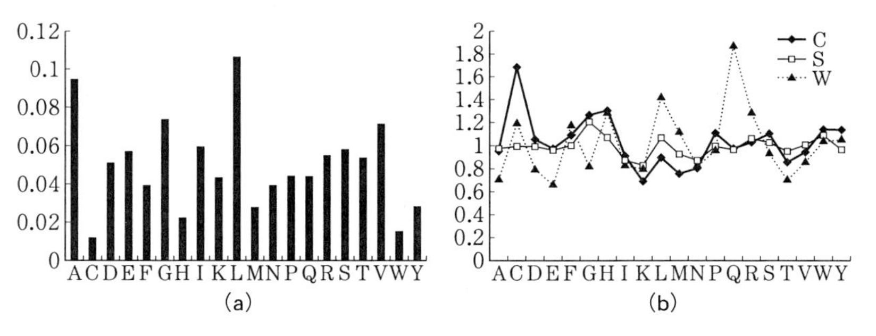

図 3 (a)大腸菌全遺伝子におけるアミノ酸の出現頻度．(b)システイン(C)，セリン(S)，トリプトファン(W)に続く 20 種類のアミノ酸の出現頻度を，単独で現われる頻度で正規化した値．

アミノ酸はその種類ごとに異なる側鎖とよばれる構造をもっている．側鎖の性質によって，物理化学的な特質が異なっているので，たとえば，細胞膜を貫通して存在する膜タンパク質の膜貫通部位は疎水性のアミノ酸がかたまっている*4，といった偏りがある．膜タンパク質における膜貫通部位のもっとも単純な予測法の 1 つは，連続 20 文字程度のアミノ酸の平均疎水性値が一定値を超える部分を抽出するというものである．

配列上隣り合った 2 個のアミノ酸は，その局所構造上の制約によって立体構造に影響を与えるので，アミノ酸 2 個の出現頻度にも大きな偏りがある．図 3(b)に，単独のアミノ酸の出現頻度で正規化した隣接アミノ酸 2 個組の出現頻度の一部を示す．連続 2 個のアミノ酸の統計は，タンパク質の局所構造である，α ヘリックス，β シートなどの二次構造ごとに大きく異なっており，タンパク質の二次構造予測における重要なパラメータである．

文字の出現頻度は，2 個組にとどまらず，より長い文字列の出現頻度に

*4 細胞の内部，外部には水が満ちているが，細胞膜は脂質でできているので，膜タンパク質では膜貫通部分に疎水性のアミノ酸，その他の部分に親水性のアミノ酸がかたまっている．

も，偏りがある．DNA 配列上の遺伝子のタンパク質コード領域では，コドンとよばれる 3 文字ずつがアミノ酸に翻訳される．1 種類のアミノ酸のコードには最大 6 種類のコドンが対応し，その対応関係はほぼすべての生物で共通である．しかし，それぞれのコドンの使用頻度には，生物種に特有な偏りがあることが知られている．このため 3 塩基ごとの頻度を調べれば，コード領域と非コード領域をある程度区別できる*5．図 4 に，大腸菌のコドンの使用頻度と対応するアミノ酸を示す．

Phe	UUU	0.45	Gly	GGU	0.16	Tyr	UAU	0.44	*	UAA	0.26
	UUC	0.55		GGC	0.34		UAC	0.56		UAG	0.20
Leu	UUA	0.07		GGA	0.25	Cys	UGU	0.45		UGA	0.54
	UUG	0.13		GGG	0.25		UGC	0.55	Trp	UGG	
	CUU	0.13	Pro	CCU	0.28	His	CAU	0.41	Ser	UCU	0.18
	CUC	0.20		CCC	0.33		CAC	0.59		UCC	0.22
	CUA	0.08		CCA	0.27	Gln	CAA	0.26		UCA	0.15
	CUG	0.40		CCG	0.11		CAG	0.74		UCG	0.06
Ile	AUU	0.35	Thr	ACU	0.24	Asn	AAU	0.46		AGU	0.15
	AUC	0.48		ACC	0.36		AAC	0.54		AGC	0.24
	AUA	0.17		ACA	0.28	Lys	AAA	0.43	Arg	AGA	0.20
Met	AUG			ACG	0.11		AAG	0.57		AGG	0.20
Val	GUU	0.18	Ala	GCU	0.26	Asp	GAU	0.46		CGU	0.08
	GUC	0.24		GCC	0.40		GAC	0.54		CGC	0.19
	GUA	0.12		GCA	0.23	Glu	GAA	0.42		CGA	0.11
	GUG	0.46		GCG	0.11		GAG	0.58		CGG	0.21

図 4 大腸菌全遺伝子におけるコドンの使用頻度

(b) モチーフ

より長い文字列については，その膨大な可能性*6のそれぞれの出現頻度を数えるというより，特定の意味をもつ配列パターンを発見することに意味があり，またその配列パターンがどの位置に現われるかがきわめて重要である．より短い文字列であっても，タンパク質翻訳の開始コドン(多くの場合は ATG)，終止コドン(TAA，TAG，TGA)，遺伝子のイントロン，エキソン境界の GT-AG ルール*7などはシグナルとよばれている．また，配

*5 3.3 節で後述するように，現在の多くの遺伝子領域予測システムは，より精密なコード領域らしさのスコアとして，塩基の連続 6 文字までの統計を用いている．

*6 アルファベットの数 n，長さ L の文字列は，n^L の可能性がある．

*7 ほとんどの場合，イントロンは GT で始まり AG で終わる．

列中で，重要な構造，機能をもつ共通のパターンをモチーフとよんでいる．

DNA 塩基配列には，mRNA へ転写が開始される部分[*8]の上流に転写開始を促す領域があり，プロモータとよばれている．プロモータには，特定の文字列のパターンが存在することが多く，たとえばヒトなどの真核生物のプロモータでの頻出の配列パターンには，TATA ボックス[*9]や CAAT ボックス[*10]などがある．

モチーフは，確定的な文字列というよりも，多少のバリエーションをもった類似の文字列である場合が多い．タンパク質モチーフのデータベースとして使われてきた PROSITE(Bairoch *et al.*, 1997)は，モチーフの配列としての多様性を正規表現で表わしたものである．たとえば，C2H2 型のジンクフィンガー(zinc finger)とよばれるモチーフ(図 5)の PROSITE パターンは，以下のようなものである．

```
C−x(2,4)−C−x(3)−[LIVMFYWC]−x(8)−H−x(3,5)−H
```

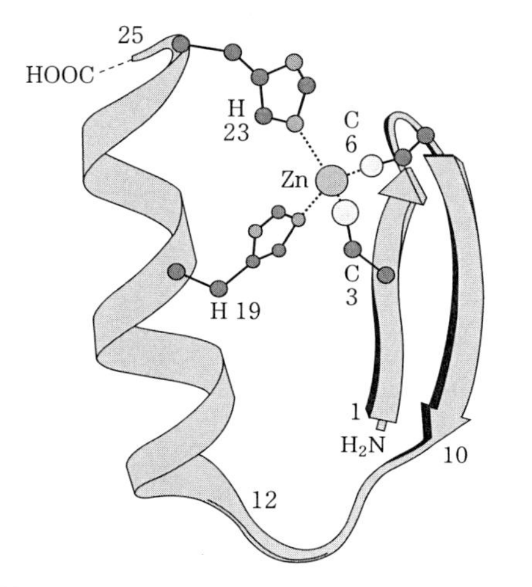

図 5　C2H2 型ジンクフィンガーの立体構造

---

*8　5′ から 3′ へと転写が進むから，転写される領域の 5′ 側の末端が転写開始部位とよばれる．

*9　TATAAT および類似の配列

*10　CAAT および類似の配列

ここで，x(2,4)は2個〜4個の任意のアミノ酸，x(3)はちょうど3個の任意のアミノ酸，[LIVMFYWC]は[ ]内のどれかのアミノ酸1個を表わしている．2個のシステイン(C)と2個のヒスチジン(H)が亜鉛(Zn)と結合し，特有の立体構造をとり，DNAや他のタンパク質に結合する機能を担っていることが知られている．

モチーフにおいて，文字に多様性がある配列上の位置では，可能なすべての文字が均等に現われるのではなく，偏りがあるので，その表現とモデル化には後述の位置重み行列や隠れマルコフモデルが用いられることが多い．正規表現は正規文法と等価であり，第4章で触れるように，隠れマルコフモデルは確率正規文法である．

(c) 周期性

生物配列には，さまざまな周期性が観測される．ゲノムのDNA配列には，数多くのくり返し配列(repeat)が観察される．これらは，数塩基〜数百塩基の単純なパターンが数回〜数百回くり返し現われるもので，その多くはとくに重要な機能はないと考えられてきたが，細胞の分裂回数に関係するテロメア*11のように，重要な役割が判明しているものもある．真核生物のDNAはクロマチン構造*12をとることに由来する周期性があるし，遺伝子のタンパク質コード領域は，3塩基ずつアミノ酸に変換されることに起因する3文字周期の統計上の偏りがある．

αヘリックスとよばれるらせん状のタンパク質の局所構造が球状タンパク質の表面付近にある場合，そのタンパク質配列には，疎水性のアミノ酸と，親水性のアミノ酸が周期的に現われることになる*13．

ここで重要な点は，遺伝子から翻訳されたタンパク質は独特の立体構造

---

*11 染色体DNAでは，その末端が複製のたびに短くなるという性質がある．末端部分にあるテロメアのくり返し配列の長さが徐々に短くなることによって，細胞の分裂回数が制限される．環状DNAでは，この問題は生じない．

*12 ヒストンというタンパク質がDNAと複合体を形成してヌクレオソームを形成し，さらに他のタンパク質と結合してクロマチン構造とよばれる立体構造をとる．

*13 αヘリックスでは，アミノ酸は約3.6の周期でらせんを作っており，タンパク質の外側のアミノ酸は親水性，タンパク質の内側のアミノ酸は疎水性であることが多い．

をとり，その制約に由来する統計的特徴は DNA 塩基配列にも反映されることである．α ヘリックスにおける疎水性，親水性アミノ酸の周期性は，当然塩基配列のタンパク質コード領域にも周期的な偏りをもたらす．したがって，DNA 塩基配列の解析を行う場合には，単にどの部分が転写され，スプライシングされ，翻訳される遺伝子かというだけでなく，翻訳されてできたタンパク質がどのような立体構造をとり，どのような機能をもつのかという，より高次の情報をも同時に扱っている点に注意を払う必要がある．

1.3　配列のアラインメント

生物配列に関する情報解析で，統計的な解析以上に重要なのが，他の生物配列との比較である．実際の生物配列は進化の結果得られたものであり，互いに「よく似た」配列が数多く見られる．よく似た配列どうしを比較することによって，さまざまな情報を得ることができる．

そのような比較の代表的なものがアラインメント(整列)を利用した手法である．その基本は 2 本の配列の動的計画法によるペアワイズアラインメントである．ペアワイズアラインメントとは，一般には長さの異なる 2 本の配列 $\boldsymbol{x}=(x_1, x_2, \cdots, x_n)$，$\boldsymbol{y}=(y_1, y_2, \cdots, y_m)$ に対して，その配列の要素間の対応関係を与えることである．

たとえば，$\boldsymbol{x}, \boldsymbol{y}$ が 2 本の塩基配列，CACAAAGCUG と CGAGGAAUCUG であるとき，

```
C−AC−AAAGCUG
CGAGGAAU−CUG
```

のように，配列の文字の適当なところにスペース(− の記号)を入れて，互いに対応する文字を上下に並ぶように並べることに相当する．通常，上下に同じ文字や「似た文字」がもっとも多く並ぶように並べたり，空白の数にスコアを与えてそれが最大になるように並べたりする．

$\boldsymbol{x}, \boldsymbol{y}$ のアラインメントとは，$\boldsymbol{x}, \boldsymbol{y}$ の添字 i, j をアラインメント上の位置に変換する，単調増加で自然数を値にとる関数 $\omega_x(i)$，$\omega_y(j)$ を与えることに相当する．$\omega_x(i)=\omega_y(j)$ であるとき x_i と y_i の 2 個の配列要素は対応す

るもしくは整列しているという．アラインメントによって $\boldsymbol{x}$ の添え字が付け替えられた配列を $\boldsymbol{x}'$ とするとき，$x'_{\omega_x(i)}=x_i$ によって文字が決まらない $\boldsymbol{x}'$ の要素には，スペース記号(−)が与えられる．つまり，

$$\begin{aligned} x'_j &= x_{\omega_x^{-1}(j)} & \omega_x^{-1}(j) \text{ があるとき} \\ x'_j &= '-' & \text{それ以外} \end{aligned} \tag{4}$$

スペース('−' の記号)をギャップとよぶ．$\boldsymbol{x}'$ にギャップがあるとき($x'_i=$ '−')，ギャップに対応する $\boldsymbol{y}'$ の文字(y'_i)は，ギャップのある配列 $\boldsymbol{x}$ において欠失(deletion)しているといい，ギャップのない配列 $\boldsymbol{y}$ においては挿入(insertion)されているという．

(a) アラインメントのスコア

あるアラインメントが，どの程度「良い」アラインメントかは，以下のように，そのアラインメントを仮定したときに，2 本の配列の対応する位置の文字の間に関連性があるかどうかの対数オッズ比で評価できる(ただし，簡単のため，ギャップについては考慮しない)．

$\boldsymbol{x},\boldsymbol{y}$ の 2 本の配列の間に，関連性がないという仮定に基づくランダムなモデル M_R と，進化的な関連性があるという過程に基づく一致モデル M_C を考える．ランダムモデル M_R において，文字 a はそれぞれ独立に確率 q_a で観測されると仮定する．このとき，2 本の配列 $\boldsymbol{x},\boldsymbol{y}$ が偶然観測される確率は，以下のように表わされる．

$$P(\boldsymbol{x},\boldsymbol{y}|M_\mathrm{R}) = \prod_i q_{x_i} \prod_j q_{y_j} \tag{5}$$

一方，一致モデル M_C では，与えられたアラインメントにおいて文字 a,b のペアが確率 p_{ab} で観測されると仮定する．このとき，このアラインメントで指定される対応関係によって $\boldsymbol{x},\boldsymbol{y}$ が観測される確率は，以下のようになる．

$$P(\boldsymbol{x},\boldsymbol{y}|M_\mathrm{C}) = \prod_i p_{x_i y_i} \tag{6}$$

式(5)と式(6)から，M_C と M_R の対数オッズ比は，以下のようになる．

$$\log\left(\frac{P(\boldsymbol{x},\boldsymbol{y}|M_{\mathrm{C}})}{P(\boldsymbol{x},\boldsymbol{y}|M_{\mathrm{R}})}\right)=\log\left(\frac{\prod_i p_{x_iy_i}}{\prod_i q_{x_i}\prod_j q_{y_j}}\right)$$

$$=\log\left(\prod_i\frac{p_{x_iy_i}}{q_{x_i}q_{y_i}}\right)=\sum_i\log\left(\frac{p_{x_iy_i}}{q_{x_i}q_{y_i}}\right) \qquad (7)$$

ここで，対応する文字どうしの類似度のスコアを

$$s(a,b)=\log\left(\frac{p_{ab}}{q_aq_b}\right) \qquad (8)$$

によって定義すれば，式(7)の，対数オッズ比によるアラインメントスコアは，以下のように書かれる．

$$S=\sum_i s(x_i,y_i) \qquad (9)$$

アラインメントに用いる，文字どうしの類似度のスコアを，**置換行列**(substitution matrix)とよんでいる．

(**b**)　アラインメントのアルゴリズム

ギャップを含むペアワイズアラインメントの良さを評価するスコアを計算するためには，対応する文字どうしの類似度のほか，ギャップの長さに対応するスコアであるギャップペナルティが必要である．もっとも単純なギャップペナルティのひとつは，長さ g のギャップに対して $\gamma(g)=-gd$ の形で与えられる**線形のギャップペナルティ**である．

類似度のスコア行列 $s(a,b)$ と，線形のギャップペナルティ $\gamma(g)=-gd$ が与えられれば，2本の配列のペアワイズアラインメントのうち，スコアを最大にするアラインメントは動的計画法によって効率的に計算することができる．$\boldsymbol{x},\boldsymbol{y}$ のスコア最大のペアワイズアラインメントは，以下のように再帰的な計算によって求めることができる．

$F(i,j)$ を，$\boldsymbol{x}_{(1,i)}$ と $\boldsymbol{y}_{(1,j)}$ の最大のアラインメントスコアとすると，以下のような漸化式が成立する．

$$F(i,j) = \max \begin{cases} F(i-1,j-1) + s(x_i, y_j) \\ F(i-1,j) - d \\ F(i,j-1) - d \end{cases} \tag{10}$$

この $F(i,j)$ の値を逐次的に求めることにより，最大のアラインメントスコアを求めることができる(図 6)．同時に，アラインメントスコアが最大となるアラインメントを求めるためには，式(10)の max を与えた座標，$(i-1,j-1)$，$(i-1,j)$，$(i,j-1)$ のいずれか，に対するポインタを (i,j) に対して記憶しておく必要がある．このポインタをトレースバックポインタとよぶ．$\boldsymbol{x}=(x_1,x_2,\cdots,x_n)$，$\boldsymbol{y}=(y_1,y_2,\cdots,y_m)$ に対する最適アラインメントは，(n,m) からトレースバックポインタを逆にたどっていくことによって得られる．このような計算は**動的計画法**(dynamic programming, DP)とよばれる手法の一種である．本書で数多く出てくるこの種の計算を，今後は単に DP とよぶことにする．

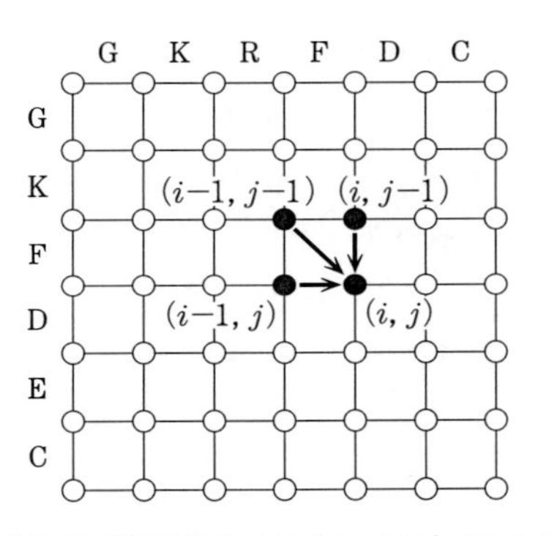

図 6　動的計画法によるアラインメントスコアの計算

進化の過程においては，複数の文字がまとまって挿入，欠失されることがあるから，空白 1 個あたりのスコアを定義する線形のギャップペナルティは最適とはいえない．長さ g のギャップに対するギャップペナルティは，以下のアフィンギャップペナルティを用いることが多い．

$$\gamma(g) = -d - (g-1)e \tag{11}$$

d はギャップ開始ペナルティ，e はギャップ伸張ペナルティとよばれ，通常は e を d よりも小さい値とすることによって，独立な 1 文字のギャップが複数生じるよりも，同じ文字数のギャップが 1 箇所に現われた場合のペナルティを低く抑えている．より複雑なギャップペナルティを定義することもできるが，主に DP 計算を容易にする目的で，アフィンギャップペナルティが用いられることが多い．式(11)のアフィンギャップペナルティを用いたときの DP によるアラインメントスコアの逐次式は，以下のようになる．

$$M(i,j) = \max \begin{cases} M(i-1,j-1) + s(x_i, y_j) \\ I_x(i-1,j-1) + s(x_i, y_j) \\ I_y(i-1,j-1) + s(x_i, y_j) \end{cases}$$
$$I_x(i,j) = \max \begin{cases} M(i-1,j) - d \\ I_x(i-1,j) - e \end{cases} \tag{12}$$
$$I_y(i,j) = \max \begin{cases} M(i,j-1) - d \\ I_y(i,j-1) - e \end{cases}$$

$M(i,j)$ は x_i と y_j が対応したときの (i,j) までの最大スコアである．$I_x(i,j)$ は x_i が $\boldsymbol{y}'$ の $-$ に対応する場合，$I_y(i,j)$ は y_j が $\boldsymbol{x}'$ の $-$ に対応する場合の最大スコアを表わす．

ここで紹介したペアワイズアラインメントは，2 本の配列全体のアラインメントをとるもので，**大域アラインメント**とよばれている．ここでは触れないが，2 本の配列の部分配列のアラインメント（**局所アラインメント**）を求めるためには，**Smith-Waterman** アルゴリズムが知られている（Smith and Waterman, 1981）．

ペアワイズアラインメントで用いる $F(i,j)$，$M(i,j)$，$I_x(i,j)$，$I_y(i,j)$ などの行列など，DP の計算で用いる行列を **DP 行列**とよぶ．

ほぼ同じ長さ L の配列 2 本に対するペアワイズアラインメントでは，L^2 の大きさの DP 行列のいくつかに値を埋めなければならないから，$O(L^2)$ の記憶容量と計算時間が必要である．

ある配列に類似の配列を，大きな配列データベースから見つけ出す，という作業をくり返すデータベース検索では，Smith-Waterman アルゴリズムを実行することが計算時間の点でむずかしい．データベース検索には，はるかに高速なヒューリスティックアルゴリズムである**BLAST**(Altschul *et al.*, 1990)が用いられることが多い．BLASTは，あらかじめ配列を有限状態オートマトンに対応させて高速な計算を実現している．その他には，ハッシュ法を用いる**FASTA**(Pearson and Lipman, 1988)や，BLASTよりもさらに高速な**BLAT**(Kent, 2002)などがある．

100万塩基を超えるDNA配列どうしのアラインメントなど，Lが非常に大きい場合には，$O(L^2)$の記憶容量が問題になる場合があり，$O(L)$の記憶容量で計算できる**線形時間アラインメント**が知られている(Chao *et al.*, 1994)．

1.4 マルチプルアラインメント

3本以上の配列を整列させることを**マルチプルアラインメント**(**多重整列**)とよぶ．図7に，C2H2型のジンクフィンガーモチーフをもつタンパク質配列のマルチプルアラインメントを示す．

このように，マルチプルアラインメントでは，局所的に類似の部分を整

```
ヒト EVI1      QECK--ECDQVFPDLQSLEKHMLS-H
ヒト EVI1      FKCH--LCYRCFGQQTNLDRHLKK-H
ヒト HKR2      YACQ--ECGCTFSNNSSLVKHWHV-H
ヒト ZN76      FRCGYKGCGRLYTTAHHLKVHERA-H
ヒト BASO      FQCD--ICKKTFKNACSVKIHHKNMH
ヒト GLI1      TDCRWDGCSQEFDSQEQLVHHINSEH
ヒト IA1       FPCK--YCPATFYSSPGLTRHINKCH
ヒト IKAR      FQCN--QCGASFTQKGNLLRHIKL-H
マウス ZF59    FECN--VCGSAFRLQLYLSEHQKT-H
マウス ZFA     FRCK--RCRTRFRQQSELKKHMKT-H
マウス ZFA     YRCT--DCDYTTNKKISLHNHLES-H
マウス ZFA     HQCL--HCDHKSSNSSDLKRHIISVH
マウス ZFA     YQCE--YCDYSTTDASGFKRHVISIH
マウス ZFA     YECQ--YCEYRSTDSSNLKTHVKTKH
共通パターン   xxCxxxxCxxxxxxxxxxxxHxxxxH
```

図 **7** C2H2型ジンクフィンガーをもつヒトとマウスのタンパク質配列のマルチプルアラインメント．

列させ，共通配列部分を抽出することによって重要なモチーフを特定することができる．類似のタンパク質でも，生物種によってその配列は大きく異なる場合があるが，タンパク質の構造や機能において重要な領域では，配列が類似していると考えられている．

(a) マルチプルアラインメントのアルゴリズム

本節では，マルチプルアラインメントに対するスコアの問題を後回しにし，アルゴリズムの問題を先に取り上げる．

2本の配列のアラインメントは配列の長さ L に対して $O(L^2)$ の時間で計算できるが，n 本の配列のマルチプルアラインメントに同様な動的計画法を用いると，$O(L^n)$ の計算時間が必要であり，現実的ではない．マルチプルアラインメントを求めるための現実的な手法には，次のようなものがある．

- トーナメント法(ツリーベース法)
  n 本の配列を総あたりでペアワイズアラインメントし，近いものから順次組み合わせて配列のペア，もしくは配列群どうしでアラインメントする．$O(L^2n^2)$ の計算時間でできるが，最適性が保障されないだけでなく，結果は必ずしも良くない．
- プロファイル法
  仮のマルチプルアラインメントに基づいて位置ごとに文字の出現頻度を計算し(プロファイルの作成)，各配列をプロファイルに対してアラインメントするという作業をくり返す方法．隠れマルコフモデルによるアラインメントもこの一種である．局所最適解で収束するため，最適性は保障されない．
- 逐次改善法
  プロファイル法と同様に仮のマルチプルアラインメントから出発し，少数の配列を抜き取り，それらを残り全体に対してアラインメントする操作をくり返す．L^2n のオーダの計算時間がかかる．最適性は保障されないが，現状ではもっとも結果の良い方法のひとつ(Gotoh, 1993; Berger and Munson, 1991)．
- 分岐限定法(A^* アルゴリズム)

探索空間を効果的に限定していくことにより，多くの場合 n 次元の DP よりもかなり高速に計算できる．計算時間から，あまり大きな問題には適用できないが，解の最適性は保障されている．

精度の良いマルチプルアラインメントにおいては，多くの配列の情報が総合されるため，一般にペアワイズの場合よりも高品質なアラインメント*[14]が得られる．ただし，特定の 2 本の配列間での位置の対応は，残りの配列群として，どのような集団をとるかによって変わってくる．高品質なアラインメントを得るためには，配列群の偏りを補正するため，互いに似た配列があればそれに応じてその配列の重みを減らす*[15]ことが必要であり，そのために進化系統樹を作成しながら，上記のマルチプルアラインメントと組み合わせて用いられている(Gotoh, 1995)．

(b) マルチプルアラインメントのスコア

ペアワイズのアラインメントに対しては，置換行列とギャップペナルティに基づくアラインメントのスコアを定義した．マルチプルアラインメントに対しては，どのようなスコアを定義すればよいだろうか．

もっとも広く用いられているスコアは，マルチプルアラインメントを構成するすべての配列の組*[16]に対して，マルチプルアラインメントで指定される文字の対応関係をもとに計算したペアワイズアラインメントのスコアを，すべて合計した **SP スコア**(sum of pairs' score)である．

N 本の配列のマルチプルアラインメントのある位置に，$a_1, \cdots, a_N$ の N 文字が並んだ場合の SP スコアは以下のようになる．

$$S^{\mathrm{sp}}(a_1, \cdots, a_N) = \sum_{i \neq j}^{N} \log\left(\frac{p_{a_i a_j}}{q_{a_i} q_{a_j}}\right) \tag{13}$$

*14 スコア行列とギャップコストが与えられれば，数学的な意味での「正確な」アラインメントは，むしろ解の最適性が保障されるペアワイズアラインメントでこそ得られる．しかし，生物学的に意味のあるパターンを見出したり，配列の背後にある構造を考慮したアラインメントこそ，本当は必要なものであり，ここでいう「高品質」とはそのような意味である．

*15 マルチプルアラインメント全体のスコアの中で，その配列を含むアラインメントのスコアの重みを減らす．

*16 すなわち，N 本の配列に対する ${}_N\mathrm{C}_2$ 組

一方，ペアワイズのアラインメントの場合と同様な対数オッズ比に基づくスコアは，以下のようになる．

$$S(a_1, \cdots, a_N) = \log\left(\frac{p_{a_1 \cdots a_N}}{q_{a_1} \cdots q_{a_N}}\right) \tag{14}$$

このことから，SP スコアには理論的正当性がないことがわかる．それだけでなく，単純に適用すると有害でもある．たとえば，特定の文字が高い頻度で現れるマルチプルアラインメント上の位置に，N 個の a が整列している場合の SP スコアを S_0^{sp}，その中の 1 個が b である場合の SP スコアを S_1^{sp} とすると，SP スコアの変化率(悪化率)は，以下の式で与えられる．

$$\begin{aligned}\frac{S_0^{\mathrm{sp}} - S_1^{\mathrm{sp}}}{S_0^{\mathrm{sp}}} &= \frac{{}_N\mathrm{C}_2 s(a,a) - \{{}_{N-1}\mathrm{C}_2 s(a,a) + (N-1)s(a,b)\}}{{}_N\mathrm{C}_2 s(a,a)} \\ &= \frac{2}{N}\frac{s(a,a) - s(a,b)}{s(a,a)} \end{aligned} \tag{15}$$

この値は，N が増えるほど小さくなる．この位置のアミノ酸の出現確率についての統計的考察からは，N が大きいほどこの位置の文字が a である確率が高まっているのに，b が整列したときのスコアの悪化率が小さくなるのは明らかに好ましくない．

では，式(14)の対数オッズ比に基づくスコアを用いればよいかというと，それはむずかしい．式(14)を直接計算するためには，N 個の文字の同時分布の確率 $p_{a_1 \cdots a_N}$ が必要である．この同時分布は N 次の多項分布であり，実際のマルチプルアラインメントの実例から推定することはほぼ不可能である．

その代わりに，N 個の文字が独立に 1 次の多項分布にしたがうことにすると，すべての確率を場所に依存しないものとして扱っているから，その文字がマルチプルアラインメントの他の位置に現われた場合とスコアが変化しなくなり，アラインメントそのものが成り立たない*17．

そこで，位置ごとに各文字の出現頻度は異なっていることを考慮し，各文字の確率分布を位置ごとに推定し，その確率分布に対する尤度をスコアに

*17　式(14)の対数計算の中の分母分子が同じになり，スコアが定数となる．

することを考える．これは，**位置依存スコア**とよばれるものの一種である．

(c) 位置ごとの文字の出現確率の推定

それでは，マルチプルアラインメントの各位置における文字の確率分布は，どのようにして推定すればよいだろうか．マルチプルアラインメントが求まっていれば，もちろん各文字の出現頻度をそのまま推定値とすることができる．

しかしここでは，この確率分布を最良のマルチプルアラインメントを求めるためのスコアに用いようとしているので，マルチプルアラインメントがあらかじめ求まっていることを仮定することはできない．このことは，最適のマルチプルアラインメントを得るために，実は位置ごとの文字の確率分布の推定と，最適のマルチプルアラインメントの推定という，2つの問題を同時に解かなければならないということを示している．

プロファイル法によるマルチプルアラインメントでは，仮のマルチプルアラインメントをもとに位置ごとに確率分布を求め，その確率分布に対する尤度をスコアとして，マルチプルアラインメントを求めなおす，ということをくり返す．

アルファベット $\Sigma=\{a_1,\cdots,a_d\}$ 上の生物配列の各位置の確率分布を，位置ごとに独立な多項分布であると仮定しよう．N 本の配列のマルチプルアラインメントのある位置で各文字が現われた回数を $\boldsymbol{c}=(c_1,\cdots,c_d)$ とする．簡単のため，ギャップはないものとすると，$\sum_k c_k=N$ となる．この位置での多項分布のパラメータ，各文字が現われる確率を $\boldsymbol{\theta}=(\theta_1,\cdots,\theta_d)$ と置く．$\boldsymbol{\theta}$ の最尤推定を $\hat{\boldsymbol{\theta}}$ とすると，

$$\hat{\theta}_i=\frac{c_i}{N} \tag{16}$$

となる．しかし，この最尤推定に対する尤度をマルチプルアラインメントに対するスコアとして用いても，文字どうしの類似度が与えられていないから，良いアラインメントを得られない場合がある．

この問題を解決するため，タンパク質配列に対しては，**Dirichlet 事前分布**を使った推定によって，確率分布を求める手法が用いられている．事

前分布を用いると，データが少ない場合には事前分布に強く影響された推定を行ない，データが多い場合に真の分布に収束する推定を行なうことが可能である．

そのパラメータを $\boldsymbol{\alpha}=(\alpha_1,\cdots,\alpha_d)$ とする $\boldsymbol{\theta}$ の Dirichlet 事前分布は以下のように書ける．

$$D(\boldsymbol{\theta}|\boldsymbol{\alpha}) = Z^{-1}(\boldsymbol{\alpha})\prod_i^d \theta_i^{\alpha_i - 1} \tag{17}$$

$\boldsymbol{c}$ を観測した後の，$\boldsymbol{\theta}$ の事後確率分布は

$$P(\boldsymbol{\theta}|\boldsymbol{c}) = D(\boldsymbol{\theta}|\boldsymbol{c}+\boldsymbol{\alpha}) \tag{18}$$

となり，この事後確率分布を用いた $\boldsymbol{\theta}$ の期待値 $\boldsymbol{\theta}^{\mathbf{PME}}$ は，

$$\begin{aligned}\theta_i^{\mathrm{PME}} &= \int \theta_i D(\boldsymbol{\theta}|\boldsymbol{c}+\boldsymbol{\alpha})d\boldsymbol{\theta} \\ &= \frac{c_i+\alpha_i}{N+A} \qquad \text{ただし，} A = \sum_i^d \alpha_i \end{aligned} \tag{19}$$

となる．これは，式(16)の最尤推定の分母分子に一定値を加える擬似度数と一致する．$\dfrac{\alpha_i}{A}$ は事前分布における θ_i の期待値であり，A が大きいほど，事後分布に強い影響を与える．

位置ごとの多項分布の推定に擬似度数を用いるということは，アラインメントのすべての位置に対して一様な事前分布を仮定することになる．ところが，タンパク質の立体構造や機能や進化の痕跡などの制約を考慮し，位置によって分布の傾向を変えることができれば，より実用的な分布推定ができる．そのような分布推定は，典型的なアミノ酸分布のいくつかをあらかじめ計算し，それらを Dirichlet 混合分布として事前分布に用いることにより行うことができる(Sjölander *et al.*, 1996)．

1.5 置換行列

配列の比較や，アラインメントを求める際に用いた 1 組の文字の類似度を表わす行列 $s(a,b)$ を**置換行列**(substitution matrix)とよんでいる．DNA の配列の場合は，同じ文字の場合 1，異なる文字の場合 0，といった単純な

置換行列でもある程度うまくいく．しかし，進化的に近いタンパク質配列の場合は，特定のアミノ酸が他のアミノ酸に置き換わる頻度には著しい偏りがあるので，よく工夫された置換行列を用いることが重要である．

置換行列がランダムモデルとの対数オッズ比の考え方で説明できることは 1.3 節(a)項ですでに述べたが，広く用いられているものとしては，PAM(accepted point mutation)と BLOSUM(blocks substitution matrices)の 2 つがある．

(a) PAM 置換行列

PAM 置換行列は，最初ギャップなしのマルチプルアラインメントのブロックからスタートし，各文字が別の文字に置き換わる確率をマルコフ連鎖として求めることを目指す(Dayhoff *et al.*, 1978)．(マルコフ連鎖については，第 2 章を参照せよ．)

まず，マルチプルアラインメントに基づいて進化系統樹をつくり，よく保存された連続した位置(ブロック)において文字 i が文字 j に置換された回数 A_{ij} を数える($i \neq j$)．ここで，文字 i が別の文字に置き換わるときに，置き換わる相手の文字が j である頻度 a_{ij} を以下のように置く．

$$a_{ij} = \frac{A_{ij}}{\sum_{m} A_{im}} \tag{20}$$

マルコフ連鎖の 1 ステップで，文字 i が何か別の文字に置き換わる割合は i によらないが未知とし，文字 i が文字 j に置き換わる確率 p_{ij} は，a_{ij} に比例すると考えて，以下のように置く．

$$p_{ij} = ca_{ij} \tag{21}$$

$$p_{ii} = 1 - \sum_{i \neq j} ca_{ij} \tag{22}$$

ここで，c は，マルコフ連鎖の 1 ステップで全体のどのくらいの割合の文字が置換するかによって決まる定数である．1 ステップで置換される文字の割合は，

$$\sum_{i} p_i \sum_{j \neq i} p_{ij} = c \sum_{i} \sum_{j \neq i} p_i a_{ij} \tag{23}$$

となるから，これが 0.01 のとき c の値は，

$$c = \frac{0.01}{\sum_i \sum_{j \neq i} p_i a_{ij}} \tag{24}$$

となる．このとき，この遷移行列は進化的距離の 1PAM に相当し，$M_1 = m_{ij}^{(1)}$ と書かれる．進化的距離が nPAM に相当する遷移行列，PAMn 行列はマルコフ連鎖の n ステップ後の遷移の確率であるから，M_1 を n 乗して得られ M_n と書かれる．遷移行列 M_n から得られる PAM 置換行列の要素は，以下のように書かれる．

$$C \log \left(\frac{m_{ij}^{(n)}}{p_k} \right) \tag{25}$$

C は正の定数で，本質的な意味はない．

(b)　BLOSUM 置換行列

BLOSUM 置換行列は，以下のように求められる(Henidoff and Henikoff, 1992)．進化的に近いタンパク質配列のグループごとに，単純な(同じ文字で 1，異なる文字で 0 といった)置換行列によるギャップなしのマルチプルアラインメントからなるブロックを生成する．個々のアミノ酸の出現頻度から，ランダムにアミノ酸が並んだときに，アミノ酸 i とアミノ酸 j が同じ位置にアラインメントされる期待値(期待置換頻度 p_{ij}^{exp})を求める．実際に同じ位置にアラインメントされたアミノ酸の組の総数を数え，アミノ酸が実際に置換される頻度(観測置換頻度 p_{ij}^{obs})を求める．$\log_2 \left(\frac{p_{ij}^{\mathrm{obs}}}{p_{ij}^{\mathrm{exp}}} \right)$ を整数値に丸めたものを，置換行列の i, j 要素 $s(i, j)$ とする．これは対数オッズ比に基づく式(8)のスコアをマルチプルアラインメントのブロックにおける実際の度数から推定したものである．

BLOSUM と PAM の最大の違いは，PAM ではアラインメントされた個々の配列間で可能な進化系統樹をつくり，特定の置換がおこった回数を数えることでマルコフ連鎖の確率を求めるが，BLOSUM では同じ位置にアラインメントされた文字の組をすべて数え上げて確率を計算することである．

2 隠れマルコフモデル

これまで，生物配列における文字の出現頻度の簡単な統計や，配列どうしのアラインメントとそのスコアの確率的な意味について述べてきた．

本章では，生物配列をモデル化するための確率モデルを紹介する．配列の確率モデルとは，確率的な仕組みにしたがって配列を生成する確率情報源のことである．

隠れマルコフモデルは，1990年代の初頭に日本のグループ(浅井ら，1991)が最初に生物配列に適用し，その後それとは独立にHausslerら(1993)がプロファイルHMMを導入した．日本ではその後，Tanakaら(1994)によるHMMによるマルチプルアラインメントの考察，Fujiwaraら(1994)によるHMMのネットワーク自動生成によるモチーフモデル，矢田ら(1996)による遺伝的アルゴリズムによるHMMネットワークの自動生成など，数多くの先駆的な研究が行われてきた．現在では，隠れマルコフモデルは遺伝子発見，タンパク質配列のモデル化や検索，タンパク質立体構造のモデル化や予測など生物配列の解析になくてはならない手法となっている．

生物配列に適用されているもっとも単純な確率モデルは，配列プロファイルとマルコフモデルである．まず，配列プロファイルとマルコフモデルの生物配列への応用例を紹介し，マルコフモデルを拡張する形で隠れマルコフモデルを紹介する．

次に，隠れマルコフモデルを工学的に用いるために欠かせない，構文解析，確率計算，パラメータ推定のアルゴリズムを紹介する．最後に，隠れマルコフモデルの実装上の問題点に触れる．

2.1 確率モデル

アルファベット Σ 上の任意の長さの文字列の集合 Σ^* の要素 $\boldsymbol{x} = x_1 \cdots x_n$

に対して，その出現確率 $p(\boldsymbol{x})$ にしたがって文字列を生成する確率情報源のことを，文字列の**確率モデル**とよぶ．

確率モデルを用いて，ある文字列がどのような種類の文字列かを判別する問題を考えよう．

たとえば，タンパク質の局所的な立体構造である二次構造の 2 つのクラス，α ヘリックスと β シート*18の文字列(タンパク質配列の部分配列)の確率モデル，α ヘリックスモデル M_α と β シートモデル M_β を作るとしよう．それぞれの確率モデルは，タンパク質配列 $\boldsymbol{x} \in \Sigma_p^*$ を，確率 $p(\boldsymbol{x}|M_\alpha)$ および $p(\boldsymbol{x}|M_\beta)$ で生成する．

それには，α ヘリックスと β シートに属することがすでにわかっている配列を学習データとして，M_α と M_β の確率モデルとしてのパラメータを決めなければならない．これを**確率モデルの学習**の問題とよぶ．

配列 $\boldsymbol{x} \in \Sigma_p^*$ が与えられたとき，それが α ヘリックスと α シートのどちらであるかの判別では，2 つの確率 $p(M_\alpha|\boldsymbol{x})$ と $p(M_\beta|\boldsymbol{x})$ を比較し，大きいほうのモデルからの配列だと考えることができる．ベイズの定理から $p(M_\alpha|\boldsymbol{x}) = \dfrac{p(\boldsymbol{x}|M_\alpha)p(M_\alpha)}{p(\boldsymbol{x})}$ と書けるから，2 つの確率の比の対数をとると，以下のようになる．

$$\log \frac{p(M_\alpha|\boldsymbol{x})}{p(M_\beta|\boldsymbol{x})} = \log \frac{p(\boldsymbol{x}|M_\alpha)}{p(\boldsymbol{x}|M_\beta)} + \log \frac{p(M_\alpha)}{p(M_\beta)} \tag{26}$$

式(26)の右辺の第 1 項は，第 1 章のペアワイズアラインメントのスコアのところにも登場した，**対数オッズ比**とよばれる量で，モデルの正当性の評価にたびたび使われる．とくに，対数の分母の側のモデル(この場合 M_β)として，確率モデルとして余計な仮定をおかない単純なモデル，**ヌルモデル**を用いることが多く，その場合の対数オッズ比はより詳細なモデルを導入することの正当性の評価に使われる．

第 2 項は，モデル選択に関する事前分布の項であるが，事前知識のない場合，この項を無視して対数オッズ比が用いられることが多い．

このタンパク質の二次構造の判別では，配列はあらかじめ断片として与

*18 タンパク質の二次構造の詳しい説明は本書では行わないが，第 1 章の図 5 には，α ヘリックスと β シートの両方をもったジンクフィンガー・モチーフが描かれている．

えられて，それぞれの断片が M_α，M_β のどちらに属するのかを決定する問題として考えたが，実際のタンパク質の二次構造予測はこれよりもはるかにむずかしい．二次構造は長いタンパク質配列の中にあり，それぞれの構造の境目は与えられていないからである．

このような問題は，2つの確率モデルを1個の確率モデルに統合し，M_α と M_β を統合化されたモデルの内部状態とみなすことによって，内部状態と配列の対応関係を決定する問題として解かれる．これを確率モデルによる構文解析*19の問題とよぶ．

(a) 位置重み行列と配列プロファイル

アルファベット Σ の大きさを d とするとき，長さ L の生物配列 $\boldsymbol{x} \in \Sigma^*$ に対する位置重み行列

$$W = \{w_{ia}\}, \quad i = 1, \cdots, L, \ a \in \Sigma \tag{27}$$

は $d \times L$ 行列で，位置 i にアルファベット a があるときのスコアを表わす．$\boldsymbol{x}$ に対するスコアは各位置のスコアを合計して以下の式で与えられる．

$$s(W, \boldsymbol{x}) = \sum_{i=1}^{L} w_{ix_i} \tag{28}$$

確率モデルの生物配列への応用でもっとも成功しているもののひとつは，配列プロファイルとよばれる固定長の配列に対する確率モデルである．配列プロファイルは，進化的に関連性があり，構造，機能に共通の性質をもつ類似の配列のマルチプルアラインメントに基づき，アラインメントの位置ごとの文字の出現確率の対数を行列化したもので，位置重み行列の一種である．確率情報源としての配列プロファイル $W = \{w_{ia}\} = \{\log P(X_i = a)\}$ の配列 $\boldsymbol{x} = x_1 x_2 \cdots x_n$ に対する出現確率を $p(\boldsymbol{x})$ とすると，

$$\log p(\boldsymbol{x}) = \sum_{i=1}^{L} \log P(X_i = x_i) = \sum_{i=1}^{L} w_{ix_i} = s(W, \boldsymbol{x}) \tag{29}$$

となるから，配列プロファイルの位置重み行列としてのスコアは，確率モデルとしての配列出現確率の対数である．配列プロファイルでは，配列全

*19 なぜ構文解析という言葉を使うのかについては，第4章で説明する．

体に対するスコアによって各配列に対する確率分布が与えられるので，確率情報源としての確率モデルとなるのである．

DNA 配列の遺伝子の上流部分の部分配列であるプロモータは，RNA ポリメラーゼとよばれる RNA とタンパク質の複合体がその部分の DNA に結合することによって，遺伝子の mRNA への転写を開始させる．RNA ポリメラーゼのプロモータに対する結合エネルギーの大小によって，転写の効率が異なることが知られているが，その結合エネルギーは，プロモータ配列の各位置の塩基に固有の値を合計したものとしてモデル化できる．配列プロファイルにおいては，各位置の塩基頻度の対数が足しあわされてスコアとなるから，もしそのスコアを結合エネルギーと対応させれば，塩基頻度の対数と各位置の塩基の種類に固有な結合エネルギーが対応していることになる．実際，頻度の高い塩基を各位置にもつプロモータほど，転写効率が高いことが数多くの実験で確かめられている．図 8 に，大腸菌プロモータの 2 箇所のモチーフ(−35 領域と −10 領域)の配列プロファイルを示す．

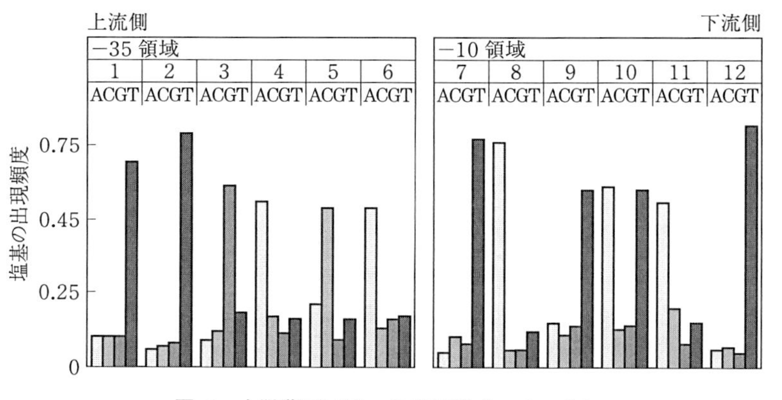

図 8　大腸菌プロモータの配列プロファイル

位置重み行列は固定長で挿入や欠失に対応できないため，保存性の高い配列領域のモデル化に用いられることが多いが，後述のプロファイル HMM(3.2 節)を用いれば，より柔軟なモデル化が可能である．

位置重み行列のもうひとつの実用上の問題点は，配列上の異なる位置どうしの相関が表現できないことである．しかし，複数の位置重み行列を組み合わせることによって，ある程度この問題は克服できる．有名な遺伝子発見ソフトウェア GenScan のスプライス部位の認識では，図 9 のように，

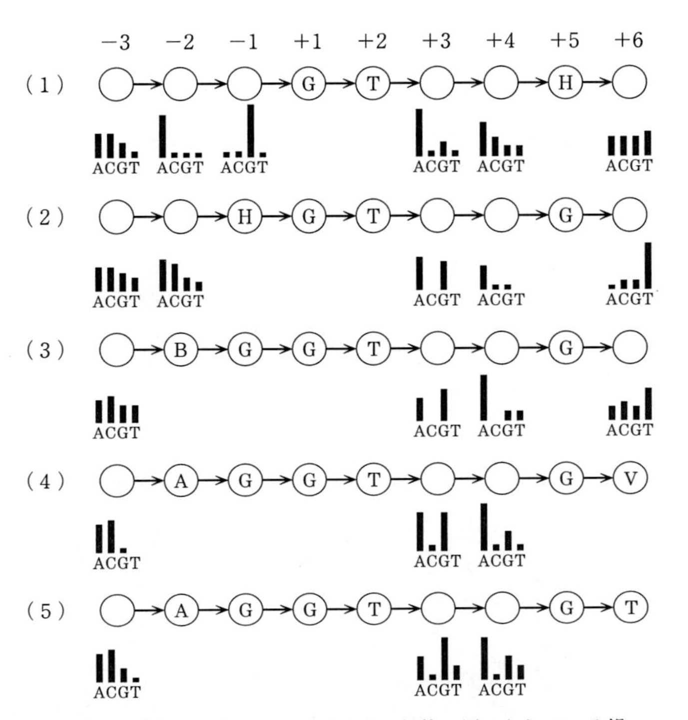

図 **9**　GenScan のドナースプライス部位で用いられている場合分けされた位置重み行列．真核生物の遺伝子のエキソンからイントロンになる境界部分をドナースプライス部位とよぶ．そこより上流(5′ 側)の位置を下流から順に $-1, -2, -3, \cdots$，下流(3′ 側)を上流から順に $+1, +2, +3, \cdots$ とよんでいる．最初に +5 の位置が G であるかその他(A or C or U を H で表わす)であるかに分割し，+5 の位置が G である場合はさらに −1 の位置が G であるかその他(H)であるかに分割する．さらに +5 が G，−1 が G の場合は −2 が A であるかそれ以外(C or G or U を B で表わす)に分割し，+5 が G，−1 が G，−2 が A の場合は +6 が U であるかそれ以外(A or C or G を V で表わす)に分割する．

いくつかに場合分けした位置重み行列が用いられている(Burge and Karlin, 1997).

(b)　マルコフ連鎖とマルコフモデル

有限個の状態の集合 $S=\{s_1,\cdots,s_m\}$ に値をとる確率過程の状態時系列 $\boldsymbol{X}=X_1\cdots X_n$ において,

$$P(X_t=a_0)=P(X_t=a_0|X_{t-1}=a_1\cdots X_{t-k}=a_k) \qquad (30)$$

の形に書けるとき，この確率過程を **k 次マルコフ連鎖**とよぶ．とくに，式(30)の値が t によらず一定のとき，**定常 k 次マルコフ連鎖**とよび，定常1次マルコフ連鎖のことを多くの場合単にマルコフ連鎖とよぶ.

定常1次マルコフ連鎖を図で表現すると，個々の文字に対応した状態とそれを結ぶ矢印として表現できる．DNA 配列の1次マルコフ連鎖は，図10のようになる.

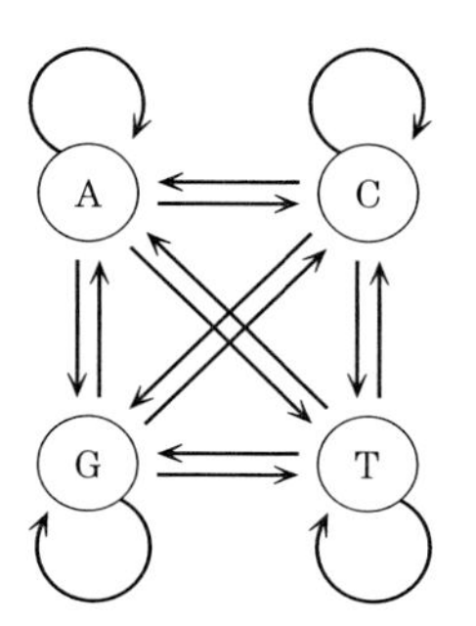

図 **10**　DNA 配列の1次マルコフ連鎖

マルコフ連鎖の状態時系列そのものを出力と考えるとき，その確率情報源をマルコフモデルとよぶ．たとえば，図10で DNA アルファベットの4つの文字 A, C, G, T の各々に対応した状態を見ることができれば，マルコフモデルである.

定常1次マルコフモデルにおいて，ある状態が別の状態に移行する確率，**遷移確率**(transition probability)a_{ij} は，図10ではある塩基が別の塩基に続く確率を表わしている.

$$a_{ij} = P(X_t = s_j | X_{t-1} = s_i) \tag{31}$$

1次マルコフモデルで遷移確率行列 $A = \{a_{ij}\}$ を与えただけでは，最初に出力される文字の確率を指定できない．そこで，時刻0における**開始状態** s_0 を考え，時刻1に状態 s_j にいる確率を a_{0j} で与えることにする．

すると，確率モデルとしてのマルコフモデルにおいて，配列(すなわち状態列) $\boldsymbol{x} = x_1 x_2 \cdots x_n$ が観測される確率 $p(\boldsymbol{x})$ は，

$$p(\boldsymbol{x}) = a_{0x_1} \prod_{t=1}^{n-1} a_{x_t x_{t+1}} \tag{32}$$

となる．

マルコフモデルでは，状態遷移による出力文字列を「時系列」と考えるので，文字列上の位置を「時刻」とよぶことになる．生物配列の解析で文字列上の位置を「時刻」とよぶことには抵抗のある読者もあると思うが，「文字列上の位置」と読み代えて理解してほしい．

(c) 高次マルコフモデル

1次のマルコフモデルでは，ある時刻(配列上の位置)にある状態にいる確率が，1つ前の時刻(配列上1個左の位置)にいる確率にのみ依存している．同様に，n 個前までのすべての時刻(配列上 n 個左の位置までの位置)の状態に依存するモデルは n 次のマルコフモデルとよばれる．

高次のマルコフモデルの例としては，原核生物の遺伝子発見にもっとも広く利用されているプログラムのひとつ，GeneMark で使われている非同質マルコフモデルがある(Borodovsky and McIninch, 1993)．

遺伝子のタンパク質コード領域では，コドンとよばれる3文字ずつが1個のアミノ酸に翻訳されるが，コドン3文字のそれぞれの位置で塩基の出現頻度は大きく異なっている．そのため，コード領域をモデル化するために3個の異なる5次マルコフモデルが用いられる．つまり，どのモデルもある文字の出現確率は前の5個の文字にのみ依存するが，コドンの1文字目，2文字目，3文字目の3つの場合にそれぞれ異なった出現確率の統計を用いるのである．そのようなマルコフモデルは**非同質マルコフモデル**(inhomogeneous Markov model)とよばれている．

高次のマルコフモデルのパラメータ数は非常に多くなるので，限られたデータからそれらのパラメータを正確に推定することはむずかしい．とくに，n 次のマルコフモデルに対して，長さ $n+1$ の文字列のうち特定のいくつかが学習データにまったく出現しない場合，その確率をどのように推定すればよいだろうか．線形補間マルコフモデル(interpolated Markov model)は，いくつかの異なる次数のマルコフモデルを重みつきで線形に足し合わせて用いるもので，高次のマルコフモデルのパラメータを推定するためのデータが不足している場合に用いられる．すなわち，次数 k のマルコフモデル Q^k における文字の出力確率を q^k とすると，

$$q^k(x_i|\boldsymbol{x}) = p(x_i|x_{i-1}\cdots x_{i-k}) \tag{33}$$

であり，n 次までのマルコフモデルを用いた線形補間マルコフモデル Q^* における文字の出力確率 q^{*n} は，以下のように書かれる．

$$q^{*n}(x_i|\boldsymbol{x}) = \sum_{k=1}^{n} \lambda_k q^k(x_i|\boldsymbol{x}) \tag{34}$$

ただし，λ_k は補間係数であり，学習によって自動的に推定する．補間マルコフモデルを構成するそれぞれの k 次マルコフモデルの出力確率は，学習データにおける長さ $k+1$ の文字列の出現回数を数えればよい．しかし，補間係数の推定で同じ学習データを用いると，当然もっとも高次の係数を 1，他を 0 とする場合が最適となってしまう．そこで，学習データを分割し，片方で各次数のマルコフモデルの出力確率を推定し，他方で補間係数の推定を行う*20．

補間マルコフモデルは，遺伝子発見ソフトウェア Glimmer(http://www.tigr.org/software/glimmer/)(Salzberg *et al.*, 1998)のコード領域のモデルとして用いられている．

(d)　位置依存マルコフモデル

配列プロファイルでは，各位置における各文字の出現確率は独立で，位置どうしの相関を考慮することはなかった．しかし，イントロンからエキ

*20　通常は，学習データの分割の仕方をさまざまに変え，それぞれで推定された補間係数の平均値を用いる．

ソンになる境目(アクセプタースプライス部位)などのように，隣の文字との相関が重要な情報をもっている場合もある．k 次位置依存マルコフモデルは，位置 i における文字 x_i の出現確率が，式(30)と同様にそれ以前の k 文字に依存して以下のように書かれる．

$$P(X_i = x_i) = P_i(X_i = x_i | X_{i-1} = x_{i-1}, \cdots, X_{i-k} = x_{i-k}) \qquad (35)$$

定常マルコフモデルと異なり，これらの確率は，位置 i ごとに独立に与えられるから，遷移確率が時間と共に変化する非定常マルコフモデルとなっている．

GenScan を含む多くの真核生物の遺伝子発見ソフトウェアで，スプライス部位の確率モデルとして，1 次の位置依存マルコフモデルが用いられている．

2.2 隠れマルコフモデル

1 次マルコフ連鎖は，開始状態を含む状態の集合 $S=\{s_i\}$, $i=0,\cdots,m$, 遷移行列 $\{a_{ij}\}$, $i=0,\cdots,m$; $j=1,\cdots,m$, の組 $(S,\{a_{ij}\})$ によって与えられる．

この 1 次マルコフ過程の各状態に対して出力記号が割り当てられるとき，これを**隠れマルコフモデル**(hidden Markov model, HMM)という．このとき HMM は，マルコフ連鎖を定義する 2 個組 $(S,\{a_{ij}\})$ に，出力記号の集合 $\Sigma=\{a_1,\cdots,a_d\}$，状態から出力記号への写像 $\phi: S \mapsto \Sigma$ を加えた 4 個組 $(S,\{a_{ij}\},\Sigma,\phi)$ によって表現される．

マルコフ連鎖と隠れマルコフモデルの本質的な違いは，隠れマルコフモデルでは状態とシンボルの 1 対 1 対応が存在しないことである．どちらのモデルでも各状態は，唯一の記号しか出力しないが，隠れマルコフモデルでは同一の記号を出力する状態が複数あり，出力記号列からだけでは状態遷移の系列を特定できないので，「隠れ」マルコフモデルとよぶのである．

工学的な応用で用いられる隠れマルコフモデルは，上の定義とは少し異なっている．状態から出力記号への写像 ϕ を，状態ごとに定義する出力記号の確率分布(多項分布)で置き換える．これを**出力確率**(emission probability)と

よぶ．状態 $s_i \in S$ において記号 $a_k \in \Sigma$ を出力する確率を

$$e(s_i, a_k) = e_i(a_k) = e_{ik} \tag{36}$$

と書くことにしよう．

状態に出力確率をもつ HMM は，2 個組 $(S, \{a_{ij}\})$ に，出力記号の集合 Σ，出力確率 $\{e_{ik}\}$ を加えた 4 個組 $(S, \{a_{ij}\}, \Sigma, \{e_{ik}\})$ によって表現される．

観察列 $\boldsymbol{x} = x_1 \cdots x_n$ に対するこの HMM の状態列を $\boldsymbol{\pi} = \pi_1 \cdots \pi_n$ で表わすことにしよう．$\boldsymbol{\pi}$ はマルコフ連鎖に従うので，$\boldsymbol{x}$ と $\boldsymbol{\pi}$ の同時確率は以下のように書くことができる．

$$P(\boldsymbol{x}, \boldsymbol{\pi}) = a_{0\pi_1} \prod_{i=1}^{n-1} e_{\pi_i}(x_i) a_{\pi_i \pi_{i+1}} \tag{37}$$

各状態からの出力記号が 1 種類であるものを DHMM(deterministic HMM)，各状態が出力確率をもつものを SHMM(stochastic HMM)とよぶことにしよう．SHMM において，出力確率を 1 つの記号について 1，他の記号について 0 にすれば，DHMM になるから，DHMM が SHMM によって表現できることは自明である．一方，任意の SHMM は，その状態をそのときに出力する記号によって分割，すなわち s_i において x_j を出力するような状態を s'_{ix_j} とするとき，状態遷移確率 $\{a'_{ix_j,kx_\ell}\}$ を

$$a'_{ix_j,kx_\ell} = a_{ik} e_k(x_\ell) \tag{38}$$

とおき，$\phi'(s_{ix_j}) = x_j$ とすれば DHMM$((S' = \{s_{ix_j}\}, \{a'_{ix-j,kx-\ell}\}, \Sigma, \phi'))$ によって完全に表現できる．

DHMM と SHMM はモデル化できる能力において同値であるが，表現系が違うので，学習能力も含めたモデルとしての性能には違いがある．DNA 配列のモデル化では，HMM の部分ネットワークに多くの DHMM を含んでいる．たとえば，遺伝子のタンパク質コード領域開始コドンのモデルは，A, T, G を順に出力する状態を直列につないだものになる．DHMM においては，式(38)のように SHMM の出力確率を分割された状態の遷移確率で表現することになるから，状態の相互の連結関係(ネットワーク)と遷移確率が HMM の性質を決めることになる．3.2 節で紹介するマルチプルアラインメントに用いる SHMM においては出力確率がきわめて重要な意味をもつが，DHMM では，ネットワーク形状がきわめて重要な意味をもつ．

本書では，以降，とくに断らなければ HMM は SHMM を意味することとする．

マルコフ連鎖の各状態ではなく，各状態遷移に出力記号を割り当てることによっても，隠れマルコフモデルを定義できる[*21]．これは，実は確率正規文法と対応している．正規文法を含む変形文法，その確率化である確率文法については，第 4 章で解説する．

2.3 隠れマルコフモデルの主要アルゴリズム

この章の最初に，確率モデルを判別問題に用いる場合の，**確率モデルの学習**の問題と，**確率モデルによる構文解析**の問題について述べた．HMM の場合は，これらに加えて，配列が確率モデルから出力される確率の計算問題も解かなければならない．なぜなら，HMM において文字列の出力確率は，状態遷移確率と各状態の出力確率によって間接的に与えられているので，文字列全体に対する出力確率を得るためには，効率的な計算を必要とするからである．

これらをまとめて，確率モデル $M(\theta)$ を工学的に応用するための，主要な計算は以下の 3 つである（Rabiner and Juang, 1986）．

- 配列 x のどの部分が確率モデル $M(\theta)$ のどの内部状態に対応するかの計算（構文解析）
- 配列 x が確率モデル $M(\theta)$ から出力される確率の計算
- 配列群からの $M(\theta)$ の最適のモデルパラメータの計算（確率モデルの学習）

HMM においてこれらの計算をするためのアルゴリズムは，それぞれ Viterbi アルゴリズム，前向きアルゴリズム，Baum–Welch アルゴリズムとして知られている．

(a) Viterbi アルゴリズム

観測された文字列から，状態列を推定することによって，配列のどの部

*21 一般に，確率モデルで，状態から記号出力する場合をムーア（Moore）機械，状態遷移から記号出力する場合をミーリー（Mealy）機械とよぶ．

分がどの状態に対応するのかを知ることができる．このことを配列の確率モデルによる**構文解析**とよぶ(第4章参照)．式(39)で表わされるような，HMMの最尤状態遷移列を求めるアルゴリズムは，Viterbiアルゴリズムとして知られているDPアルゴリズムである．

$$\boldsymbol{\pi}^* = \underset{\pi}{\mathrm{argmax}} P(\boldsymbol{x}, \boldsymbol{\pi}) \tag{39}$$

時刻tまでの観測部分列$\boldsymbol{x}_{(1,t)} = x_1 \cdots x_t$とその状態列$\boldsymbol{\pi}_{(1,t)} = \pi_1 \cdots \pi_t$の同時確率で，$\pi_t = s_k$である場合の最大の確率を**Viterbi変数**とよび，$v_k(t)$とおくと，$v_\ell(t+1)$は以下のように書ける．

$$v_\ell(t+1) = e_\ell(x_{t+1}) \max_k (v_k(t) a_{k\ell}) \tag{40}$$

開始状態はs_0であるから，初期条件は$v_0(0) = 1$となる．配列全体に対する最適状態列$\boldsymbol{\pi}^*$と観測列全体$\boldsymbol{x} = x_1 \cdots x_T$の同時確率は，以下のように書ける．

$$P(x, \pi^*) = \max_k (v_k(T)) \tag{41}$$

式(40)でmaxを与える状態kを，$(\ell, t+1)$からの後向きのポインタで保持し，式(41)でmaxを与える状態kから順にポインタをたどることによって，最適状態列を求めることができる．これを，**トレースバック**とよぶ．アルゴリズムは，以下のようになる．

Viterbiアルゴリズム

初期化$(t=0)$	$v_0(0) = 1, v_k(0) = 0$ for all $k > 0$
再帰$(t = 1, \cdots, T)$	$v_\ell(t) = e_\ell(x_t) \max_k (v_k(t-1) a_{k\ell})$
	$\mathrm{ptr}_t(\ell) = \underset{k}{\mathrm{argmax}} (v_k(t-1) a_{k\ell})$
終了処理	$P(\boldsymbol{x}, \boldsymbol{\pi}^*) = \max_k (v_k(T))$
	$\boldsymbol{\pi}_T^* = \underset{k}{\mathrm{argmax}} (v_k(T))$
トレースバック$(t = T, \cdots, 1)$	$\pi_{t-1}^* = \mathrm{ptr}_t(\pi_t^*)$

(b) 前向きアルゴリズム

隠れマルコフモデルから，文字列xが出力される確率を求めるには，すべての可能な状態列から x が出力される確率を足し合わせなければならない．

$$P(\boldsymbol{x}) = \sum_{\pi} P(\boldsymbol{x}, \boldsymbol{\pi}) \tag{42}$$

この値は，**前向きアルゴリズム**(forward algorithm)とよばれる DP を用いて，逐次的に計算することができる．

時刻 t までの部分文字列 $\boldsymbol{x}_{(1,t)} = x_1, \cdots, x_t$ とその状態列 $\boldsymbol{\pi}_{(1,t)} = \pi_1 \cdots \pi_t$ の同時確率を，$\pi_t = s_k$ となるような，あらゆる状態列について合計したものを**前向き確率**といい，$f_k(t)$ とおく．すなわち，

$$f_k(t) = P(x_1 \cdots x_t, \pi_t = s_k) \tag{43}$$

$f_\ell(t+1)$ は以下の漸化式で書ける．

$$f_\ell(t+1) = e_\ell(x_{t+1}) \sum_k f_k(t) a_{k\ell} \tag{44}$$

Viterbi アルゴリズムの漸化式(40)と比べると，max で最大値をとるところを，$\sum$ で和をとるように変わっていることが理解できよう．アルゴリズムは以下のようになる．

前向きアルゴリズム

初期化($t=0$)	$f_0(0)=1, f_k(0)=0$ for $k>0$
再帰($t=1,\cdots,T$)	$f_\ell(t)=e_\ell(x_t)\sum_k f_k(t-1)a_{k\ell}$
終了処理	$P(\boldsymbol{x})=\sum_k f_k(L)$

(c)　後向きアルゴリズム

HMM のパラメータの推定アルゴリズムである Baum-Welch アルゴリズムの説明をする前に，後向きアルゴリズムを導入する．後向きアルゴリズムで求める後向き確率は，前向き確率と組み合わせて Baum-Welch アルゴリズムで用いられる．

後向き確率 $b_k(t)$ を以下のように定義する．

$$b_k(t) = P(x_{t+1} \cdots x_T | \pi_t = s_k) \tag{45}$$

この確率は，時刻 t の状態が s_k であるときに，時刻 $t+1$ から時刻 T までの部分文字列 $\boldsymbol{x}_{(t+1,T)} = x_{t+1}, \cdots, x_T$ を出力する確率で，時刻 $t+1$ 以降はあらゆる状態列との同時確率が合計される．

特定の時刻 t における状態が s_k であり，$\boldsymbol{x} = x_1 \cdots x_T$ が出力される同時確率は以下のように書ける．

$$\begin{aligned} P(\boldsymbol{x}, \pi_t = s_k) &= P(x_1 \cdots x_t, \pi_t = s_k) P(x_{t+1} \cdots x_T | \pi_t = s_k) \\ &= f_k(t) b_k(t) \end{aligned} \tag{46}$$

したがって，観測列 $\boldsymbol{x}$ が与えられたとき，時刻 t に状態 s_k にいる確率は，以下の式で与えられる．

$$\gamma_k(t) \equiv P(\pi_t = s_k | \boldsymbol{x}) = \frac{f_k(t) b_k(t)}{P(\boldsymbol{x})} \tag{47}$$

$b_k(t)$ は，以下の漸化式で書ける．

$$b_k(t) = \sum_\ell a_{k\ell} e_\ell(x_{t+1}) b_\ell(t+1) \tag{48}$$

この漸化式では，時刻を T から 1 へ逆向きにたどることになる．後向き確率 $b_k(t)$ の DP アルゴリズム後向きアルゴリズム（backward algorithm）は以下のようになる．

後向きアルゴリズム	
初期化（$t = L$）	$b_k(L) = 1$ for all $k > 0$
再帰（$t = T-1, \cdots, 1$）	$b_k(t) = \sum_\ell a_{k\ell} e_\ell(x_{t+1}) b_\ell(t+1)$
終了処理	$P(\boldsymbol{x}) = \sum_\ell a_{0\ell} e_\ell(x_1) b_\ell(1)$

（d） Baum-Welch アルゴリズム

HMM を確率モデルとして用いるためには，HMM を定義する 4 つ組 $(S, \{a_{ij}\}, \Sigma, \{e_{ik}\})$ のうち，S および Σ を定義し，その上で何らかの方法で確率パラメータ $\{a_{ij}\}, \{e_{ik}\}$ を決める必要がある．

モデル化しようとする対象のデータが学習データとして得られれば，そ

れらから $\{a_{ij}\}, \{e_{ik}\}$ を学習することができる．これらの学習データにおいて，状態列が既知であれば，確率パラメータの推定は容易である．学習配列のセットで使われる特定の遷移や出力の度数を数え，これらを $A_{k\ell}$ と $E_k(b)$ とする．すると，$a_{k\ell}$ と $e_k(b)$ の最尤推定が次式で与えられる．

$$a_{k\ell} = \frac{A_{k\ell}}{\sum_{\ell'} A_{k\ell'}}, \quad e_k(b) = \frac{E_k(b)}{\sum_{b'} E_k(b')} \tag{49}$$

学習データについての状態列が未知の場合は，直接パラメータ値を推定することはできないが，**Baum–Welch** アルゴリズム(Baum, 1972)として知られている再帰法が存在する．Baum–Welch アルゴリズムでは，仮の $a_{k\ell}$ と $e_k(b)$ の値を使い，学習配列 $\{\boldsymbol{x}^j\}$ のすべての状態列に対する確率を計算することによって，$A_{k\ell}$ と $E_k(b)$ を再推定する．次に，式(49)を使って a_{ij} と e_{jk} の新しい値を導出する．モデルの対数尤度はくり返しで単調に増加するので，局所最大値に収束するが，最適な値に収束するとは限らない．

まず，遷移と出力の度数 $A_{k\ell}$ と $E_k(b)$ の期待値を計算する．配列 $\boldsymbol{x}$ が位置 t で状態 s_k を通り，位置 $t+1$ で状態 s_ℓ を通る確率は，以下のように書ける．

$$\xi_t(k,\ell) \equiv P(\pi_t = s_k, \pi_{t+1} = s_\ell | x, \theta) = \frac{f_k(t) a_{k\ell} e_\ell(x_{t+1}) b_\ell(t+1)}{P(\boldsymbol{x})} \tag{50}$$

すべての位置とすべての学習配列 $\boldsymbol{x}^j$ にわたる総計をとると，

$$A_{k\ell} = \sum_j \frac{1}{P(\boldsymbol{x}^j)} \sum_t f_k^j(t) a_{k\ell} e_\ell(x_{t+1}^j) b_\ell^j(t+1) \tag{51}$$

ただし，$f_k^j(t)$，$b_\ell^j(t)$ は，配列 $\boldsymbol{x}^j$ について前向きアルゴリズムおよび後向きアルゴリズムで計算される前向き確率と後向き確率である．

同様に，文字 b が状態 s_k で現われる回数の期待値は以下のように書ける．

$$E_k(b) = \sum_j \frac{1}{P(x^j)} \sum_{\{t | x_t^j = b\}} f_k^j(t) b_k^j(t) \tag{52}$$

これらの期待値から，式(49)を用いて新しいモデルパラメータを計算する．実際の計算では，可能な回数の計算で収束することは稀なので，対数尤度の変化率など，適当な収束条件を設けて計算を打ち切ることになる．

Baum–Welch アルゴリズムは，観測されない変数がある場合のパラメータの最尤推定法の一般的手法である **EM アルゴリズム**(EM algorithm)の特殊な場合になっている.

2.4 HMM の実装上の問題点

(a) 確率の計算と対数

HMM においては，長い文字列に対する確率を計算するのに，多くの確率の積をとるため，きわめて小さい値となり，いわゆる桁落ちの問題が生ずる．そのため，通常は確率値をすべて対数で表現し，確率の積を確率の対数の和として計算する.

その場合，計算のたびに対数をとると計算時間がかかるので，すべての確率を計算機上で常に対数で表現しておくと高速な計算ができる．たとえば，Viterbi アルゴリズムの漸化式

$$v_\ell(t) = e_\ell(x_t)\max_k(v_k(t-1)a_{k\ell}) \qquad (53)$$

は，$\tilde{v}_\ell(t) = \log(v_\ell(t))$，$\tilde{e}_\ell(x_t) = \log(e_\ell(x_t))$，$\tilde{a}_{k\ell} = \log(a_{k\ell})$ などと置けば，

$$\tilde{v}_\ell(t) = \tilde{e}_\ell(x_t) + \max_k(\tilde{v}_k(t-1) + \tilde{a}_{k\ell}) \qquad (54)$$

となる.

しかし，前向きアルゴリズムの漸化式

$$f_\ell(t+1) = e_\ell(x_{t+1})\sum_k f_k(t)a_{k\ell} \qquad (55)$$

では，$\sum_k$ の計算に足し算が含まれており，対数をとる前の和を，対数をとった後の値に変換しなければならない．このたびに対数変換を行うには計算時間が余分にかかる．そこで，$\tilde{p} = \log p$，$\tilde{q} = \log q$ で $\tilde{p} > \tilde{q}$ のとき，

$$\begin{aligned}\tilde{r} &= \log(p+q)\\ &= \tilde{p} + \log(1+\exp(\tilde{q}-\tilde{p}))\end{aligned} \qquad (56)$$

と展開し，関数 $\log(1+\exp(x))$ をテーブルから補完する方法が広く用いられている．従来のソフトウェアでは，高速化のために確率の対数を整数で表わす方法も用いられていた．長い配列に対する計算誤差の蓄積の問題もあり，近年の計算機の高速化によって，直接浮動小数点演算で対数計算を行うソフトウェアが多くなってきている.

(b) 持続長モデル

通常の HMM において自己ループをもつ状態をくり返す回数の確率分布は，自己ループの遷移確率の掛け算が続くから，右肩下がりの指数分布となる．互いに遷移できる状態のグループからなる HMM の部分モデルについても，部分モデル内の状態をくり返す回数は同様の指数分布となる．

たとえば，特定の真核生物の遺伝子のエキソンは，通常一山の釣鐘型の長さ分布をもっているから，指数分布でモデル化するのは好ましくない．

そこで，HMM の状態のマルコフ過程が同じ状態や部分モデルに滞在する長さを直接モデル化することが考えられる．連続音声認識を含む HMM の信号処理への応用例では，信号の長さと時間が同じ意味をもつので，このモデルは**持続長モデル**(duration model)とよばれている．

持続長モデルのもっとも単純な実装は，もともとの状態を多数コピーして左から右へ 1 列に状態遷移でつなぎ，各状態から終了状態への遷移を別途用意することである．各状態から終了状態への遷移確率が，もともとの状態の持続長の確率を直接与えることになる．

もうひとつの簡単なモデルは，状態のコピーを少数用意し，自己ループを許して直列につなぐことである．1 個の状態列から計算される持続長に対する確率はやはり指数分布になるが，同じ持続長をもつすべての状態列の確率を合計すると，持続長は負の二項分布とよばれる釣鐘型の分布になる．この場合は，Viterbi アルゴリズムではなく，前向きアルゴリズムによる全経路の確率の合計をモデルの確率とする構文解析を行うように実装しなければならない．

持続長を考慮した計算を HMM に持ち込むこともできる．状態 j における持続長が τ である確率が $d_j(\tau)$ である場合の，HMM の前向き確率の計算式は以下のようになる(図 11 も参照のこと)．

$$f_j(t) = \sum_{i=1(i\neq j)}^{N} \sum_{\tau=1}^{T} f_i(t-\tau) a_{ij} d_j(\tau) \prod_{k=1}^{\tau} e_j(x_{t-k+1}) + f_j(t-T) a_{jj} d_j(T) \prod_{k=1}^{\tau} e_j(x_{t-k+1}) \tag{57}$$

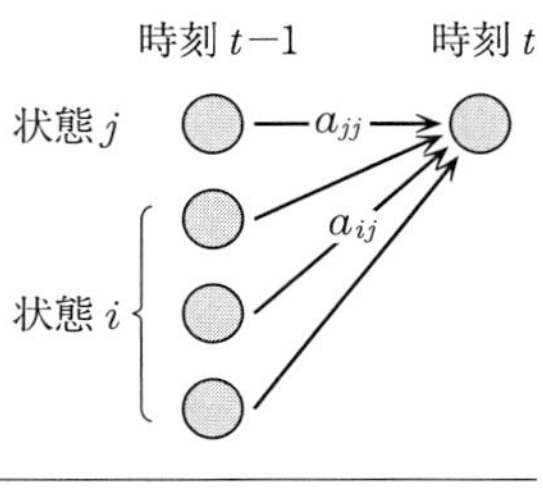

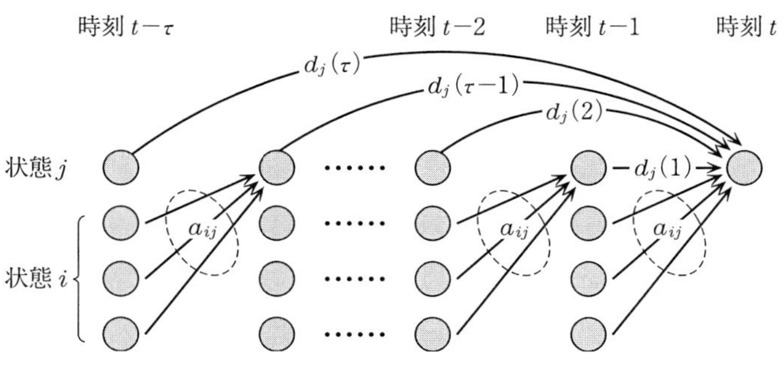

図 **11**　継続時間モデルにおける前向き確率 $f_j(t)$ の計算

持続長モデルに関するより詳しい解説は，Rabiner と Juang(1986)を参照されたい．

(c)　HMM のモデル構造

HMM を用いた遺伝子発見ソフトウェアでは，その構成要素に多くの DHMM を用いている．すでに述べたように，DHMM ではその状態ネットワークと遷移確率が重要な役割を果たす．実際，DHMM を用いて，n 次のマルコフモデル，隣との相関を考慮した位置重み行列，文脈で場合分けした位置重み行列などが表現可能である．

モデルとしての最適の HMM を決定する方法としては，HMM のパラメータの学習アルゴリズムとしての Baum-Welch アルゴリズムがあるが，これは，あくまでも HMM の状態ネットワーク形状が与えられた場合に遷移確率，出力確率などのパラメータを最適化するものである．しかし，HMM の状態ネットワークそのものの形状も，モデルの隠れたパラメータの一種であり，すでに述べたように，DHMM においてはとくに重要である．

第 3 章で触れる，プロファイル HMM を用いたマルチプルアラインメントや HMM による遺伝子発見の多くで，状態ネットワークは，知識に基づいて注意深く構築されたものである．しかし，直感的に良い状態ネットワーク形状がわからない場合には，これを自動的に求める手法が必要となる．

音声認識においては音素や単語に対応する HMM のネットワーク形状は，自己ループを除けば基本的に左から右に 1 列につながったものである．そのような，状態遷移が基本的に左から右へ一方向へだけ流れるような状態ネットワークをもつ HMM を，**線形の HMM** とよんでいる．大域的なループをもつ HMM が使われることはほとんどなく，大域的なループは文法レベルでのみ考慮される．

そのためか，最適なネットワーク形状をデータから決定する研究は少ないが，後に述べる混合正規分布を出力確率にもつ**連続分布 HMM** に対して，2 個の混合正規分布をそれぞれ別の状態の出力確率に割り当てることによって状態を次々に分割する**逐次状態分割法**(successive state splitting algorithm)が音素の精密なモデル化に用いられている(Takami and Sagayama, 1992)．

生物配列の解析では，タンパク質の二次構造予測に全数探索的な手法が使われた(Asai *et al.*, 1993)．Fujiwara ら(1994)は，状態の分割と削除を繰り返す方法をタンパク質モチーフの抽出とモデル化に用いた．矢田ら(1996, 1999)は，DNA のシグナルパターンのモデル化に遺伝的アルゴリズムを用い，さらにそれを発展させて遺伝的プログラミングを用いた方法を提案した．これらの方法はネットワーク形状の更新と HMM のパラメータの学習を逐次的にくり返すものである．

3　隠れマルコフモデルによる配列情報解析

前章までに，生物配列に用いられる確率モデルのうち，配列プロファイルとマルコフモデルについては，簡単な応用例を示した．本章では，前章で導入したHMMの応用例を解説する．

最初に，ペアHMMによるペアワイズアラインメントを紹介する．実用的なペアワイズアラインメントは通常のDPで計算されるが，ペアHMMはアラインメントの確率的な意味についてのより深い理解を助けるであろう．

次に，プロファイル型のHMMを紹介する．プロファイルHMMは，HMMが生物配列の世界で有名になるきっかけとなった重要な応用例であり，とくにそのモチーフモデルのデータベース，Pfamは世界で広く利用されている重要な成果である．

さらに，HMMのもうひとつの重要な応用例，遺伝子発見を紹介する．現在使われている遺伝子発見のソフトウェアのほとんどは，HMMもしくはHMMを拡張した確率モデルの考え方を基礎として設計されたものである．

最後に，HMMを生物配列に応用するために行われたいくつかの拡張について説明する．

3.1 ペアHMMとアラインメント

本節では，HMMによる2本の配列のペアワイズアラインメントについて説明する．

ここで登場するペアHMMは，これまでのHMMと異なり，状態からの出力は1個の文字とは限らない．ペアワイズアラインメントで2本の配列の文字が整列している位置では1組の文字を出力し，片方にギャップがあるときは，もう片方の文字1個だけを出力する．そのようなHMMにViterbiアルゴリズムを適用することによって，ペアワイズアラインメントを求めるのが目的である．

そのようなペアHMMを図12に示した．このHMMは，$\boldsymbol{x}, \boldsymbol{y}$の2つの系列の文字列を出力する．$M$は一致状態で，$\boldsymbol{x}$の文字$x_i$と$\boldsymbol{y}$の文字$y_j$をペアで出力する．その確率は確率$p_{x_i y_j}$と与えられている．$X$は$\boldsymbol{x}$に対する挿入状態で，$\boldsymbol{x}$の文字$x_i$だけを確率$q_{x_i}$で出力し，$Y$は$\boldsymbol{y}$に対する挿入状態で，$\boldsymbol{y}$の文字$y_j$だけを確率$q_{y_j}$で出力する．$M$から$X, Y$への遷移確率は$\delta$で，これはペアワイズアラインメントにおいて，$\boldsymbol{x}, \boldsymbol{y}$それぞれの

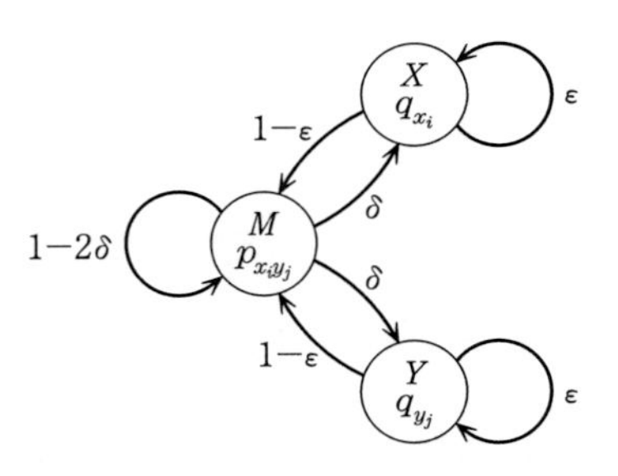

図 **12** アラインメントのためのペア HMM(Durbin *et al.*, 1998)

側でギャップが開始される確率である．X, Y の自己ループの遷移確率は ε で，これは $\boldsymbol{x}, \boldsymbol{y}$ それぞれの側ですでに開始したギャップが続く確率である．残りの遷移確率は，同じ状態からの遷移確率の合計が 1 となるように決められている．ペアワイズアラインメントで $\boldsymbol{x}$ の側と $\boldsymbol{y}$ の側に交互にギャップを挿入することは意味がないから，X と Y の間では直接の状態遷移は存在しない．

このHMMのViterbiアルゴリズムを考えよう．途中までの記号列 $\boldsymbol{x}_{(1,i)} = x_1 \cdots x_i$ と $\boldsymbol{y}_{(1,j)} = y_1 \cdots y_j$ を同時に出力したときの状態列を $\boldsymbol{\pi}_{(1,t)} = \pi_1 \cdots \pi_t$ とする．$\pi_t = v$ であるときの，2つの部分記号列 $\boldsymbol{x}_{(1,i)}$，$\boldsymbol{y}_{(1,j)}$ と部分状態列 $\boldsymbol{\pi}_{(1,t)}$ の条件つき同時出力確率 $p(\boldsymbol{x}_{(1,i)}, \boldsymbol{y}_{(1,j)}, \boldsymbol{\pi}_{(1,t)} | \pi_t = v)$ を，状態列 $\boldsymbol{\pi}_{(1,t-1)}$ について最大化したものを以下のようにおく．

$$v_v(i,j) = \max_{\pi_{(1,t-1)}} p(\boldsymbol{x}_{(1,i)}, \boldsymbol{y}_{(1,j)}, \boldsymbol{\pi}_{(1,t)} | \pi_t = v) \qquad (58)$$

この対数をとったものをViterbi変数として $V_v(i,j) = \log v_v(i,j)$ とおくと，Viterbiアルゴリズムの漸化式は以下のようになる．

$$V_M(i,j) = \max \begin{cases} V_M(i-1,j-1) + \log(1-2\delta) + \log p_{x_i y_j} \\ V_X(i-1,j-1) + \log(1-\varepsilon) + \log p_{x_i y_j} \\ V_Y(i-1,j-1) + \log(1-\varepsilon) + \log p_{x_i y_j} \end{cases}$$

$$V_X(i,j) = \max \begin{cases} V_M(i-1,j) + \log(\delta) + \log q_{x_i} \\ V_X(i-1,j) + \log(\varepsilon) + \log q_{x_i} \end{cases} \qquad (59)$$

$$V_Y(i,j) = \max \begin{cases} V_M(i,j-1) + \log(\delta) + \log q_{y_j} \\ V_Y(i,j-1) + \log(\varepsilon) + \log q_{y_j} \end{cases}$$

上の式は，$\gamma(g) = -d - (g-1)e$ の形のアフィンギャップペナルティを用いたペアワイズアラインメントの逐次式(12)と同じ形をしている．通常のペアワイズアラインメントにおける置換行列，ギャップペナルティと，ペア HMM における確率との対応関係を求めるために，ペアワイズアラインメントのスコアとペア HMM の確率との関係を見直してみよう．

2 本の配列 $\boldsymbol{x} = x_1 \cdots x_{L_x}$，$\boldsymbol{y} = y_1 \cdots y_{L_y}$ に Viterbi アルゴリズムを適用して得られる

$$V(L_x, L_y) = \max_v V_v(L_x, L_y) \tag{60}$$

は，2 本の配列がペア HMM から出力される最大の確率の対数である．その場合の構文解析，つまりペアワイズアラインメントが，どのくらい信頼できるかは，ヌルモデルとの対数オッズ比で評価できる．ヌルモデル M_R を，2 本の配列が独立に発生した場合とすると，その場合の確率はペア HMM で 1 文字だけを出力する確率と同じ確率を用いて以下のように書ける．

$$p(\boldsymbol{x}, \boldsymbol{y} | M_R) = \prod_{i=1}^{L_x} q_{x_i} \prod_{j=1}^{L_y} q_{y_j} \tag{61}$$

したがって，対数オッズ比は以下のようになる．

$$V(L_x, L_y) - \sum_{i=1}^{L_x} \log q_{x_i} \sum_{j=1}^{L_y} \log q_{y_j} \tag{62}$$

$V(L_x, L_y)$ を求めるための漸化式(59)の計算では，どのような状態列を通ったとしてもそれぞれの x_i は，ただ 1 度だけ，$\log q_{x_i}$ または $\log p_{x_i y_j}$ の形で使われる．そこで，式(62)の $\sum_i$ の中の $\log q_{x_i}$ を，q_{x_i} が使われるときの漸化式(59)から引くことにする．y_j についても同様にする．すると，$\log q_{x_i}$，$\log q_{y_j}$ は消滅し，$\log p_{x_i y_j}$ は $\log \dfrac{p_{x_i y_j}}{q_{x_i} q_{y_j}}$ に置き換わる．

そうすると，置換行列，アフィンギャップペナルティと確率との間には，以下のような対応関係があることがわかる．

$$\begin{aligned} s(a,b) &= \log \frac{p_{ab}}{q_a q_b} + \log(1 - 2\delta) \\ d &= -\log(1 - \varepsilon + \delta) \\ e &= -\log \varepsilon \end{aligned} \tag{63}$$

ただし，開始ギャップペナルティのうち，$-\log \delta$ はギャップが開始される

ときに計算されるが，$-\log(1-\varepsilon)$ はギャップから一致に戻るときに計算される量である．

3.2 プロファイル HMM

配列プロファイルを HMM に拡張したものを，プロファイル HMM とよんでいる．ペア HMM は，3 つの状態を互いにを行き来しながら記号を出力したが，プロファイル HMM は図 13 に示すような線形の(状態遷移が常に左から右に動く)HMM である．

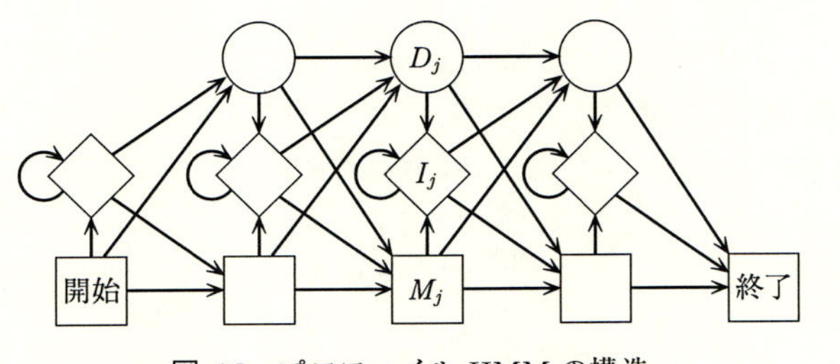

図 **13** プロファイル HMM の構造

$M_0, M_1, \cdots$ はマルチプルアラインメントでアミノ酸が並ぶ位置の分布を担当する**一致状態**，$I_0, I_1, \cdots$ は挿入を表わす**挿入状態**で，標準的な配列から外れてその配列に挿入された文字を担当する．$D_0, D_1, \cdots$ は削除を表わす特殊な状態，**挿入状態**で，記号を出力せずに他の状態に遷移する．図 13 では一致状態が 3 個の小さなモデルを表示しているが，実際には必要に応じて M_j，I_j，D_j を同じパターンでつなげた，より横長のモデルを用いる．

(a) マルチプルアラインメント

整列させようとする配列を用いてこの HMM を学習させ，各配列データの HMM における最適状態遷移列を Viterbi アルゴリズムを用いて求めれば，同じ一致状態から出力された文字どうしが整列したとみなして，マルチプルアラインメントが得られる．

各状態で出力確率の高いアミノ酸が出力されれば，スコアは高くなるから，よく整列したアラインメントは，最適状態遷移列に対応するわけである．

配列プロファイルにおいては，学習配列はギャップなしでアラインメントされ，位置ごとの文字の出現頻度から出力確率が決められているが，プロファイル HMM においては，配列は削除状態や挿入状態といった特別に用意された状態を利用して，ギャップありでアラインメントされる．

HMM によるアラインメントでも，配列プロファイルによる場合と同様に，得られたマルチプルアラインメントから各一致状態の確率分布を再推定し，Viterbi アルゴリズムでマルチプルアラインメントを作り直す，という手順をくり返す．

M_j から D_{j+1}，I_{i+1} への遷移確率の対数は，アフィンギャップペナルティを用いたときの開始ギャップコスト，D_j から D_{j+1}，I_j から I_{j+1} への遷移確率の対数は，伸張ギャップコストに対応している．

前節で考察したように，ペア HMM によるペアワイズアラインメントでは，$p_{x_i y_j}$ などの確率に基づく位置に拠らないアラインメントスコアが使われているが，プロファイル HMM で最適化されるスコアは，主に各一致状態の出力確率から計算される対数尤度の合計である．したがって，一致状態の出力確率の推定をどう行うかがきわめて重要である．

良いアラインメントを得るためには，各一致状態の確率分布には，第 1 章で述べた事前分布を用いた推定を行う必要がある．

マルチプルアラインメントを多次元 DP で解こうとすると，配列の長さ L の配列の本数 N のとき $O(L^N)$ の計算時間がかかるから，さまざまな手法が使われていることは第 1 章で述べた．プロファイル HMM によるアラインメントは，HMM の状態数を配列の長さのオーダーに設計するので，配列プロファイルを用いたくり返し計算によるアラインメントと同様，$O(NL^2)$ 程度の計算時間で済む．

（b）　モチーフと Pfam

プロファイル HMM は，一般的なマルチプルアラインメントを行うツールとしてよりも，タンパク質モチーフの表現手段としてよく使われている．

通常の配列プロファイルでは挿入や欠失を柔軟に扱えないので，プロファイル HMM のほうがより強力に配列モチーフをモデル化できる．

プロファイル HMM を用いたモチーフのデータベースとしては，Pfam (http://www.sanger.ac.uk/Pfam)が有名である．Pfam は，タンパク質の数多くのドメインとファミリー*22についてのマルチプルアラインメントとその HMM を集めたデータベースである*23．

Pfam の HMM を用いれば，適当な HMM ソフトウェアと組み合わせて，数多くのタンパク質配列から特定のモチーフを検索することができる．HMM ソフトウェアとしては，同じグループが作っている HMMer(http://hmmer.wustl.edu/)がよく使われる．

ゲノムプロジェクトで新しい配列がシークエンシングされると，遺伝子領域の予測と機能の推定が行われるが，Pfam によるモチーフ検索は，BLAST による相同性検索と並んで，ルーチンとして行われるようになっている．モチーフはタンパク質の機能を推定する上で重要な手がかりとなるからである．

3.3 隠れマルコフモデルによる遺伝子発見

(a) 遺伝子発見

近年，さまざまな生物種のゲノムプロジェクトにより，大量のゲノム DNA 配列データが得られるようになった．ゲノム DNA 配列についてもっとも興味のある対象のひとつは，タンパク質をコードしている遺伝子がどの部分にあり，それぞれがどのような機能をもっているかを同定することである．

それを実験によって確かめるためには，多くの時間と労力が必要であって，ゲノム DNA 配列をシークエンシングする速度に遠く及ばない．そこで，情報技術を用い，コンピュータ上で遺伝子を「発見」するための手法

*22 さまざまなタンパク質のうち，配列や構造，機能が似通ったグループをファミリーとよぶ．また，タンパク質配列の部分配列で，共通の配列や構造，機能をもち，機能を担う単位と考えられているものをドメインとよんでいる．

*23 2003 年 7 月の Version 10.0 で，6190 のファミリーをカバーしている．

が開発されている．そのような手法を，**遺伝子発見**(gene finding)，あるいは**遺伝子領域予測**とよんでいる．

コンピュータで遺伝子発見を行う手法は，大きく分けて3つある．

第1は，すでに遺伝子であると判明している生物配列(これ以降，**既知遺伝子**とよぶ)と類似の配列を検索することである．このゲノム塩基配列に対する検索は，既知遺伝子のDNA配列を用いて行ってもよいし，既知遺伝子がコードするタンパク質配列を用いて翻訳されればそのタンパク質配列に類似となる部分を検索してもよい．

第2は，遺伝的にあまり遠くない別の生物種のゲノムDNA配列と比較して，類似の配列を検索することである．生物にとって重要でない部分は，進化の過程で大きく変化するので，進化的に保存していると思われる配列を探してくれば，生物にとって重要な部分，遺伝子である可能性が高くなるからである．

第3は，遺伝子配列の統計的特徴を利用し，未知の遺伝子を含めて手探りで予測する方法である．このような方法を，***ab initio*** **法**とよんでいる．*ab initio* 法は従来は予測精度が悪く，以前は参考程度にしか使われていなかった．しかし，近年の予測精度の向上とともに，イントロンのない原核生物では基本的な解析手法として定着し，ヒトを含む真核生物についても，信頼性の高いGENSCAN(http://genes.mit.edu/GENSCAN.html)(Burge and Karlin, 1997)が登場してから盛んに用いられるようになった．

本節では，主にHMMを用いた *ab initio* 法について解説する．

(b) 遺伝子の情報構造と予測

遺伝子には，mRNAに転写された後タンパク質に翻訳される**タンパク質コード遺伝子**と，RNAのまま翻訳されずに機能を発揮する機能RNAをコードした**RNAコード遺伝子**がある．RNAコード遺伝子を扱うためには，別の仕組みが必要なので，第4章で触れることにし，本章では，タンパク質コード遺伝子のみを扱い，単に遺伝子とよぶことにする．

ゲノムのDNA配列上には遺伝子が多数あり，$5'$ から $3'$ への方向に転写開始点(TSS)からポリA部位付近までmRNAへ転写される．遺伝子には，タンパク質の一次構造(アミノ酸配列)を規定している部分と，プロモータなど遺伝子の発現を制御する情報をもっている部分がある．タンパク質に翻訳される部分をコード領域とよぶ．コード領域では，コドンとよばれる塩基3文字の組が順番に1個のアミノ酸に翻訳される．翻訳は特殊なコドンである開始コドンから始まり，終止コドンで終了する．原核生物では，コード領域は連続した文字列であるが，真核生物では，エキソン(exon)とよばれるコード領域の途中にイントロン(intron)とよばれる部分が挟み込まれている場合がある．RNAへ転写された領域のうち，イントロンは後にスプライス部位(splice site)で切り取られ，エキソンがつなぎ合わされてmRNAとなる．エキソンの開始コドン(start codon)から終止コドン(stop codon)までがタンパク質のアミノ酸配列へと翻訳される．転写を制御する領域にはいくつかの種類があるが，プロモータとよばれる制御領域は転写開始点の上流(5′側)にあり，遺伝子の転写開始に関係している．開始コドンより上流にあって転写はされるが翻訳されない部分を5′ UTR，同様に終止コドンより下流の部分を3′ UTRとよぶ．

真核生物の遺伝子構造の概略を図14に示す．

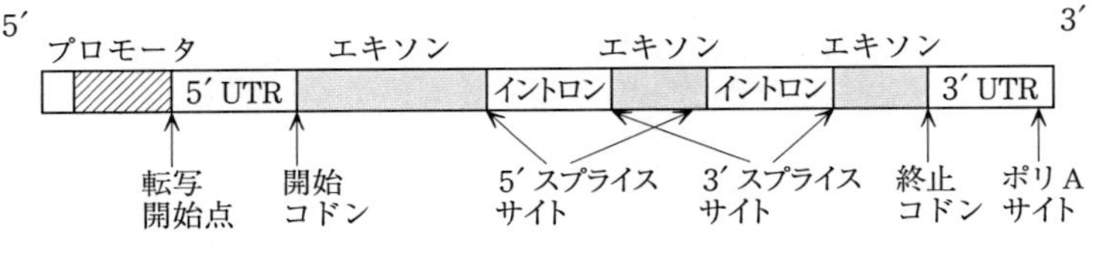

図 14　真核生物の遺伝子構造

(c)　HMMによるDNA配列の構文解析

文法を用いて終端記号(文字)と非終端記号(状態)の対応を計算することは，構文解析とよばれている．第4章で述べるように，HMMは確率文法であり，Viterbiアルゴリズムを用いて状態と生物配列との対応を計算する作業も構文解析である．

第2章の最初で，タンパク質の2つの二次構造，αヘリックスとβシートの判別問題を例に議論したように，遺伝子領域と遺伝子間領域の2つの内部状態をもつ確率モデルを構築し，DNA 塩基配列のどの部分がどちらのモデルに対応するかを構文解析できれば，確率モデルによる遺伝子発見が可能になる(図 15).

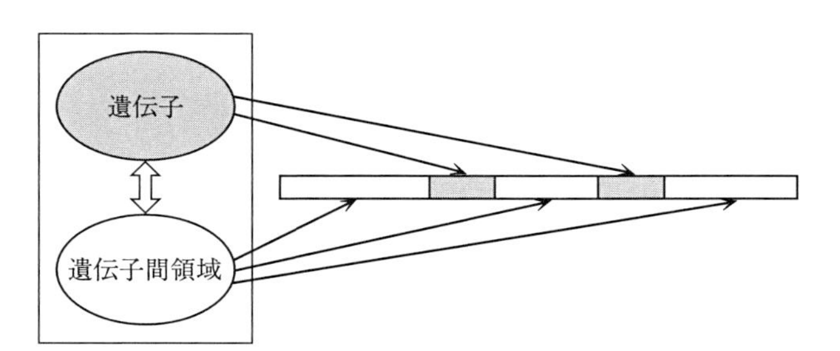

図 15　「遺伝子」,「遺伝子間領域」の 2 個の内部状態をもつ確率モデルによる DNA 塩基配列の構文解析．DNA 配列のどの部分がどの内部状態に対応するかを構文解析でラベルづけできれば，結果的に遺伝子発見ができる．

HMM を用いた遺伝子発見では，DNA 配列全体をモデル化する HMM が数多くの状態をもっている．それらの状態は，遺伝子，遺伝子間領域のどちらかの部分に対応している．Viterbi アルゴリズムによって DNA 配列のひとつひとつの文字と，HMM の各状態との最適な対応が計算できれば，状態と遺伝子，遺伝子間領域の対応関係を用いて，遺伝子部分のラベルづけができる．

このような構文解析は，HMM による連続音声認識とまったく同じ構造をもっている．連続音声認識では，音素や単語といった単位に対応する確率モデルの状態が，構文解析アルゴリズムで音声データの時系列と対応づけられる．しかし，遺伝子発見と連続音声認識では，決定的に違うことが 1 つある．それは，音声認識では，認識結果の音素列，単語列などが正確であれば，音声データの時系列との対応は，多少その境界がずれてもまったく問題にならないが，遺伝子発見においては，たった 1 文字(塩基)のずれが，重要な意味をもっているということである．

この点を除けば，連続音声認識の経験は，遺伝子発見においても有用である．連続音声認識において正確な認識を行うためには，単語の音韻構造や単語の接続関係を考慮したモデルを設計しなければならない．同様に，精度の高い遺伝子発見を行うためには，遺伝子の構造を考慮した精密な HMM の設計が必要である．

(d) 遺伝子発見のための HMM

遺伝子発見のための HMM の典型的な例を図 16 に示す．四角の箱で書かれた部分は，それぞれ HMM のサブモデルで，それ自体が HMM である．四角の箱を結ぶ矢印には，実は確率が割り振られていて，サブモデルの HMM を状態遷移確率で結合しているので，全体が巨大な HMM となっている．この HMM は，エキソン，イントロンの 2 つのサブモデルからなる遺伝子と，遺伝子間領域の 2 つの大きな部分を往復するようにできている．

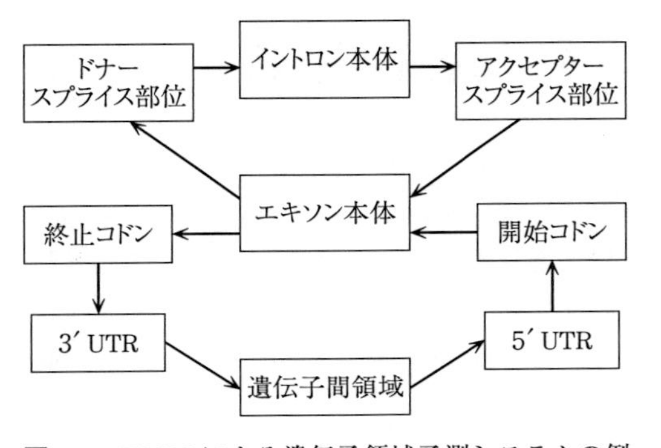

図 16　HMM による遺伝子領域予測システムの例

エキソンとイントロンはくり返し交互に現われる可能性があるが，最初のエキソンにだけ開始コドンがあり，最後のエキソンにだけ終止コドンがあるので*24開始コドンと終止コドンをエキソンから分離し，遺伝子間領域からエキソンに向かう経路の途中に開始コドンを配置し，エキソンから遺

*24　正確には，転写されスプライスされてつなぎ合わされるエキソンのうち，もっとも上流のエキソンに開始コドンがあるとは限らないし，それより例は少ないが，もっとも下流のエキソンに終止コドンがあるとは限らない．コード領域を含まないエキソンもあるのである．しかし，遺伝子発見のシステムについて議論するときには，便宜上，開始コドンのあるエキソンを第 1 エキソン，終止コドンのあるエキソンを最終エキソンとよぶことにすることが多いので，本書でもそうよぶことにする．

伝子間領域に向かう経路の途中に終止コドンを配置してある．

エキソンとイントロンの境目のスプライス部位は，エキソンからイントロンへ移るドナースプライス部位と，イントロンからエキソンへ移るアクセプタースプライス部位の2つを，分離して設けてある．スプライス部位にはエキソン側，イントロン側にまたがって統計的な特徴があるので，別途モデルを作ったほうが都合がよいからである．

このHMMを用いてゲノムDNA配列を構文解析すると，ゲノム上に点在する遺伝子を発見し，エキソン・イントロン構造も予測できる．予測精度は主に個々の部分モデルの性能にかかっている．

(e) エキソン

図16で「エキソン本体」と書かれたモデルは，エキソンのうち実際にタンパク質配列をコードしている部分に相当する．すでに第1章で触れたように，タンパク質コード領域では，3文字単位のコドンがアミノ酸に翻訳されるから，3文字周期の統計量が重要な役割を果たす．コード領域を非コード領域と判別するために計算される統計量を，コーディングポテンシャルとよんでいる．

コーディングポテンシャルとして，当初から使われてきたのがコドンの使用頻度である．その後，連続3文字の統計量を用いるよりも，6文字の統計量を使ったほうが精度が高いことが知られるようになった．現在多くのシステムで，2連続コドンの統計量であるダイコドンや，第2章で紹介した5次の非同質マルコフモデル，5次までの補間マルコフモデルなど，6文字の統計を基本とするコーディングポテンシャルが使われている．

マルコフモデルはすべてHMMとして実装することができるし，ダイコドンモデルは，終止コドンを除く61種類のコドンを確率1で出力する3状態のモデルを相互に結合させたときの遷移確率にダイコドンの条件つき確率 $P(x_i x_{i-1} x_{i-2} | x_{i-3} x_{i-4} x_{i-5})$ を割り当てて実装できる．しかし，高次のマルコフモデルやダイコドンのHMMによる直接の実装は，多くの状態数を必要とするので，コーディングポテンシャルは塩基配列から前処理としてあらかじめ計算し，DP計算で統合化するように実装するのが普通であ

る．この考え方を一般化したものが後で述べる多重出力 HMM である(3.4 節(c)項)．

3 文字周期自体はコード領域で一般的に観測される傾向があるが，コドンの使用頻度は生物種によってさまざまに異なっていることが知られている．したがって，コドンの使用頻度や 6 文字の統計をコーディングポテンシャルとして用いるためには，遺伝子発見を行おうとする生物の既知遺伝子における統計が，学習データとして必要である．遺伝子があまり発見されていない生物のゲノム配列をシークエンシングし，遺伝子発見を行う場合には，近種の生物の既知遺伝子を集めて学習データとして使用する．多くの場合，近種の生物のコドン使用頻度は似ているからである．

既知遺伝子が少ない場合のもうひとつの方法は，精密なコーディングポテンシャルを用いずに遺伝子発見を行い，予測遺伝子の統計を用いてコーディングポテンシャルを再定義し，再び遺伝子発見を行うというものである．この手続きをくり返すことにより，原核生物の遺伝子発見では高い精度を実現することができる(Asai *et al.*, 1997)．

コーディングポテンシャルと共に，エキソンのモデルで重要なのは長さの分布である．第 2 章の持続長モデルのところで述べたように，単純な HMM でモデル化すると，エキソンの長さの分布が指数分布となってしまうが，実際には，生物種に異なる平均値をもった釣鐘型の長さ分布をもっているので，2.4 節で述べた持続長モデルを実装する必要がある．

(f) シグナルとスプライス部位

遺伝子の部分構造に特有な部分配列をシグナルとよんでいる．翻訳が開始される開始コドン(一般的には，ATG)，翻訳がそこで止まる終止コドン(TAA,TAG,TGA)，転写が終了する付近にあるポリ A(poly A)などはよく知られた明確なシグナルである．

スプライス部位には，ほぼすべての場合に当てはまるシグナルがある．それは，エキソンからイントロンへの境目であるドナースプライス部位の境目からのイントロン側の最初の 2 文字 GT と，イントロンからエキソンへの境目であるアクセプタースプライス部位の境目直前のイントロン側の最後の 2 文字 AG である．

これらのシグナルはスプライス部位ならほぼ必ず存在するものであるが，このシグナルがあったからといってスプライス部位であるという性質のものではない．GT や AG といった 2 文字の並びは，RNA に転写される領域だけをとったとしても，数多く存在し，そのほとんどはスプライス部位とは何の関係もないのである．

幸運なことに，スプライス部位の付近には，この他にも位置に依存した塩基の偏りがあることが知られている．そこで，初期の真核生物の遺伝子発見システムでは，スプライス部位のモデル化に，配列プロファイルが使われていた．その後，隣どうしの塩基の相関が重要であることがわかり，1 次の位置依存マルコフモデルが用いられるようになった．有名な GenScan では，アクセプタースプライス部位では 1 次の位置依存マルコフモデル，ドナースプライス部位では図 9 で紹介した，場合分けされた配列プロファイルが用いられている．

(g)　イントロンと読み枠の文脈

スプライス部位に近い部分を除いたイントロンの塩基配列には，大きな特徴は少ない．そこで，3 次程度の適当な次数のマルコフモデルなどが用いられることが多い．

イントロンと関係して重要なのは，読み枠の文脈の問題である．コード領域には，アミノ酸に翻訳される単位としての 3 文字ごとの読み枠がある．スプライス部位は，その読み枠の切目に現われるとは限らない．図 17 に示したように，もしコドンの 2 文字目までで切れてイントロンになっていれば，コドンの 3 文字目は，次のエキソンの 1 文字目に現われることになる．

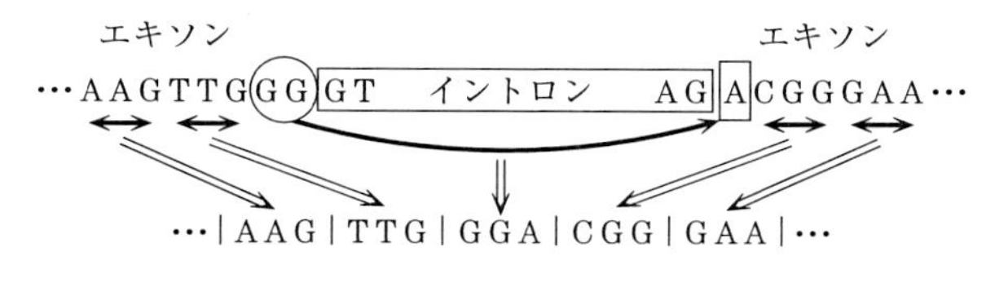

図 **17**　エキソンの読み枠

したがって，エキソンには両側にかかえるコドン破片の長さにより種類があり，イントロンを挟んで現われることのできるエキソンの種類には制約がある．このような制約は，イントロン付近に注目して次の3種類の文脈をHMMの状態ネットワークで別々の経路になるようにすることにより，実装できる．

(1) コドンの3文字目で終わるエキソンに続くイントロンは，コドンの1文字目から始まるエキソンに続く．

(2) コドンの2文字目で終わるエキソンに続くイントロンは，コドンの3文字目から始まるエキソンに続く．

(3) コドンの1文字目で終わるエキソンに続くイントロンは，コドンの2文字目から始まるエキソンに続く．

(h) シャドーモデル

ゲノムのDNAは2重らせんであり，その2本鎖は互いに逆相補的な関係にある．すなわち，2本鎖は互いに5′側と3′側が向き合っていて，対応する塩基はAとT，CとGという互いに相補的な塩基が向かい合っている．

遺伝子は，2本の鎖のどちら側にも現われる．2本鎖をそれぞれ解析して遺伝子領域を予測することもできるが，遺伝子が2本の鎖に重複して現われることはそれほど多くないので，片方の鎖だけを解析することにより，より精度の高い予測が可能となる．すなわち，反対側の鎖に遺伝子がある場合，その領域を単なる非遺伝子領域として扱うより，遺伝子の逆相補列の領域として認識したほうが，遺伝子領域のモデルの能力を有効に活用できるわけである．

そのためには，遺伝子領域のモデルを，逆相補的に「裏返した」モデルをあらかじめ用意しておき，「表の」遺伝子領域と統合して扱えばよい．「裏返した」モデルをシャドーモデルといい，コード領域は，通常の遺伝子モデルと逆に，逆相補終止コドン(TAA, TAG, TGAの逆相補でTTA, CTA, TCA)から始まって，逆相補開始コドン(ATGの逆相補でCAT)で終わることになる．

3.4 HMMの出力の拡張

生物配列の解析では塩基配列やタンパク質配列の文字列を扱う．確率モデルで直接これらの文字列を扱う場合には，確率情報源としてのこれらのアルファベットを出力記号とすればよい．しかし，文字列の中に隠された情報を精密にモデル化するのには，単に文字列をそのまま確率モデルで表現するだけでは十分とは言えない．

音声認識では，マイクから得られる音圧波形に対して周波数分析などの信号処理を行い，その結果をHMMやニューラルネットなどで扱う．音声情報では音圧波形の周波数情報が重要であることが既知であり，周波数分析そのものをHMMやニューラルネットで表現することはあまり意味がないからである．

DNA配列やタンパク質配列の場合には，音声認識における周波数変換に相当する普遍的な信号処理は知られておらず，ゲノムの階層構造の場所に依存した特徴の抽出には，さまざまな信号処理を必要としている．

これまで，HMMの出力は離散的な記号，文字である場合を扱ってきたが，出力として文字以外のオブジェクトを考えても，同様な確率モデルを構築できる．本節では，これら出力を拡張したHMMをいくつか紹介する．

（a） 連続分布 HMM

HMMの出力として，文字の代わりに実数値のベクトルを考え，各状態の出力確率を確率密度の形で与えると，**連続分布 HMM** となる．連続分布HMMは，連続音声認識によく用いられるので，詳しい定式化については，音声認識における確率モデルに関する教科書(中川，1988)などを参照されたい．

出力の実数値ベクトル $\boldsymbol{r}$ の状態 i における確率密度には，以下のような平均ベクトル $\boldsymbol{\mu}_i$，共分散行列 C_i をもつ多次元正規分布

$$N(\boldsymbol{r};\boldsymbol{\mu}_i,C_i)=\frac{1}{(2\pi)^{\frac{n}{2}}|C_i|}\exp\{-\frac{1}{2}(\boldsymbol{r}-\boldsymbol{\mu}_i)^T C_i^{-1}(\boldsymbol{r}-\boldsymbol{\mu}_i)\} \quad (64)$$

または何種類かの正規分布を足し合わせた混合正規分布が用いられる．連続分布で与えられるのは確率密度であり，確率そのものではないが，出力列に対しても同時確率密度を考えれば，多項分布で記号を出力する HMM と同様の DP 計算が使える．Baum–Welch アルゴリズムによるパラメータの再推定も同様に行うことができて，単一の多次元正規分布の場合，平均ベクトル，共分散行列の再推定値 $\hat{\boldsymbol{\mu}}_i$，$\hat{C}_i$ は，以下のようになる．

$$\hat{\boldsymbol{\mu}}_i = \frac{\sum_t f_i(t)b_j(t)N(\boldsymbol{r}_t; \boldsymbol{\mu}_i, C_i)\boldsymbol{r}_t}{\sum_t f_i(t)b_j(t)N(\boldsymbol{r}_t; \boldsymbol{\mu}_i, C_i)} \tag{65}$$

$$\hat{C}_i = \frac{\sum_t f_i(t)b_j(t)N(\boldsymbol{r}_t; \boldsymbol{\mu}_i, C_i)(\boldsymbol{r}_t - \boldsymbol{\mu}_i)(\boldsymbol{r}_t - \boldsymbol{\mu}_i)^T}{\sum_t f_i(t)b_j(t)N(\boldsymbol{r}_t; \boldsymbol{\mu}_i, C_i)} \tag{66}$$

共分散行列をフルに用いるとパラメータ数が多くなり，推定が困難になるので，対角行列を共分散行列にもつ**無相関正規分布**を確率密度にもつ HMM もよく用いられる．

(b) 一般化 HMM

1 個の文字ではなく，可変長の文字列を出力する HMM は，**一般化 HMM** (generalized HMM)とよばれている．一般化 HMM は，遺伝子領域予測システム Genie を実装するためのモデルとして開発された(Kulp *et al.*, 1996)．

状態 π_t から文字列 $\boldsymbol{x}_t$ が出力される確率を

$$P(\boldsymbol{x}_t|\pi_t) = P(\boldsymbol{x}_t|l(\boldsymbol{x}_t), \pi_t)P(l(\boldsymbol{x}_t)|\pi_t) \tag{67}$$

ただし，$l(\boldsymbol{x})$ は文字列 $\boldsymbol{x}$ の長さ

のように，状態 π_t から長さ $l(\boldsymbol{x}_t)$ の文字列が出力される確率と状態 π_t から長さ $l(\boldsymbol{x}_t)$ の文字列が出力されるときの文字列の確率に分解して書くと，$P(l(\boldsymbol{x}_i)|\pi_i)$ を用いて任意の持続長分布(1 つの状態から出力される文字列の長さ)を導入することができる．

文字列の確率分布 $P(\boldsymbol{x}_i|l(\boldsymbol{x}_i), \pi_i)$ についても，別のパターン認識手法から計算された値(ニューラルネットやカーネル法など)を用いることができるので，より一般的なモデルを構築できる．ただし，完全に一般的なモデルは，DP 計算を効率的に行うことができない．

(c)　多重出力 HMM

HMM の出力をより一般化し，離散記号，実数値のベクトルなどの性質の異なる出力を混在させて同時に扱えるように拡張したものが，**多重出力 HMM** である．

多重出力 HMM の多様な出力のそれぞれを，ストリームとよび，各ストリームは，離散記号(d)，実数値(r)のどれかのタイプをもっている．k 番目のストリームのタイプを $T(k)$ と書くことにする．離散記号のストリームでは出力確率が多項分布，実数値のストリームでは出力確率密度が正規分布が与えられる*25．

確率密度を確率と同列に扱うために積分して確率に直すかわりに，ストリームごとの確率変数の区間の長さにあたる係数をかけて近似し，状態 i における出力確率の対数をとると定数は式の外に出て一定となるので無視すると，以下のように書ける．

$$\log e_i(x^1, x^2, \cdots, x^K) = \sum_{k;T(k)=d} \log p_i(x^k) + \sum_{k;T(k)=r} \log N_l(x^k; \mu_{ik}, \sigma_{ik}^2)(+\text{定数}) \quad (68)$$

状態ごとに注目するストリームを指定する場合は，それぞれのストリームに 0 または 1 の重み λ_{ik} を導入し，

$$\log e_i(x^1, x^2, \cdots, x^K) = \sum_{k;T(k)=d} \lambda_{ik} \log p_i(x^k) + \sum_{k;T(k)=r} \lambda_{ik} \log N_l(x^k; \mu_{ik}, \sigma_{ik}^2), \quad \lambda_{ik} \in \{0, 1\} \quad (69)$$

と書くことができる．こうすると，生物配列を適当な信号処理手法で前処理した結果を別ストリームにした場合，状態ごとに異なった前処理に着目した確率を与えることができる．

ニューラルネット，サポートベクトルマシーンなどを用いた前処理をして，その結果を別のストリームとして扱う場合は，ストリームの値に対し

*25　ストリームのタイプとして実数値ベクトルを許し，多次元の正規分布を出力確率として用いることもできるし，混合正規分布を用いることもできる．

て確率密度を与えるのではなく，確率とする定式化を行うと，扱いやすい．

また，λ_{ij} を任意の実数値とすると，ストリームごとに重みをつけたモデルを作ることができる．この場合式(69)の値は確率的な意味をもたなくなってしまうが，Viterbi アルゴリズムを用いた構文解析は通常の場合と同様に行うことができる．

多重出力 HMM を用いることにより，さまざまな情報を統合化して構文解析をすることが可能になる．BLAST による既知遺伝子に対する相同性検索のスコア，EST など cDNA のゲノム塩基配列へのマッピング結果など，さまざまなものを利用することが可能である．

GeneDecoder(http://www.genedecoder.org/)は，多重出力 HMM を用いて構築された真核生物の遺伝子領域予測システムである．多重出力を用いれば，DNA 配列を用いたいかなるパターン判別器も，その出力を確率の値に正規化することにより，多重出力 HMM の構文解析に組み込むことができる．それぞれの研究者が，得意のパターン認識手法を用いてゲノムの階層構造の部品に対する判別器を設計すれば，その判別器を多重出力のストリームを計算する前処理器として用いることにより，統合的な遺伝子構造のモデル化と予測ができるわけである．

4 確率文脈自由文法と RNA

RNA は 4 種類の塩基 A,C,G,U が直鎖上につながった重合体だが，1 本鎖の RNA は折りたたまれて G–C と A–U の水素結合による多数の相補塩基対の連続領域を作る．この塩基対構造を RNA の**二次構造**(secondary structure)とよぶ．

本書ではこれまで，RNA としては主に mRNA が登場した．DNA からタンパク質への遺伝情報が伝達される際の媒体となる mRNA では，その 3 文字ずつがアミノ酸に翻訳されるから，その文字の並び(一次構造)がもっとも重要である．

しかし，RNA には 1 本鎖中の相補的な塩基が二次構造を構成して，翻訳，RNA の切断や修飾など，重要な機能を発揮するものが数多くある．たとえば tRNA は，遺伝子のタンパク質への翻訳で遺伝暗号とアミノ酸の対応を仲介し，rRNA は，翻訳装置であるリボゾームの構成要素となっている．RNA 鎖を切断する能力のあるものはリボザイムとよばれている．mRNA などでイントロンが切り取られるスプライシングを行うスプライソソーム(RNA タンパク質複合体)は，スプライス部位の認識や RNA 鎖の切断や再結合反応の触媒，制御を行うさまざまな snRNA を含んでいる．核小体に局在する snoRNA は，塩基修飾などの rRNA 成熟過程に重要な機能を果たしている．これらの RNA を機能 **RNA** とよぶ．機能 RNA においては，その文字の並びそのものよりも，二次構造が機能に深く関係している．また最近，2 本鎖 RNA がその配列に相同な遺伝子の発現を抑制すること(RNAi)が見出され，RNA の構造と機能に関する関心が高まっている．

RNA の二次構造は相補対の形成という，タンパク質の立体構造などと比較すれば比較的単純な法則に基づいているにもかかわらず，大きな RNA の二次構造を効果的に解析する計算機的手法には，計算時間の面で限界がある．また，ゲノム中に点在する機能 RNA を検索することも部分的にしか成功していない．

本章では，確率文法としての確率文脈自由文法を導入し，その RNA 塩基配列への適用について述べる．最初に RNA の二次構造について説明した後，Chomsky の変形文法を定義し，確率文法を変形文法の生成規則に確率を付与することによって定義する．隠れマルコフモデル(HMM)は確率正規文法と見ることができる．文脈自由文法を確率化した確率文脈自由文法は，RNA 二次構造のステム部分の依存関係を自然に説明できるため，RNA 配列の構造を考慮した解析に有効である．

4.1　RNA の二次構造

RNA の二次構造は典型的には図 18 に示したような 2 次元の絵で表現される．

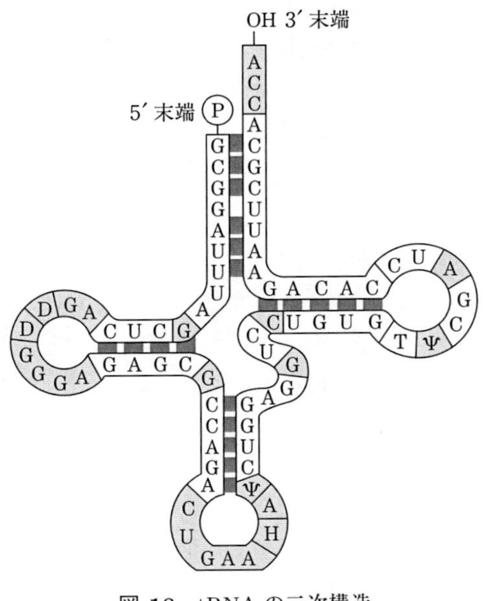

図 **18** tRNA の二次構造

塩基対の連続領域をステム(stem)とよぶ．塩基対に挟まれた 1 本鎖の部分をループ(loop)とよび，とくにステムの端のループをヘアピンループ(hairpin loop)とよぶ．1 個のステムとヘアピンループの組み合わせを，ヘアピン(hairpin)もしくはステムループ(stem loop)とよぶ．ステムの中に点在する 1 本鎖の塩基をバルジループ(bulge loop)，バルジがステムの両側にあるとき**内側ループ**(internal loop)とよぶ．これら RNA 二次構造の構成要素を図 19 に示す．

G–C 対は 3 本の水素結合を作り，2 本しか作らない A–U 対よりも安定である．また，**非正規塩基対** G–U も数多く見られる．

重要な RNA の中には，配列の並びは異なっても，二次構造を保存しているものが数多くある．単純な DP や，隠れマルコフモデルによる解析では，このような構造を反映したモデル化を行うことができない．

RNA 二次構造では，塩基対はほぼ常に入れ子になって現われ，RNA 配列上に塩基対を結ぶように弧を描くと互いに交わらない．このような構造

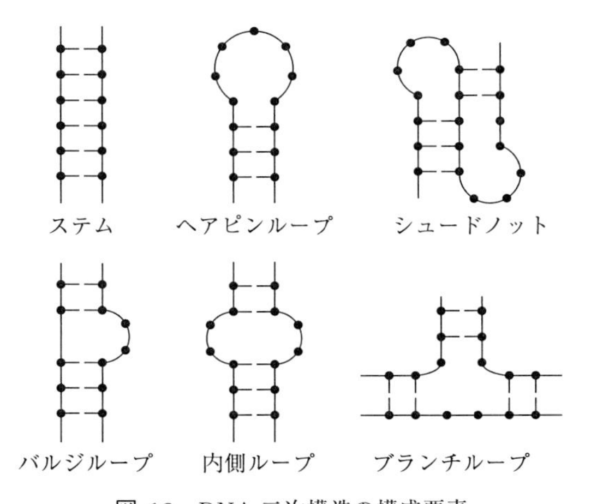

図 19 RNA 二次構造の構成要素

は，次節以降で解説する文脈自由文法でモデル化することができる．

入れ子でない塩基対があるとき，シュードノット(pseudoknot)とよぶ．シュードノットの例は図 19 に示されている．シュードノットの交差する相互作用を完全に一般的に扱うには，文脈依存文法が必要である．

4.2 変形文法と確率文法

(a) 変形文法

変形文法は，3 種類の要素，**非終端記号**(nonterminal symbol)，**終端記号**(terminal symbol)，**生成規則**(production rule)*26の有限集合の組 (V_N, V_T, R) から構成される．終端記号は実際の観測文字列に現われる記号である．ただし，特殊な終端記号として，観測文字列では空文字列となるヌル記号(ε で表わす)を終端記号の有限集合 V_T の要素に加える．文法における抽象的な概念に対応する非終端記号は，$\alpha \to \beta$ の形の生成規則によって終端記号に書き換えられる*27．α と β は記号の列であり，左辺の文字列 α は少なくとも 1 個の非終端記号を含み，右辺の文字列 β に変換される．特

*26 生成規則は書き換え規則(rewriting rule)ともよばれる．
*27 通常，終端記号には小文字を使い，非終端記号には大文字を使う．

殊な非終端記号 S を初期文字列として用い，生成規則にしたがって変形をくり返すことによって文字列を生成する．

たとえば，$V_N = \{S, T, E\}$，$V_T = \{a, b\}$ に対する以下のような生成規則を考える．

$$S \to T,\ T \to aT,\ T \to bT,\ T \to E,\ E \to \varepsilon \tag{70}$$

生成は，たとえば以下のように進む．

$$S \Rightarrow T \Rightarrow aT \Rightarrow abT \Rightarrow abbT \Rightarrow abbE \Rightarrow abb$$

書き換えは，右辺が終端記号だけになるまで生成規則が順次選ばれて左辺の非終端記号に適用される．このプロセスの結果生じる文字列の系列を文法からの**導出**(derivation)とよび，与えられた配列に対して有効な導出を見つけることを**構文解析**(parsing)とよぶ．構文解析は，文法の非終端記号と，文字列の部分列との対応関係を与えることになるから，文法と文字列のアラインメント(alignment)と考えることができる．

変形文法は，書き換え規則に関する制限の度合いによって，**正規文法**(regular grammar)，**文脈自由文法**(context free grammar, CFG)，**文脈依存文法**(context dependent grammar)，**句構造文法**(phrase structure grammar)の 4 種類のチョムスキー階層に分類される(Chomsky, 1959)．これらの階層は，正規文法は文脈自由文法に含まれ，文脈自由文法は文脈依存文法に含まれる，というふうに入れ子になっている．

本章では今後，W, W_1, W_2 などを任意の**非終端記号**，a, b などを任意の**終端記号**，$\alpha_1, \alpha_2, \gamma$ などをヌル記号を含む非終端記号や終端記号の任意の系列，β などをヌル記号を含まない非終端記号や終端記号の任意の系列とする．

チョムスキー階層の各文法の生成規則は以下の制限にしたがう．

- **正規文法**：$W \to aW$，$W \to a$ の形の生成規則を許す．
- **文脈自由文法**：$W \to \beta$ の形の生成規則を許す．左辺は 1 個の非終端記号．右辺は任意の文字列．
- **文脈依存文法**：$\alpha_1 W \alpha_2 \to \alpha_1 \beta \alpha_2$ の形の生成規則を許す．非終端記号 W の許される変形はその文脈 α_1 と α_2 に依存する．
- **句構造文法**：$\alpha_1 W \alpha_2 \to \gamma$ の形の任意の生成規則を許す．

確率文法は，変形文法の生成規則に，その規則が選ばれる確率を与えることにより定義される．正規文法の生成規則である式(70)のそれぞれに，以下のように確率を与えたとする．

$$S \underset{(1.0)}{\longrightarrow} T, \quad T \underset{(0.4)}{\longrightarrow} aT, \quad T \underset{(0.5)}{\longrightarrow} bT,$$
$$T \underset{(0.1)}{\longrightarrow} E, \quad E \underset{(1.0)}{\longrightarrow} \varepsilon \tag{71}$$

これらの確率つき生成規則をもつ文法は，確率正規文法(stochastic regular grammar, SRG)となる．確率正規文法は，またの名を隠れマルコフモデル(hidden Markov model, HMM)という．第2章では隠れマルコフモデルを定義するのに，マルコフ連鎖の状態が直接観測できず，状態から出力される記号のみが観測できる場合を考えた．ここでの定義，正規文法の生成規則に確率を与える方法では，状態ではなく状態遷移に対して出力確率を割り当てている*28．文法の遷移規則がマルコフ状態遷移，遷移規則の両辺に現われる非終端記号が状態，遷移規則の右辺に現われる終端記号が出力記号に対応している．

式(71)では右辺の終端記号のみが異なる規則があるので，T から T への状態遷移に対して，出力記号が 1 つに定まらず，それぞれの生成規則に付与された確率にしたがって a, b が出力される．これはマルコフ過程の状態遷移に対して記号の出力確率を与えることに他ならない．

確率文法は，終端記号，非終端記号，確率つきの生成規則に関する 3 つの有限集合の組 (V_T, V_N, R_p) によって定義される．確率文法における非終端記号は，確率モデルの状態の概念に対応するものである．今後，非終端記号と状態をほぼ区別せず用いることにする．

4.3 確率文脈自由文法

文脈自由文法(CFG)は変形文法に関するチョムスキー階層で正規文法の

*28 ムーア機械とミーリー機械．

1 階層上に位置する文法であり，正規文法では生成できないタイプの言語を生成する文法である．文脈自由文法は，入れ子になった依存関係をもつ回文構造を表現できることが知られているので，RNA の二次構造を表現するのに好都合である．

任意の文脈自由文法は，適当な非終端記号を選ぶことによって，その生成規則を以下の形の標準形に変換できることが知られている．

$$W \longrightarrow W_1 W_2 \tag{72}$$

$$W \longrightarrow a \tag{73}$$

式(72)，式(73)に確率を与えれば，確率文脈自由文法(stochastic context free grammar, SCFG)となる．確率文脈自由文法においても，HMM の場合と同様に，(1)構文解析アルゴリズム，(2)文字列が出力される確率を計算するアルゴリズム，(3)モデルのパラメータを学習する EM アルゴリズムの 3 つのアルゴリズムが存在する．HMM と SCFG の主要アルゴリズムを表 2 に対比させて示す．

表 2 HMM と SCFG の主要アルゴリズム

	HMM	SCFG
構文解析	Viterbi アルゴリズム	CYK アルゴリズム
確率計算	前向きアルゴリズム	内側アルゴリズム
パラメータ学習	前向き・後向きアルゴリズム	内側・外側アルゴリズム

以下，これらのアルゴリズムを説明する．$W_v \to W_y W_z$ の確率を $t_v(y,z)$，$W_v \to a$ の確率を $e_v(a)$ と表わすことにする．

(a) CYK アルゴリズム

SCFG の構文解析には，Cocke-Younger-Kasami(CYK)アルゴリズムが用いられる．これは，HMM における Viterbi アルゴリズムに対応するものである．$\gamma(i,j,v)$ は，部分文字列 $\boldsymbol{x}_{(i,j)} = x_i x_{i+1} \cdots x_j$ が非終端記号 v に対応する構文解析のうち最大の確率の対数をとったもので，再帰的に計算される．

CYK アルゴリズム

初期化　for $i = 1$ to L, $v = 1$ to M:

$$\gamma(i,i,v) = \log e_v(x_i)$$

$$\tau(i,i,v) = (0,0,0)$$

再帰　for $i = 1$ to $L-1$, $j = i+1$ to L, $v = 1$ to M:

$$\gamma(i,j,v) = \max_{y,z} \max_{i \le k \le j-1} \{\gamma(i,k,y) + \gamma(k+1,j,z) + \log t_v(y,z)\}$$

$$\tau(i,j,v) = \operatorname*{argmax}_{\substack{y,z,k \\ i \le k \le j-1}} \{\gamma(i,k,y) + \gamma(k+1,j,z) + \log t_v(y,z)\}$$

終了処理　$\log P(x,\hat{\pi}|\theta) = \gamma(1,L,1)$

最適のアラインメントを求めるためには，プッシュダウンスタックを用いて (i,j,v) をプッシュ，ポップし，ポインタ $\tau(i,j,v)$ を用いてトレースバックする．

（b）　内側アルゴリズム

SCFG で文字列に対する確率を計算するアルゴリズムは内側アルゴリズムとよばれている．内側確率 $\alpha(i,j,v)$ は，部分文字列 $\boldsymbol{x}_{(i,j)}$ が非終端記号 v に対応するとき，その区間のすべての構文解析の確率の合計で，漸化式(74)によって計算される．開始状態に対する文字列全体の確率 $\alpha(1,L,1)$ が，文字列が出力される確率となる．

内側アルゴリズム

初期化　for $i = 1$ to L, $v = 1$ to M:

$$\alpha(i,i,v) = e_v(x_i)$$

再帰　for $i = 1$ to $L-1$, $j = 1+1$ to L, $v = 1$ to M:

$$\alpha(i,j,v) = \sum_{y=1}^{M}\sum_{z=1}^{M}\sum_{k=i}^{j-1}\alpha(i,k,y)\alpha(k+1,j,z)t_v(y,z) \qquad (74)$$

終了処理 $P(x|\theta) = \alpha(1, L, 1)$

(c) 外側アルゴリズム

HMM において，前向きアルゴリズムと組み合わせて後向きアルゴリズムが使われたように，SCFG においては，内側アルゴリズムと組み合わせて外側アルゴリズムが使われる．外側確率 $\beta(i, j, v)$ は，部分文字列 $\boldsymbol{x}_{(i,j)}$ が非終端記号 v に対応するとき，その区間の外側の文字列全体に対する構文解析の確率の合計である．

外側アルゴリズム

初期化 $\beta(1, L, 1) = 1$, for $v = 2$ to M $\beta(1, L, v) = 0$

再帰 for $i = 1$ to L, $j = L$ to i, $v = 1$ to M:

$$\beta(i, j, v) = \sum_{y,z} \sum_{k=1}^{i-1} \alpha(k, i-1, z)\beta(k, j, y)t_y(z, v) + \sum_{y,z} \sum_{k=j+1}^{L} \alpha(j+1, k, z)\beta(i, k, y)t_y(v, z)$$

終了処理 $P(x|\theta) = \sum_{v=1}^{M} \beta(i, i, v)e_v(x_i)$ for any i

(d) SCFG の EM アルゴリズム

HMM の場合と同様に，SCFG のパラメータも，EM アルゴリズムによって学習することができる．内側確率 $\alpha(i, j, v)$ と外側確率 $\beta(i, j, v)$ から，導出に非終端記号 v が使われる回数の期待値は以下のようになる．

$$c(v) = \frac{1}{P(x|\theta)} \sum_{i=1}^{L} \sum_{j=i}^{L} \alpha(i, j, v)\beta(i, j, v)$$

導出で生成規則 $W_v \to W_y W_z$ が使われる回数の期待値は以下のように書ける．

$$c(v \to yz) = \frac{1}{P(x|\theta)} \sum_{i=1}^{L-1} \sum_{j=i+1}^{L} \sum_{k=i}^{j-1} \beta(i,j,v)\alpha(i,k,y)\alpha(k+1,j,z)t_v(y,z) \tag{75}$$

したがって，生成規則 $W_v \to W_y W_z$ に対する確率は，以下の式で再推定される．

$$\hat{t_v}(y,z) = \frac{c(v \to yz)}{c(v)} = \frac{\sum_{i=1}^{L-1} \sum_{j=i+1}^{L} \sum_{k=i}^{j-1} \beta(i,j,v)\alpha(i,k,y)\alpha(k+1,j,z)t_v(y,z)}{\sum_{i=1}^{L} \sum_{j=i}^{L} \alpha(i,j,v)\beta(i,j,v)}$$

同様に，生成規則 $W_v \to a$ に対する確率は，以下の式で再推定される．

$$\hat{e}_v(a) = \frac{c(v \to a)}{c(v)} = \frac{\sum_{i|x_i=a} \beta(i,i,v)e_v(a)}{\sum_{i=1}^{L} \sum_{j=1}^{L} \alpha(i,j,v)\beta(i,j,v)}$$

4.4 RNA の二次構造の推定

1 本の RNA 配列がとりうる二次構造の数は非常に多く，塩基長が 200 の RNA でさえ，10^{50} 個以上の塩基対構造の可能性をもっている．しかも，その数は配列の長さに対して指数的に増加する．正確な自由平衡エネルギーのような，正しい構造に対して高いスコアを与える関数があったとしても，きわめて広い探索空間から正解を探すのは容易なことではない．

にもかかわらず，RNA 二次構造予測の問題は，タンパク質の構造予測に比べれば，はるかに容易である．シュードノットを考慮しない場合に限れば，数百塩基の RNA の可能なすべての構造のスコアを現実的な時間内に評価するアルゴリズムが存在する．

(a) Nussinov アルゴリズム

RNA において，相補塩基対はその他の部分よりもエネルギー的に安定であるから，1 本鎖 RNA の二次構造予測を行うのに，なるべく多くの相補塩基対を作るような二次構造を求めるのは自然な近似である．相補塩基対の個数を最大にする動的計画法のアルゴリズムは，小さな部分配列に対して最適構造を計算し，より大きな部分配列を外側に向かって再帰的に計算していく **Nussinov** アルゴリズム(Nussinov *et al.*, 1978)として知られている．

RNA の部分配列を $\boldsymbol{x}_{(i,j)}=x_i x_{i+1}\cdots x_{j-1}x_j$ と表記し，その最大の相補塩基対の数を $\gamma(i,j)$ とおくと，漸化式では次の 4 つの場合を考えればよい．

（1）左生成：$\boldsymbol{x}_{(i+1,j)}$ の最適構造に単独の塩基 x_i を付け加える．

（2）右生成：$\boldsymbol{x}_{(i,j-1)}$ の最適構造に単独の塩基 x_j を付け加える．

（3）対生成：$\boldsymbol{x}_{(i+1,j-1)}$ の最適構造に塩基対 x_i，x_j を付け加える．

（4）分岐：2 個の最適構造 $\boldsymbol{x}_{(i,k)}$ と $\boldsymbol{x}_{(k+1,j)}$ を結合する．

したがって，漸化式は以下のようになる．

$$\gamma(i,j)=\max\begin{cases}\gamma(i+1,j)\\ \gamma(i,j-1)\\ \gamma(i+1,j-1)+\delta(i,j)\\ \max\limits_{i<k<j}\{\gamma(i,k)+\gamma(k+1,j)\}\end{cases} \tag{76}$$

ただし，$\delta(i,j)$ は，x_iと x_jが相補対のとき 1，それ以外のとき 0

ここで，すべての i について $\gamma(i,i)=0$ と初期化するだけだと，隣どうしの塩基も相補塩基対を作ることを許すことになる．実際の RNA では，配列上ある程度以上離れた塩基どうしでないと相補塩基対を作れない．言い換えれば，ステムループの長さは一定値以上になる．その限界の長さを L としたければ，$t=0,1,\cdots,L$ について $\gamma(i,i+t)=0$ と初期化すればよい．

$\boldsymbol{x}=x_1\cdots x_n$ に対する塩基対の最大値 $\gamma(1,n)$ を実現する二次構造は，$(1,n)$ からはじめてトレースバックする．上の場合分けで(4)の場合，つまり最適部分構造 2 個に分割される場合は，標準形の SCFG の CYK アルゴリズムによる構文解析と同様に，部分構造ごとにトレースバックが進むので，プッシュダウンスタックを必要とする．

(b)　Zuker アルゴリズム

Nussinov アルゴリズムでは，塩基対の数を最大にする構造を求めたが，より正確な RNA 二次構造予測のために，平衡自由エネルギーを最小化する構造を求めるのが，**Zuker アルゴリズム**である．

ステム部分のエネルギーは，塩基対ごとのエネルギーの合計ではなく，連続する 2 組の塩基対ごとにモデル化すると，比較的正確であることが知られている．これをスタッキングエネルギー(stacking energy)とよぶ．Zuker アルゴリズムは，スタッキングエネルギーのほか，ヘアピンループの長さ，バルジループの長さ，内側ループの長さ，マルチループの長さ，単塩基，ステム端ミスマッチエネルギーを考慮して，最低の平衡自由エネルギーをもつ構造を計算する．図 20 に，二次構造に対応した自由平衡エネルギーの例を示す．

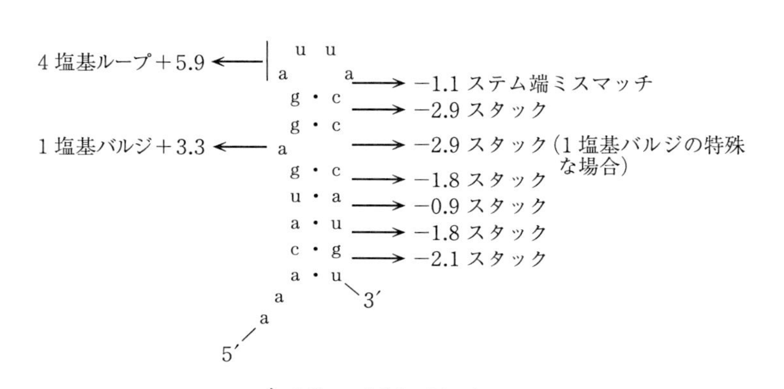

図 **20**　RNA のスタッキングエネルギー

DP 計算は Nussinov アルゴリズムより複雑になるが，より正確な二次構造予測が可能となる．アルゴリズムの詳細については，Zuker と Stiegler(1981)を参照せよ．

(c) RNA 二次構造予測の問題点

この節ではこれまで，適当なスコア関数を最大化する二次構造を見つけるアルゴリズムがあれば，RNA の二次構造が正しく推定できるかのごとく論を進めてきた．

しかし，現実はそれほど甘くなく，実験に基づく自由平衡エネルギーのパラメータを使った Zuker アルゴリズムを用いても，RNA 配列 1 本から，その二次構造を正確に予測することはきわめてむずかしい．スコア関数はやはり十分に正確ではないのである．

信頼に足る RNA 二次構造の予測は，別の方法で行われている．それは，**比較配列解析**とよばれる，RNA のマルチプルアラインメントに基づく方法である．

マルチプルアラインメントから，二次構造を推定する場合は，塩基対を構成可能な共通な位置を見つけるだけでなく，塩基対を壊さないようにペア単位で文字が異なっている位置，**共変塩基対**を見つけることが重要になる．図 21 のマルチプルアラインメントでは，全体として配列が互いに保存されているにもかかわらず，箱で囲まれた位置は配列間で塩基は異なっており，しかも相補塩基対の関係は保持している．このような位置は，以下の相互情報量を計算することによって推定することができ，共通二次構造において相補塩基対となっている有力な候補となる．

$$M_{ij} = \sum_{a,b\in\Sigma_R} c_{ij}(a,b)\log\frac{c_{ij}(a,b)}{c_i(a)c_j(b)} \tag{77}$$

$c_i(a)$ は塩基 a が列 i で観測される割合であり，$c_{ij}(a,b)$ は塩基対 (a,b) が列 i と j で同時に観測される割合である．

RNA の比較配列解析に用いられる配列群は，二次構造がわからなくとも

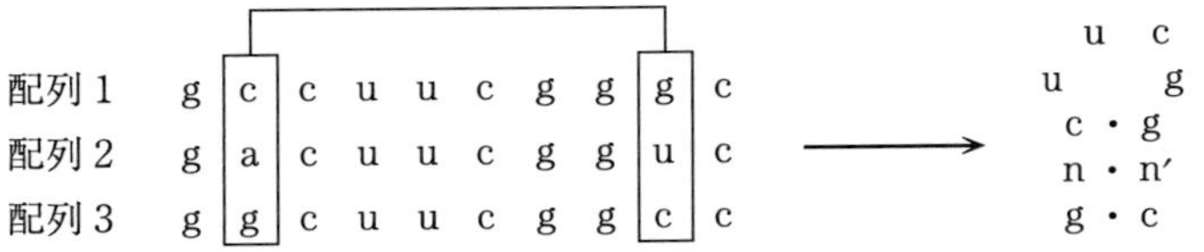

配列 1	g	c	c	u	u	c	g	g	g	c
配列 2	g	a	c	u	u	c	g	g	u	c
配列 3	g	g	c	u	u	c	g	g	c	c

図 21 共変塩基対の発見と共通二次構造

一次配列の一致性のみによって良いアラインメントが得られるほど十分に類似していなければならないが，同時に共変塩基対がいくつも検出できるほど異なっている必要もある．

共通の二次構造をもつ RNA のマルチプルアラインメントは，DNA やタンパク質のマルチプルアラインメントと異なり，位置ごとに独立な置換行列とギャップペナルティによるスコアづけではうまくいかない．共通の二次構造の存在を考慮して，アラインメントする必要があるからである．

ところが，共通の二次構造を正確に知るためには正しいマルチプルアラインメントが必要であり，また，正しいマルチプルアラインメントを求めるためには，共通の二次構造が必要になってしまう．そこで，暫定のマルチプルアラインメントから構造を推定し，推定した構造を用いてマルチプルアラインメント計算しなおす再帰的な手続きがとられる．

4.5 RNA の確率文脈自由文法

本節では，RNA 配列を扱うための SCFG について述べる．

文脈自由文法は，正規文法と異なり，入れ子になった依存関係を表現できるから，二次構造をもつ RNA 配列の解析に適している．しかし，チョムスキー標準形の生成規則は，RNA の二次構造を表現するためには扱いにくいので，RNA に特化した，非標準形の生成規則をもつ SCFG を用いる．

本節で扱う SCFG の確率パラメータは，エネルギーを考慮したり，知識と経験に基づいて定めることもできる．同時に，モデルを SCFG として表現した恩恵として，SCFG の EM アルゴリズムを適用すれば，学習配列からパラメータを自動的に決めることもできる．

(a) 単純な SCFG

RNA のための簡単な SCFG を構成しよう．RNA に特化した生成規則を，Nussinov アルゴリズムの 4 つの場合分けを参考にして，以下のように定める．

$$
\begin{array}{ll}
S \to \mathrm{a}S|\mathrm{c}S|\mathrm{g}S|\mathrm{u}S & (1)\text{左生成} \\
S \to S\mathrm{a}|S\mathrm{c}|S\mathrm{g}|S\mathrm{u} & (2)\text{右生成} \\
S \to \mathrm{a}S\mathrm{u}|\mathrm{c}S\mathrm{g}|\mathrm{g}S\mathrm{c}|\mathrm{u}S\mathrm{a} & (3)\text{対生成} \\
S \to SS & (4)\text{分岐} \\
S \to \varepsilon & \text{終了}
\end{array}
$$

このSCFGのCYKアルゴリズムを考えてみよう．標準形のSCFGでは，部分文字列 $\boldsymbol{x}_{(i,j)}$ が非終端記号 v に対応するときの構文解析のうち最大の確率の対数を $\gamma_v(i,j)$ と置いたが，ここでは非終端記号は S しかないので，これを省略して，同じ確率の対数を $\gamma(i,j)$ と書くことにする．生成規則 $S \to \mathrm{a}S\mathrm{u}$ の確率を，$p(\mathrm{a}S\mathrm{u})$ などと書くことにすると，$\gamma(i,j)$ に関する漸化式は，以下のようになる．

$$
\gamma(i,j) = \max \begin{cases} \gamma(i+1,j) + \log p(x_i S); \\ \gamma(i,j-1) + \log p(S x_j); \\ \gamma(i+1,j-1) + \log p(x_i S x_j); \\ \max_{i<k<j} \{\gamma(i,k) + \gamma(k+1,j) + \log p(SS)\} \end{cases} \tag{78}
$$

これは，Nussinovアルゴリズムの漸化式(76)と同じ形をしているので，Nussinovアルゴリズムと，このSCFGのCYKアルゴリズムはほぼ同一である．

このNussinov型のSCFGでは，非終端記号を S の1個しか使わないから，確率モデルとしての構造は比較的単純である．モデルの確率パラメータは，各塩基が左側，右側からそれぞれ生成される確率が4個ずつ，塩基対が生成される確率が4個*29，分岐と終了の2個の確率で，合計14個である．

このSCFGは，二次構造を考慮して相補塩基対までを考えた，RNA塩基配列の確率モデルである．このSCFGのCYKアルゴリズムから求まる「最適構造」は，相補塩基対を最大化しているわけではないので，Nussinovアルゴリズムの結果と必ずしも一致しない．

*29 標準的な相補塩基対の4種類の組み合わせのみを考えた場合．最大16種類まで確率を与えることは可能である．

(b) より複雑な SCFG

非終端記号の数を増やし，もう少し複雑な SCFG を考えてみよう．以下の生成規則は，上の簡単な SCFG と基本的に同じだが，生成規則のタイプによって，非終端記号の種類を区別してある(a,b は任意の塩基)．

$$\begin{array}{lll} \text{開始} & S \to W & (W = B|P|L|R) \\ \text{分岐} & B \to SS & \\ \text{対生成} & P \to aWb & (W = B|P|L|R|E) \\ \text{左生成} & L \to aW & (W = B|P|L|R|E) \\ \text{右生成} & R \to Wa & (W = B|P|L|R|E) \\ \text{終了} & E \to \varepsilon & \end{array} \tag{79}$$

この SCFG における状態遷移の様子を図 22 に示す．

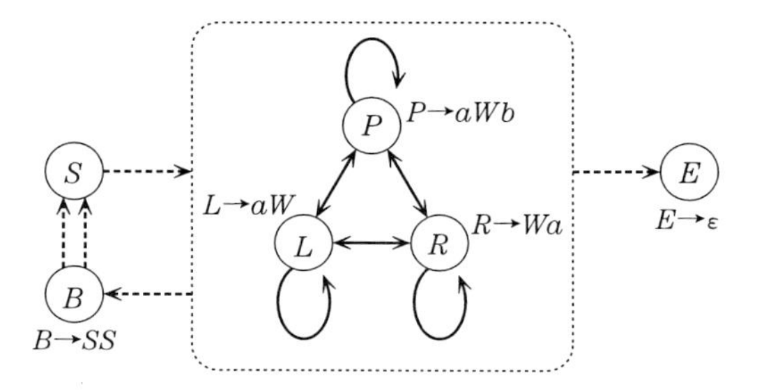

図 22　式(79)の生成規則による状態遷移のスケッチ

ここで，生成規則の確率を，状態遷移確率と出力確率に分離して考えよう．たとえば，$L \to aL$ の確率を，状態 L から状態 L への遷移確率 $t_L(L)$ と，状態 L における a の出力確率 $e_L(a)$ の積だと考える．すると，$p(P \to aWb) = t_P(W)e_P(a,b)$，$p(L \to aW) = t_L(W)e_L(a)$ などと書ける．対生成が続く場合の遷移確率 $t_P(P)$ はステムの長さの分布を規定するから，前出の Nussinov 型の SCFG よりもより複雑なモデル化が可能になっていることがわかる．

非終端記号をさらに増やせば，より複雑なモデル化も可能である．たとえば，Zuker アルゴリズムで考慮されるスタッキングエネルギーを取り入れるためには，塩基対が生成されたとき，生成した塩基対ごとに異なった名前の状態に遷移させればよい．つまり，塩基対 AU が生成されたときの状態を P^{au} とすると，$P^{\mathrm{au}} \to \mathrm{c}P^{\mathrm{cg}}\mathrm{g}$ のような生成規則には，塩基対 AU と塩基対 CG のスタッキングエネルギーに対応する確率を与え，そのような規則を 16 種類準備すればよい．

(c) SCFG の構文解析木

上で導入した，式(79)の生成規則をもつ，RNA のための SCFG を考えよう．図 23(a)のヘアピン構造をこの SCFG を用いて構文解析するとする．生成規則に対する確率の与え方によって，最大確率を与える構文解析結果は異なってくるが，ヘアピン構造をうまく捕らえた構文解析における導出(生成規則の適用の列)は，図 23(b)のようになる．構文解析の様子をよりわかりやすく表現したものが，図 23(c)で，このような図を構文解析木とよんでいる．この図で四角で囲まれた英大文字が生成規則の左辺の非終端記号を示し，四角どうしの太い線が生成規則の適用される順序を上から下へと示している．

正規文法では，$A \to aB$ という形の書き換え規則によって，非終端記号

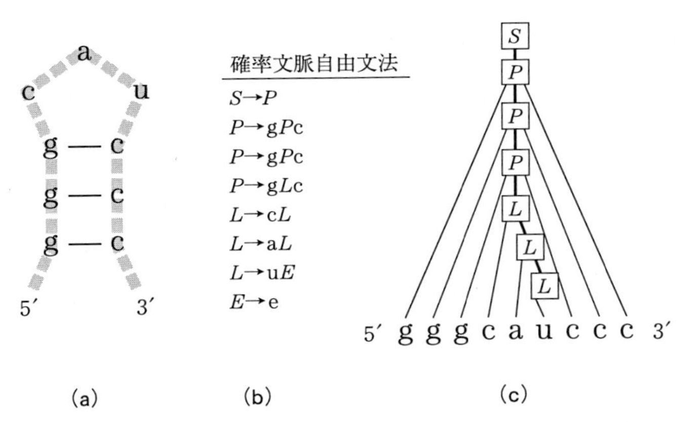

図 **23** (a)RNA のヘアピン構造．(b)ヘアピンを表現する確率文脈自由文法．(c)ヘアピン構造をもつ RNA の SCFG による構文解析木．

の左側に次々と記号が生成されていく．非終端記号は文字列上のある位置より右側の部分文字列全体に対応するから，配列は左から順番に 1 個の非終端記号に対応しているとみなすこともできる．隠れマルコフモデルでは，隠れ状態から 1 個の出力記号が出力されることに相当する．非終端記号の数を N，配列の長さを L とするとき，DP 計算を行うためには，配列上のすべての文字と非終端記号の対応関係を調べつくすために，$N \times L$ の行列を埋める必要があるから，$O(NL)$ のメモリが必要である．この行列を埋めるためには，$O(N^2L)$ の DP 計算が必要である．

一方，文脈自由文法では，構文解析木の節が非終端記号に対応しているから，1 個の非終端記号は，その節をたどった末端にあるすべての葉，すなわち配列上の部分配列 $\boldsymbol{x}_{(i,j)}$ に対応する．DP 計算を行うためには，配列上のすべての部分文字列と非終端記号の対応関係を調べつくすために，$N \times L \times L$ の行列を埋める必要があるから，$O(NL^2)$ のメモリが必要である．この行列を埋めるためには，$O(N^3L^3)$ の DP 計算が必要である．

4.6 RNA 配列のプロファイル SCFG

タンパク質に，共通の機能をもち，進化的に関係したファミリーがあるように，機能 RNA も共通の二次構造と類似の配列をもち進化的に関係したいくつかのグループに分けることができる．タンパク質や DNA 配列ファミリーの共通部分をモデル化するのに，プロファイル HMM を用いたのと同様に，機能 RNA のファミリーに対してプロファイル HMM を作ることは可能である．しかし，HMM は配列を左から右へ順に見ていく 1 次元のモデルであって，RNA の二次構造を効果的に扱うことができない．共通の二次構造をもつ RNA が共変塩基対をもっている場合もあるから，二次構造を考慮したプロファイルを用いることができれば，より望ましい．

このような要求にこたえるため，RNA 配列のファミリーのためのプロファイル **SCFG** が開発されている（Sakakibara *et al.*, 1994）．プロファイル HMM は，配列のマルチプルアラインメントのモデル化に適した一直線の HMM であるが，プロファイル SCFG は，RNA の共通二次構造のモデル化に適した木構造のSCFGで，その木構造は共通二次構造を正しく反映した構文解析木と同じ形をしている．

プロファイルCSFGとその構文解析の例を図24に示す．このモデルの重要な特徴は，非終端記号がRNAの構造を正確に反映した構文解析木の形につながっていることである．二次構造予測のためのSCFGによる図23の構文解析木も，同様の木構造をもっているが，構文解析に用いたSCFG自体は，図22のように，状態は大局的なループでつながれていた．

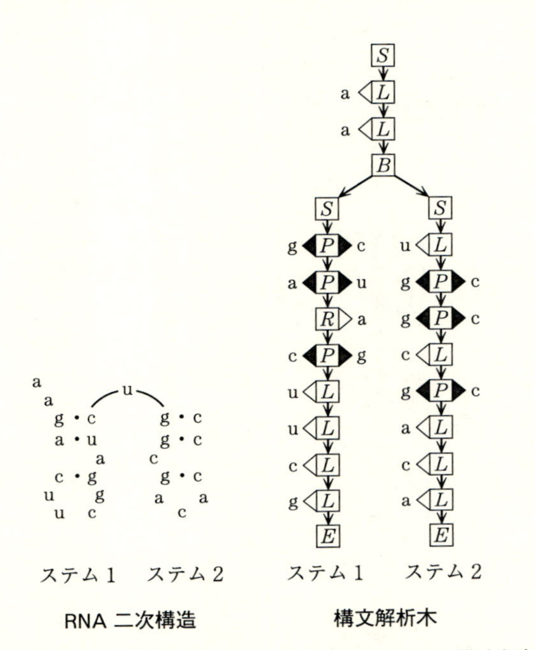

図 **24** RNAの構造とプロファイルSCFGによる構文解析

このプロファイルSCFGには全部で24個の状態があり，24塩基のRNAアラインメントをモデル化している．この2個の数字が一致しているのは偶然であるが，状態の数はプロファイルHMMの場合と同様，配列の長さとともに線形に増加する．

プロファイルSCFGにも，プロファイルHMMと同様に挿入状態や欠失状態を導入することが可能で，確率モデルとして，RNAのデータベース検索に用いることができる．Pfam はタンパク質のファミリーについてのマルチプルアラインメントとプロファイル HMM のデータベースであったが，RNA のマルチプルアラインメントとプロファイル SCFG についての同様なデータベースが Rfam である(http://rfam.wustl.edu/).

4.7 高次確率文法とシュードノット

この章では，これまで主に確率文脈自由文法による RNA の配列の解析について述べてきたが，生物配列の情報構造には，確率文脈自由文法では表現できない依存関係が知られている．タンパク質の立体構造における相互作用は言うに及ばず，RNA の二次構造におけるシュードノットや，ゲノム DNA 配列における繰り返し配列などもその例である．

Chomsky の階層では，正規文法，文脈自由文法，文脈依存文法，句構造文法と階層のレベルが上がるにつれ，より高次の依存関係を記述する能力が上がっていく．構文解析に関する多項式時間のアルゴリズムは，正規文法と文脈自由文法については存在するが，文脈依存文法の構文解析問題は NP 完全問題であり，句構造文法にいたっては停止することが保障された構文解析手法すらない．文脈依存文法に属する文法の中で，特定のクラスの文法に対しては，多項式時間の認識アルゴリズムがあることが知られている．木文法はその一種であり，その確率文法は生物配列の解析にも用いられている(Mamitsuka and Abe, 1994).

RNA のシュードノットは，配列比較解析によって，リボゾーム RNA，グループ I イントロン，RNase P RNA などに存在することが知られている．$\bar{\boldsymbol{w}}_1$，$\bar{\boldsymbol{w}}_2$ を $\boldsymbol{w}_2$，$\boldsymbol{w}_2$ の逆相補配列とするとき，図 19 の中に描かれているような，もっとも単純なシュードノットでは，$\boldsymbol{w}_1\boldsymbol{x}_1\boldsymbol{w}_2\boldsymbol{x}_2\bar{\boldsymbol{w}}_1\boldsymbol{x}_3\bar{\boldsymbol{w}}_2$ というパターンが現われる．$\boldsymbol{w}_1 - \bar{\boldsymbol{w}}_1$ $\boldsymbol{w}_2 - \bar{\boldsymbol{w}}_2$ の 2 組の逆相補配列はステムを構成しているが，相補的な結合の依存関係が交差していて，文脈自由文法の枠内に収まらない．

シュードノットを許すような RNA 二次構造のモデル化では，相補的な結合が入れ子になっている保障がないので，しらみつぶしで調べるためには，すべての部分文字列どうしの対応関係を調べつくす必要がある．そのそれぞれに非終端記号を割り当てる必要もあるから，非終端記号の数を N，配列の長さを L とするとき，DP 計算を行うためには，$N \times L \times L \times L \times L$ の行列を埋める必要がある．したがって，工夫のないアルゴリズムでは，$O(NL^4)$ のメモリと，この行列を埋めるための (N^3L^6) の計算が必要になる．

この計算量を実際の配列に対して実行することは非常にむずかしいので，近似アルゴリズムを含むさまざまな手法が提案されている．

まず，ステムを構成する逆相補配列は，たとえ途中に非塩基対を含んでいたとしても，ほぼ長さが等しいことを利用すると，$O(L^4)$ のアルゴリズムを構成できる．

近似アルゴリズムとしては，シュードノットを構成する 2 つのステムを別々の SCFG でモデル化し，2 個の文法の交わりを用いて計算するアルゴリズムが提案されている(Brown and Wilson, 1996)．

シュードノットを含む構造の確率モデルを作ることのできる手法として，いくつかの文法を平行して動作させる手法が提案されている(Cai *et al.*, 2003)．

シュードノットを完全に表現する形式文法に関しては，**交差相互作用文法**(crossed-interaction grammar)(Rivas and Eddy, 2000)が提案されている．この文法は，通常の文脈自由文法の生成規則のほかに，再配置規則という特殊な生成規則を演算子の役割を果たす特殊な非終端記号と組み合わせて導入し，任意のシュードノットをモデル化する能力をもっている．

5 確率モデル上のカーネル

本書ではこれまで，主に生物配列の確率モデルによるモデル化について扱ってきた．隠れマルコフモデル(HMM)は DNA 配列，タンパク質配列の一次構造をモデル化するのに適し，モチーフのモデル化や判別，遺伝子領域予測に威力を発揮した．RNA 配列では，遠距離相互作用の一種である二次構造を扱うのに，確率文脈自由文法(SCFG)が適していた．

これらの確率モデルでは，特定の構造や，共通のパターンをもつ一群の配列をもとにパラメータが最適化され，未知の配列がその一群の仲間であるかどうかの判別，あるいは長い配列のどの部分がどの構造やパターンに対応するのかのラベルづけが行われる．エキソンとイントロンのような，異なった配列群に対する確率モデルを準備すれば，配列を分類することも可能である．各確率モデルから配列が出力される確率を計算して比較することによって，確率モデルによってモデル化されたどのクラスに配列が属するかを判別する．

確率モデルには，これに加えて，配列のアラインメントを与える，という重要な役割がある．3.2 節で見たように，線形の HMM を用いて配列を構文解析すると，配列の各位置と HMM の隠れ状態との対応関係が決まるので，同一の隠れ状態に対応する複数の配列の各位置を整列させれば，マルチプルアラインメントを得ることができる．同様のアラインメントは，SCFG を用いた RNA の構文解析でも行うことができ，この場合は，二次構造を考慮した RNA のアラインメントとなる．

確率モデルによるアラインメントによって，配列間の各位置の対応関係がわかれば，それによって配列の比較ができるはずである．一方，素性の明らかでない 2 本の配列の比較については，確率モデルは直接の答えを与えない．生物配列の情報解析においては，配列の比較といえば，DP によるペアワイズのアラインメントのことを意味していた．ところが近年，カーネル法による生物配列の解析が始まり，配列を直接アラインメントするのではなく，配列から特徴を抽出し，特徴空間で比較する手法が盛んになってきた．

本章では，Tsuda ら(2002)が提案した確率モデル上のカーネル法を HMM と SCFG を例にとって解説し，確率モデルと配列の比較，分類に関する新しい概念を提示する．

5.1　カーネル

データ空間 X 上の点が，2 個のクラス C_x，C_o のどちらかに属しているとき，X を D 次元の特徴空間 F に写像する非線形関数 $\Phi : X \to F$ と，線形判別を組み合わせることにより，それぞれのデータ点をクラス分けする判別する問題を考える(図 25)．すなわち，$\boldsymbol{x} \in X$ に対して，

$$f(\boldsymbol{x}) \geq b \quad (\boldsymbol{x} \in C_x \text{のとき})$$
$$f(\boldsymbol{x}) < b \quad (\boldsymbol{x} \in C_o \text{のとき})$$

となる線形判別関数 $f(\boldsymbol{x})$ を以下のように構成する．

$$f(\boldsymbol{x}) = \boldsymbol{w}^\top \boldsymbol{\Phi}(\boldsymbol{x}) = \sum_{j=1}^{D} w_j \phi_j(\boldsymbol{x}) \tag{80}$$

$\boldsymbol{w}$ は学習データ $\boldsymbol{x}_1, \cdots, \boldsymbol{x}_N$ によって学習されるパラメータである．$\boldsymbol{w}$ を $\boldsymbol{\Phi}(\boldsymbol{x}_i)$ の線形和で表現して，

$$\boldsymbol{w} = \sum_{i=1}^{N} \gamma_i \boldsymbol{\Phi}(\boldsymbol{x}_i)$$

と書くと，$f(\boldsymbol{x})$ は以下のようになる．

$$f(\boldsymbol{x}) = \sum_{i=1}^{N} \gamma_i \boldsymbol{\Phi}(\boldsymbol{x}_i)^\top \boldsymbol{\Phi}(\boldsymbol{x}) \tag{81}$$

もし $\boldsymbol{\Phi}(\boldsymbol{x}_i)^\top \boldsymbol{\Phi}(\boldsymbol{x})$ が $\boldsymbol{x}_i$，$\boldsymbol{x}$ から直接計算できるとすると，特徴ベクトル

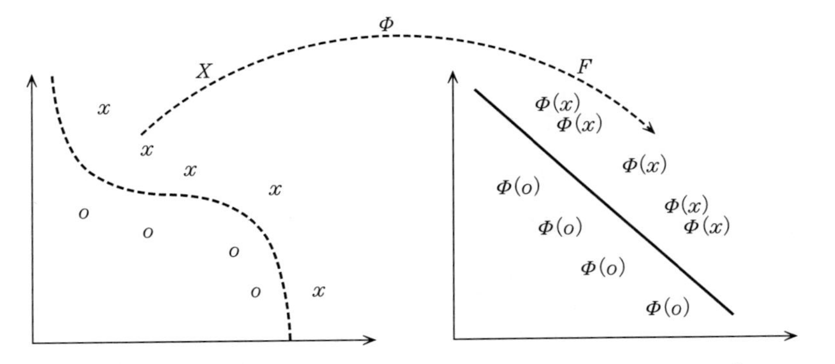

図 **25**　特徴空間への写像と判別分析(Cristianini and Taylor, 2000)

そのものを扱う必要がない．ここで，

$$K(\boldsymbol{x}_i, \boldsymbol{x}) = \boldsymbol{\Phi}(\boldsymbol{x}_i)^\top \boldsymbol{\Phi}(\boldsymbol{x}) = \langle \boldsymbol{\Phi}(\boldsymbol{x}_i) \cdot \boldsymbol{\Phi}(\boldsymbol{x}) \rangle$$

をカーネル関数とよび，カーネルを用いて行う判別法をカーネル法とよんでいる(Cristianini and Taylor, 2000)．カーネル関数は，特徴ベクトルの内積であり，2 個のベクトルの類似度を表わしている．カーネル法についての詳細は津田による解説(麻生ら，2003)などを参照のこと．

5.2 確率モデルの周辺化カーネル

HMM のような，隠れ変数(隠れ状態)をもつ確率モデルのカーネルとして，周辺化カーネル(marginalized kernel)(Tsuda *et al.*, 2002)を導入する．

(a) 結合カーネル

観測できる変数 $\boldsymbol{x}$ と，観測できない隠れ変数 $\boldsymbol{h} \in \mathcal{H}$ をもち，$\boldsymbol{\theta}$ をパラメータとする確率モデル $p(\boldsymbol{x}, \boldsymbol{h}|\boldsymbol{\theta})$ からのデータ点 $\boldsymbol{z} = (\boldsymbol{x}, \boldsymbol{h})$，$\boldsymbol{z}' = (\boldsymbol{x}', \boldsymbol{h}')$ に対するカーネル

$$K_J(\boldsymbol{z}, \boldsymbol{z}') = K_J((\boldsymbol{x}, \boldsymbol{h}), (\boldsymbol{x}', \boldsymbol{h}')) \tag{82}$$

を考える．このカーネルは，観測できる変数と隠れ変数の両方の値を用いて計算されるので，結合カーネル(joint kernel)とよぶ．

(b) 周辺化カーネル

隠れ変数が未知のとき，結合カーネルは観測データからは計算できない．しかし，HMM でシンボル列から隠れ状態列を Viterbi アルゴリズムで最尤推定したときのように，観測データから隠れ変数の条件つき確率 $p(\boldsymbol{h}|\boldsymbol{x}, \boldsymbol{\theta})$ を求めることができれば，結合カーネルを隠れ変数の条件つき確率を用いて平均化した値は，以下のように求められる．

$$K_M(\boldsymbol{x}, \boldsymbol{x}') = \sum_{\boldsymbol{h} \in \mathcal{H}} \sum_{\boldsymbol{h}' \in \mathcal{H}} p(\boldsymbol{h}|\boldsymbol{x}, \boldsymbol{\theta}) p(\boldsymbol{h}'|\boldsymbol{x}', \boldsymbol{\theta}) K_J(\boldsymbol{z}, \boldsymbol{z}') \tag{83}$$

この $K_M(\boldsymbol{x}, \boldsymbol{x}')$ を，確率モデル $p(\boldsymbol{x}, \boldsymbol{h}|\theta)$ における周辺化カーネル(marginalized kernel)とよぶ．周辺化カーネルでは，データ点だけでなく，その確率

分布によって値が左右される点に注意が必要である．

可能な隠れ変数すべてについての確率と結合カーネルの積を足し合わせなければならないので，一般の確率モデルについて周辺化カーネルを計算することはむずかしく思われるかもしれない．しかし 5.2 節，5.3 節で述べるように，HMM や SCFG など，パラメータ学習に関する効率的な EM アルゴリズムが存在する確率モデルに対しては，EM アルゴリズムで用いる DP 変数を流用して，特定のカーネルを効率よく計算できる．

(c) Fisher カーネル

生物配列に応用されている確率モデルのカーネルでは，**Fisher カーネル**(Jaakkola *et al.*, 2000)がもっともよく用いられている．ここでは，Fisher カーネルが実は周辺化カーネルの一種であることを示す．

まず，隠れ変数のない場合について Fisher カーネルを定義する．r 次元のパラメータベクトル $\boldsymbol{\theta}$ をもつ，$\mathcal{X}$ 上の確率モデル $p(\boldsymbol{x}|\boldsymbol{\theta})$ に対して，$\boldsymbol{x}$ と $\boldsymbol{x}'$ の間の Fisher カーネルは以下のように定義される．

$$K_f(\boldsymbol{x}, \boldsymbol{x}') = s(\boldsymbol{x}, \boldsymbol{\theta})^\top G^{-1}(\boldsymbol{\theta}) s(\boldsymbol{x}', \boldsymbol{\theta}) \tag{84}$$

ここで，$s(\boldsymbol{x}, \boldsymbol{\theta})$ は $p(\boldsymbol{x}|\boldsymbol{\theta})$ の Fisher スコア，$G(\boldsymbol{\theta})$ は Fisher 情報行列で，それぞれ以下のように定義される．

$$\begin{aligned} s(\boldsymbol{x}, \boldsymbol{\theta}) &= \nabla_\theta \log p(\boldsymbol{x}|\boldsymbol{\theta}) \\ &= \left(\frac{\partial}{\partial \theta_1}, \frac{\partial}{\partial \theta_2}, \ldots, \frac{\partial}{\partial \theta_r}\right) \log p(\boldsymbol{x}|\boldsymbol{\theta}) \end{aligned} \tag{85}$$

$$\begin{aligned} G(\boldsymbol{\theta}) &= E\left[s(\boldsymbol{x}, \boldsymbol{\theta}) s(\boldsymbol{x}, \boldsymbol{\theta})^\top | \boldsymbol{\theta}\right] \\ &= \sum_{\boldsymbol{x} \in \mathcal{X}} p(\boldsymbol{x}|\boldsymbol{\theta}) s(\boldsymbol{x}, \boldsymbol{\theta}) s(\boldsymbol{x}, \boldsymbol{\theta})^\top \end{aligned} \tag{86}$$

観測できない隠れ変数 $\boldsymbol{h} \in \mathcal{H}$ をもつ確率モデル $p(\boldsymbol{x}|\boldsymbol{\theta}) = \sum_{\boldsymbol{h} \in \mathcal{H}} p(\boldsymbol{x}, \boldsymbol{h}|\boldsymbol{\theta})$ に対する Fisher スコアは，以下のように求められる．

$$\nabla_\theta \log p(\boldsymbol{x}|\boldsymbol{\theta}) = \frac{\sum_{h\in\mathcal{H}} \nabla_\theta p(\boldsymbol{x},\boldsymbol{h}|\boldsymbol{\theta})}{p(\boldsymbol{x}|\boldsymbol{\theta})} = \sum_{h\in\mathcal{H}} \frac{p(\boldsymbol{x},\boldsymbol{h}|\boldsymbol{\theta})}{p(\boldsymbol{x}|\boldsymbol{\theta})} \frac{\nabla_\theta p(\boldsymbol{x},\boldsymbol{h}|\boldsymbol{\theta})}{p(\boldsymbol{x},\boldsymbol{h}|\boldsymbol{\theta})} = \sum_{h\in\mathcal{H}} p(\boldsymbol{h}|\boldsymbol{x},\boldsymbol{\theta})\nabla_\theta \log p(\boldsymbol{x},\boldsymbol{h}|\boldsymbol{\theta}) \tag{87}$$

式(84)と式(87)から，$\boldsymbol{x}$ と $\boldsymbol{x}'$ の Fisher カーネルは，以下のように書ける．

$$K_f(\boldsymbol{x},\boldsymbol{x}') = \nabla_\theta \log p(\boldsymbol{x}|\boldsymbol{\theta})^\top G(\boldsymbol{\theta})^{-1}\nabla_\theta \log p(\boldsymbol{x}'|\boldsymbol{\theta}) = \sum_{h\in\mathcal{H}}\sum_{h'\in\mathcal{H}} p(\boldsymbol{h}|\boldsymbol{x},\boldsymbol{\theta})p(\boldsymbol{h}'|\boldsymbol{x}',\boldsymbol{\theta})K_z(\boldsymbol{z},\boldsymbol{z}') \tag{88}$$

ここで，$\boldsymbol{z}=(\boldsymbol{x},\boldsymbol{h})$，$\boldsymbol{z}'=(\boldsymbol{x}',\boldsymbol{h}')$ に対して以下のように置いた．

$$K_z(\boldsymbol{z},\boldsymbol{z}') = \nabla_\theta \log p(\boldsymbol{x},\boldsymbol{h}|\boldsymbol{\theta})^\top G(\boldsymbol{\theta})^{-1}\nabla_\theta \log p(\boldsymbol{x}',\boldsymbol{h}'|\boldsymbol{\theta}) \tag{89}$$

式(88)の形を見ればわかるように，隠れ変数 $\boldsymbol{h}\in\mathcal{H}$ をもつ確率モデル $p(\boldsymbol{x}|\boldsymbol{\theta})=\sum_{h\in\mathcal{H}} p(\boldsymbol{x},\boldsymbol{h}|\boldsymbol{\theta})$ の Fisher カーネルは，式(89)の $K_z(\boldsymbol{z},\boldsymbol{z}')$ を結合カーネルとする周辺化カーネルとなっている．しかし，確率分布によってカーネルが決定してしまうので，一般の周辺化カーネルのように確率分布と独立にカーネルを設計することはできない．

5.3　HMMの周辺化カウントカーネル

(a)　カウントカーネル

1.2節でも触れたように，配列中で各文字の出現回数を数えれば，生物配列の特徴をある程度表現できる．カウントカーネル(count kernel)は，文字の出現頻度を特徴ベクトルとして用いるカーネルで，生物配列の特徴ベクトルは4次元(塩基)あるいは20次元(アミノ酸)のベクトルとして表現される．

アルファベット $\Sigma=\{a_1,\cdots,a_d\}$ 上の配列 $\boldsymbol{x}=x_1x_2\cdots x_n$ に対して*30，カウント特徴ベクトル $\boldsymbol{\Phi}(\boldsymbol{x})$ を以下のように定義する．

*30　配列の長さ n は配列ごとに異なっている．

$$\boldsymbol{\Phi}(\boldsymbol{x}) = (c_1(\boldsymbol{x}), c_2(\boldsymbol{x}), \cdots, c_d(\boldsymbol{x}))$$

$$c_k(\boldsymbol{x}) = \frac{1}{n}\sum_{i=1}^{n}\delta(x_i, a_k), \quad \delta(x_i, a_k) = \begin{cases} 1 & (x_i = a_k) \\ 0 & (x_i \neq a_k) \end{cases}$$

カウントカーネルは以下のようにカウント特徴ベクトルの内積として定義される．

$$K^c(\boldsymbol{x}, \boldsymbol{x}') = \langle \boldsymbol{\Phi}(\boldsymbol{x}) \cdot \boldsymbol{\Phi}(\boldsymbol{x}') \rangle = \sum_{k=1}^{d} c_k(\boldsymbol{x}) c_k(\boldsymbol{x}') \tag{90}$$

(b) 結合カウントカーネル

カウントカーネルは，単に配列中の各文字の出現頻度を数えるだけだから，配列の特徴を十分に反映しているとはいえない．配列の各位置には文脈，あるいは状態があって，そのそれぞれにおいて各文字がどのように出現しているかを表現したほうがより精密なモデルだといえる．カウントカーネルを，$p(\boldsymbol{x}, \boldsymbol{h}|\boldsymbol{\theta})$ で与えられる HMM と組み合わせて，それを実現しよう．

ここで，状態の集合を $S = \{s_1, \cdots, s_m\}$ とし，配列 $\boldsymbol{x} = x_1 \cdots x_n$ と対応して，隠れ変数も $\boldsymbol{h} = h_1 \cdots h_n$ の状態列の形をとることにする．$\boldsymbol{z} = (\boldsymbol{x}, \boldsymbol{h})$ に対して，各隠れ状態ごとに別々に，各文字が出現した回数を数え，その頻度 $c_{kl}(\boldsymbol{z})$ を特徴ベクトルとする結合カウントカーネル(joint count kernel)を以下のように定義する．

$$K_J^c(\boldsymbol{z}, \boldsymbol{z}') = \sum_{k=1}^{d}\sum_{\ell=1}^{m} c_{k\ell}(\boldsymbol{z}) c_{k\ell}(\boldsymbol{z}') \tag{91}$$

$$c_{k\ell}(\boldsymbol{z}) = \frac{1}{n}\sum_{i=1}^{n}\delta(x_i, a_k)\delta(h_i, s_\ell) \tag{92}$$

(c) 周辺化カウントカーネル

式(92)の結合カウントカーネルは $\boldsymbol{x}$ だけからは計算できないから，以下のように隠れ変数について平均をとると，周辺化カウントカーネル(marginalized count kernel)が得られる．

$$K_M^c(\boldsymbol{x},\boldsymbol{x}') = \sum_{h\in\mathcal{H}}\sum_{h'\in\mathcal{H}} p(\boldsymbol{h}|\boldsymbol{x},\boldsymbol{\theta})p(\boldsymbol{h}'|\boldsymbol{x}',\boldsymbol{\theta})\sum_{k=1}^{d}\sum_{\ell=1}^{m} c_{k\ell}(\boldsymbol{z})c_{k\ell}(\boldsymbol{z}')$$
$$= \sum_{k=1}^{d}\sum_{\ell=1}^{m} v_{k\ell}(\boldsymbol{x})v_{k\ell}(\boldsymbol{x}') \quad (93)$$

ここで，周辺化カウントカーネルは，次式で定義される特徴ベクトル，周辺化カウント $v_{k\ell}(x)$ の内積で表されている．

$$v_{k\ell}(\boldsymbol{x}) = \sum_{h\in\mathcal{H}} p(\boldsymbol{h}|\boldsymbol{x},\boldsymbol{\theta})c_{k\ell}(\boldsymbol{z})$$
$$= \frac{1}{n}\sum_{i=1}^{n}\sum_{h\in\mathcal{H}} p(\boldsymbol{h}|\boldsymbol{x},\boldsymbol{\theta})\delta(a_k,x_i)\delta(s_\ell,h_i)$$
$$= \frac{1}{n}\sum_{\{i|x_i=a_k\}}^{n} p(h_i = s_\ell|\boldsymbol{x},\boldsymbol{\theta}) \quad (94)$$

ここで，$p(h_i=s_\ell|\boldsymbol{x})$ は，配列 $\boldsymbol{x}$ が与えられたとき，配列上の位置 i に状態 s_ℓ から x_k が出力される事後確率であり，2.3 節の式(47)における $\gamma_k(t)$ に他ならない．したがって，HMM においては以下のように書ける．

$$p(h_i = s_\ell|\boldsymbol{x},\boldsymbol{\theta}) = \gamma_i(\ell)$$
$$= \frac{f_\ell(i)b_\ell(i)}{p(\boldsymbol{x},\boldsymbol{\theta})} \quad (95)$$

$f_\ell(i)$，$b_\ell(i)$ はそれぞれ 2.3 節で登場した前向き確率と後向き確率である．これらは，HMM の DP アルゴリズムである前向き・後向きアルゴリズムで逐次的に効率よく計算できるから，それを足し合わせることにより，式(94)の周辺化カウントを計算できる．周辺化カウントカーネル $K_M^c(\boldsymbol{x},\boldsymbol{x}')$ はその内積として計算できることになる．

(d) 2 次の周辺化カウントカーネル

これまで導入したカウントカーネル，結合カウントカーネル，周辺化カウントカーネルは，どれも 1 文字ずつの出現頻度を数えたカーネルであった．第 1 章で触れたように，連続する文字の出現頻度には，1 文字の出現頻度以上に重要な情報が含まれている場合がある．

文字と隠れ状態の組を数えるのに，連続する 2 組を考えると，2 次の結合カウントカーネルとなる．2 次の結合カウントカーネルに対する特徴べクトルは，以下のように書ける．

$$c_{kk'\ell\ell'}(\boldsymbol{x}) = \frac{1}{n-1}\sum_{i=1}^{n-1}\delta(x_i, a_k)\delta(x_{i+1}, a_{k'})\ \delta(h_i, s_\ell)\delta(h_{i+1}, s_{\ell'}) \quad (96)$$

1 次の場合と同様に，各隠れ状態の確率 $p(h_i = s_\ell, h_{i+1} = s_{\ell'}|\boldsymbol{x}, \boldsymbol{\theta})$ を考慮すると，以下のようになる．

$$\begin{aligned} v_{kk'\ell\ell'}(\boldsymbol{x}) &= \frac{1}{n-1}\sum_{i=1}^{n-1}\delta(x_i = a_k)\delta(x_{i+1} = a_{k'})\ p(h_i = s_\ell, h_{i+1} = s_{\ell'}|\boldsymbol{x}, \boldsymbol{\theta}) \\ &= \frac{1}{n-1}\sum_{\{i|x_i = a_k, x_{i+1} = a_{k'}\}}^{n-1}\xi_i(\ell, \ell') \end{aligned} \quad (97)$$

ここで，$\xi_i(\ell, \ell') \equiv p(h_i = s_\ell, h_{i+1} = s_{\ell'}|\boldsymbol{x}, \boldsymbol{\theta})$ は HMM，Baum–Welch アルゴリズムで遷移確率の再推定の際に用いられる式(50)の量である．

$$\xi_i(\ell, \ell') \equiv \frac{f_i(\ell)a_{\ell\ell'}e_{\ell'}(a_{k'})b_{i+1}(\ell')}{p(\boldsymbol{x}|\boldsymbol{\theta})} \quad (98)$$

2 次の周辺化カウントカーネルは，以下のように書ける．

$$K(\boldsymbol{x}, \boldsymbol{x}') = \sum_{k=1}^{d}\sum_{\ell=1}^{m}\sum_{k'=1}^{d}\sum_{\ell'=1}^{m} v_{k\ell k'\ell'}(\boldsymbol{x})v_{k\ell k'\ell'}(\boldsymbol{x}') \quad (99)$$

5.4 確率文脈自由文法の周辺化カウントカーネル

HMM の場合と同様に，確率文脈自由文法に対しても，各種のカーネルを考えることができる．HMM では状態(非終端記号)から 1 文字を出力するが，確率文脈自由文法では非終端記号は 1 文字ではなく配列上の区間(部分文字列)に対応し，しかも非終端記号が生成規則によって階層的に移り変わる．確率文脈自由文法の生成規則の標準形

$$W \to W_1W_2$$
$$W \to a$$

に対して，結合カウントカーネルを考えようとしても，終端記号を出力するのは 2 番目の生成規則だけであり，1 番目の生成規則が適用されたときは非終端記号と文字の対応がとれない．

そこで本節では，第 4 章で触れた RNA 配列のための SCFG で，P, L, R

の 3 個の非終端記号と，Σ_R の要素である a, c, g, u の 4 個の終端記号がある単純な場合を考え，RNA において重要な相補塩基対を意識した周辺化カウントカーネルを導入しよう．RNA 配列のより複雑な確率文脈自由文法においても，同様のカーネルは定義できる．より詳しくは Kin ら(2002)，金ら(2002)を参照せよ．

P, L, R の非終端記号は，いずれも 1 文字もしくはペアの 2 文字を出力する状態と考えることができる．カウント特徴ベクトルの各要素は以下のように定義される．

$$\text{(ペア出力)} \quad c_{Pab}(\boldsymbol{z}) = \frac{1}{T}\sum_{i=1}^{T-1}\sum_{j=i+1}^{T}\delta\left[W(i,j) = P, x_i = a, x_j = b\right] \tag{100}$$

$$\text{(左側出力)} \quad c_{La}(\boldsymbol{z}) = \frac{1}{T}\sum_{i=1}^{T}\sum_{j=i}^{T}\delta\left[W(i,j) = L, x_i = a\right] \tag{101}$$

$$\text{(右側出力)} \quad c_{Ra}(\boldsymbol{z}) = \frac{1}{T}\sum_{i=1}^{T}\sum_{j=i}^{T}\delta\left[W(i,j) = R, x_j = a\right] \tag{102}$$

ここで，$\frac{1}{T}$ は配列の長さ T に関する正規化項であり，$W(i,j)$ は部分文字列 $\boldsymbol{x}_{(i,j)} = x_i x_{i+1} \cdots x_j$ に対応する非終端記号で，P, L, R のどれかである．

そうすると，1 次の結合カウントカーネルは以下のように定義できる．

$$K_J^c(\boldsymbol{z}, \boldsymbol{z}') = \sum_{v \in \{P, L, R\}} C_v(\boldsymbol{z}, \boldsymbol{z}')$$

ここで，$C_v(\boldsymbol{z}, \boldsymbol{z}')$ は，以下のような P，L，R の状態ごとの結合カーネルである．

$$C_v(\boldsymbol{z}, \boldsymbol{z}') = \begin{cases} v = P: & \displaystyle\sum_{ab \in \boldsymbol{\Omega}} c_{Pab}(\boldsymbol{z}) c_{Pab}(\boldsymbol{z}') \\ & \boldsymbol{\Omega} = \{\mathrm{au, ua, cg, gc, gu, ug}\} \\ v = L: & \displaystyle\sum_{a \in \Sigma_R} c_{La}(\boldsymbol{z}) c_{La}(\boldsymbol{z}') \\ v = R: & \displaystyle\sum_{a \in \Sigma_R} c_{Ra}(\boldsymbol{z}) c_{Ra}(\boldsymbol{z}') \end{cases}$$

$$\Sigma_R = \{\mathrm{a, c, g, u}\}$$

周辺化カウントカーネルを求めるため，特定の部分配列に対する非終端記号 $W(i,j)$ は観測できないから，これを部分配列 $\boldsymbol{x}_{(i,j)}$ が非終端記号 v

に対応する確率で置き換える．内側確率 $\alpha_v(i,j)$ と外側確率 $\beta_v(i,j)$ を用いて，その確率は以下のように書ける．

$$\gamma_v(i,j) \equiv p(W(i,j)=v|\boldsymbol{x}) = \frac{1}{p(\boldsymbol{x}|\boldsymbol{\theta})}\alpha_v(i,j)\beta_v(i,j)$$

周辺化カウント特徴ベクトルは以下のような形に書くことができる．

$$g_{Pab}(\boldsymbol{x}) = \frac{1}{T}\sum_{i=1}^{T}\sum_{j=i+1}^{T}\gamma_P(i,j)\delta\left[x_i=a, x_j=b\right]$$

$$g_{La}(\boldsymbol{x}) = \frac{1}{T}\sum_{i=1}^{T}\sum_{j=i}^{T}\gamma_L(i,j)\delta\left[x_i=a\right]$$

$$g_{Ra}(\boldsymbol{x}) = \frac{1}{T}\sum_{i=1}^{T}\sum_{j=i}^{T}\gamma_R(i,j)\delta\left[x_j=a\right]$$

したがって，1 次の周辺化カウントカーネルは，以下のように定義できる．

$$K_M^c(\boldsymbol{x},\boldsymbol{x}') = \frac{1}{p(\boldsymbol{x}|\boldsymbol{\theta})p(\boldsymbol{x}'|\boldsymbol{\theta})TT'}\sum_{v\in\{P,L,R\}}G_v(\boldsymbol{x},\boldsymbol{x}')$$

ここで，$G_v(\boldsymbol{x},\boldsymbol{x}')$ は

$$G_v(\boldsymbol{x},\boldsymbol{x}') = \begin{cases} v=P: & \sum_{ab\in\Omega} g_{Pab}(\boldsymbol{x})g_{Pab}(\boldsymbol{x}') \\ v=L: & \sum_{a\in\Sigma_R} g_{La}(\boldsymbol{x})g_{La}(\boldsymbol{x}') \\ v=R: & \sum_{a\in\Sigma_R} g_{Ra}(\boldsymbol{x})g_{Ra}(\boldsymbol{x}') \end{cases}$$

2 次の周辺化カーネルについても，同様の方法で求めることができる．まず，2 次のカウント特徴ベクトルは以下のように書ける．

$$g_{PPabcd}(\boldsymbol{x}) = \frac{2}{T}\sum_{i=1}^{T-3}\sum_{j=i+3}^{T}\xi_{PP}(i,j)\delta\left[x_i=a, x_j=b, x_{i+1}=c, x_{j-1}=d\right]$$

$$g_{PLabc}(\boldsymbol{x}) = \frac{2}{T}\sum_{i=1}^{T-2}\sum_{j=i+2}^{T}\xi_{PL}(i,j)\delta\left[x_i=a, x_j=b, x_{i+1}=c\right]$$

$$g_{PRabd}(\boldsymbol{x}) = \frac{2}{T}\sum_{i=1}^{T-2}\sum_{j=i+2}^{T}\xi_{PR}(i,j)\delta\left[x_i=a, x_j=b, x_{j-1}=d\right]$$

$$g_{LPacd}(\boldsymbol{x}) = \frac{2}{T}\sum_{i=1}^{T-2}\sum_{j=i+2}^{T}\xi_{LP}(i,j)\delta\left[x_i=a, x_{i+1}=c, x_j=d\right]$$

$$g_{LLac}(\boldsymbol{x}) = \frac{2}{T}\sum_{i=1}^{T-1}\sum_{j=i+1}^{T}\xi_{LL}(i,j)\delta\left[x_i = a, x_{i+1} = c\right]$$

$$g_{LRad}(\boldsymbol{x}) = \frac{2}{T}\sum_{i=1}^{T-1}\sum_{j=i+1}^{T}\xi_{LR}(i,j)\delta\left[x_i = a, x_j = d\right]$$

$$g_{RPbcd}(\boldsymbol{x}) = \frac{2}{T}\sum_{i=1}^{T-2}\sum_{j=i+2}^{T}\xi_{RP}(i,j)\delta\left[x_j = b, x_i = c, x_{j-1} = d\right]$$

$$g_{RLbc}(\boldsymbol{x}) = \frac{2}{T}\sum_{i=1}^{T-1}\sum_{j=i+1}^{T}\xi_{RL}(i,j)\delta\left[x_j = b, x_i = c\right]$$

$$g_{RRbd}(\boldsymbol{x}) = \frac{2}{T}\sum_{i=1}^{T-1}\sum_{j=i+1}^{T}\xi_{RR}(i,j)\delta\left[x_j = b, x_{j-1} = d\right]$$

ここで，$\xi_{vy}(i,j) = \beta_v(i,j)t_v(y)\alpha_y(i + \triangle_L^v, j - \triangle_R^v)$.

$\triangle_L^v$ と $\triangle_R^v$ は，W_v が左側に記号を出力する ($\triangle_L^v$) か，右側に記号を出力するか ($\triangle_R^v$) に関するフラグである．具体的な値については，表 3 を参照せよ．

2 次の周辺化カウントカーネルは以下のように定義できる．

$$K(\boldsymbol{x},\boldsymbol{x}') = \frac{4}{p(\boldsymbol{x}|\boldsymbol{\theta})p(\boldsymbol{x}'|\boldsymbol{\theta})TT'}\sum_{vy\in\boldsymbol{\Psi}} G_{vy}(\boldsymbol{x},\boldsymbol{x}')$$
$$\boldsymbol{\Psi} = \{PP, PL, PR, LP, LL, LR, RP, RL, RR\} \tag{103}$$

ここで，

$$G_{vy}(\boldsymbol{x},\boldsymbol{x}') = \begin{cases} vy = PP: & \sum_{abcd\in\boldsymbol{\Omega}\times\boldsymbol{\Omega}} g_{PPabcd}(\boldsymbol{x})g_{PPabcd}(\boldsymbol{x}') \\ vy = PL: & \sum_{abc\in\boldsymbol{\Omega}\times\boldsymbol{\Sigma}} g_{PLabc}(\boldsymbol{x})g_{PLabc}(\boldsymbol{x}') \\ vy = PR: & \sum_{abd\in\boldsymbol{\Omega}\times\boldsymbol{\Sigma}} g_{PRabd}(\boldsymbol{x})g_{PRabd}(\boldsymbol{x}') \\ vy = LP: & \sum_{acd\in\boldsymbol{\Sigma}\times\boldsymbol{\Omega}} g_{LPacd}(\boldsymbol{x})g_{LPacd}(\boldsymbol{x}') \\ vy = LL: & \sum_{ac\in\boldsymbol{\Sigma}\times\boldsymbol{\Sigma}} g_{LLac}(\boldsymbol{x})g_{LLac}(\boldsymbol{x}') \\ vy = LR: & \sum_{ad\in\boldsymbol{\Sigma}\times\boldsymbol{\Sigma}} g_{LRad}(\boldsymbol{x})g_{LRad}(\boldsymbol{x}') \\ vy = RP: & \sum_{bcd\in\boldsymbol{\Sigma}\times\boldsymbol{\Omega}} g_{RPbcd}(\boldsymbol{x})g_{RPbcd}(\boldsymbol{x}') \\ vy = RL: & \sum_{bc\in\boldsymbol{\Sigma}\times\boldsymbol{\Sigma}} g_{RLbc}(\boldsymbol{x})g_{RLbc}(\boldsymbol{x}') \\ vy = RR: & \sum_{bd\in\boldsymbol{\Sigma}\times\boldsymbol{\Sigma}} g_{RRbd}(\boldsymbol{x})g_{RRbd}(\boldsymbol{x}') \end{cases}$$

表 3 $\triangle_L$ と $\triangle_R$ の値

v	S	B	P	L	R	E
$\triangle_L^v$	0	0	1	1	0	0
$\triangle_R^v$	0	0	1	0	1	0

2 次のカウント特徴 $\delta(x_i=k, h_i=\ell, x_{i+1}=k', h_{i+1}=\ell')$ は，時刻 i に状態 ℓ にいて k を観測し，時刻 $i+1$ に状態 ℓ' にいて k' を観測したことに対応している．この確率は，以下のように書ける．

$$p(x_i = k, h_i = \ell, x_{i+1} = k', h_{i+1} = \ell')$$
$$= \xi_i(\ell, \ell') = \frac{\alpha_i(\ell) a_{\ell\ell'} e_{\ell'}(k') \beta_{i+1}(\ell')}{P(\boldsymbol{x}|\theta)}$$

前節と同様の方法で，2 次のカウント特徴を ξ を用いて以下のように書き直す．

$$v_{k\ell k'\ell'}(\boldsymbol{x}) = \frac{1}{m-1} \sum_{\{i=1|x_i=k, x_{i+1}=k'\}}^{m} \xi_i(\ell, \ell') \qquad (104)$$

すると，2 次の周辺化カウントカーネルは以下のように書ける．

$$K(\boldsymbol{x}, \boldsymbol{x}') = \sum_{k=1}^{n_x} \sum_{\ell=1}^{n_h} \sum_{k'=1}^{n_x} \sum_{\ell'=1}^{n_h} v_{k\ell k'\ell'}(\boldsymbol{x}) v_{k\ell k'\ell'}(\boldsymbol{x}') \qquad (105)$$

5.5 文法の複雑さとカーネル

SCFG の周辺化カウントカーネルがどのような性質をもつか，実際の RNA を例に考えてみよう．

図 26 は，第 4 章で RNA のスタッキングエネルギーを説明するために使った図を再掲したものである．簡単のため，ここでは点線で囲ったステム領域についてだけ，SCFG とカーネルの計算を行うことにし，カウントは長さで正規化せず，回数をそのまま特徴ベクトルに使うことにする．

まず，ステム領域のモデルとして，1 個の非終端記号 P と，以下の 5 個の確率付き生成規則からだけなる SCFG，M_S を考える．

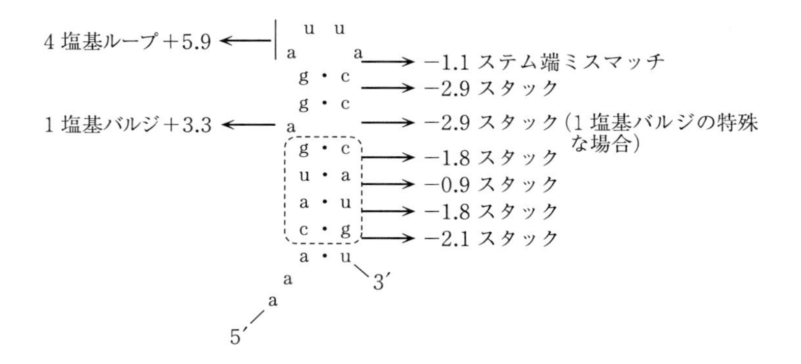

図 26　RNA のスタッキングエネルギー

$$
\begin{aligned}
&P \to \mathrm{a}P\mathrm{u}\\
&P \to \mathrm{c}P\mathrm{g}\\
&P \to \mathrm{g}P\mathrm{c}\\
&P \to \mathrm{u}P\mathrm{a}\\
&P \to \varepsilon
\end{aligned}
\qquad (106)
$$

M_S がこのステムを出力する場合の導出は，以下のようになる．

$$P \to \mathrm{c}P\mathrm{g} \to \mathrm{ca}P\mathrm{ug} \to \mathrm{cau}P\mathrm{aug} \to \mathrm{caug}P\mathrm{caug} \to \mathrm{caugcaug} \qquad (107)$$

状態が 1 種類，出力は ε を無視すると 4 種類しかないから，1 次のカウント特徴ベクトルは以下のような 4 次元のベクトルとなる．

$$(c_{P\mathrm{au}}, c_{P\mathrm{cg}}, c_{P\mathrm{gc}}, c_{P\mathrm{ua}}) = (1,1,1,1) \qquad (108)$$

第 4 章で触れたように，ステム領域の正確なモデル化には，Zuker アルゴリズムのようにスタッキングエネルギーを考慮する必要があり，SCFG では，出力したペアを記憶するための非終端記号を導入することによって実現できる．そこで，4 個の非終端記号 P^{au}，P^{cg}，P^{gc}，P^{ua} と，以下の 20 個の確率つき生成規則からなる SCFG，M_Z を考える．

$$
\begin{aligned}
&P^{x\bar{x}} \to yP^{y\bar{y}}\bar{y}\\
&P^{x\bar{x}} \to \varepsilon
\end{aligned}
\qquad (109)
$$

ただし，$x, y \in \Sigma_R = \{\mathrm{a}, \mathrm{c}, \mathrm{g}, \mathrm{u}\}$

M_Z がこのステムを出力する場合の導出は，M_S の場合と同様で，以下のようになる.

$$P^{\mathrm{au}} \to \mathrm{c}P^{\mathrm{cg}}\mathrm{g} \to \mathrm{ca}P^{\mathrm{au}}\mathrm{ug} \to \mathrm{cau}P^{\mathrm{ua}}\mathrm{aug} \to \mathrm{caug}P^{\mathrm{gc}}\mathrm{caug} \to \mathrm{caugcaug} \tag{110}$$

状態が4種類，出力が4種類だから，1次のカウント特徴ベクトルは16次元のベクトルとなるが，それを4行4列の行列として表示することにすると，以下のようになる.

$$\begin{pmatrix} c_{P^{\mathrm{au}}\mathrm{au}} & c_{P^{\mathrm{au}}\mathrm{cg}} & c_{P^{\mathrm{au}}\mathrm{gc}} & c_{P^{\mathrm{au}}\mathrm{ua}} \\ c_{P^{\mathrm{cg}}\mathrm{au}} & c_{P^{\mathrm{cg}}\mathrm{cg}} & c_{P^{\mathrm{cg}}\mathrm{gc}} & c_{P^{\mathrm{cg}}\mathrm{ua}} \\ c_{P^{\mathrm{gc}}\mathrm{au}} & c_{P^{\mathrm{gc}}\mathrm{cg}} & c_{P^{\mathrm{gc}}\mathrm{gc}} & c_{P^{\mathrm{gc}}\mathrm{ua}} \\ c_{P^{\mathrm{ua}}\mathrm{au}} & c_{P^{\mathrm{ua}}\mathrm{cg}} & c_{P^{\mathrm{ua}}\mathrm{gc}} & c_{P^{\mathrm{ua}}\mathrm{ua}} \end{pmatrix} = \begin{pmatrix} 0 & 1 & 0 & 1 \\ 1 & 0 & 0 & 0 \\ 0 & 0 & 0 & 0 \\ 0 & 0 & 1 & 0 \end{pmatrix} \tag{111}$$

スタッキングエネルギーを考慮するのには，もうひとつ方法がある．それは，状態に出力を記憶させる代わりに，2次のカウントカーネルを用いることである．最初の単純なSCFG，M_S の，2次のカウントカーネルを考えよう．状態は1種類，出力は4種類だが2次のカウントカーネルなので，16次元の特徴ベクトルとなる．やはり4行4列の行列で表現すると，以下のようになる.

$$\begin{pmatrix} c_{(\mathrm{au})(\mathrm{au})} & c_{P(\mathrm{au})(\mathrm{cg})} & c_{(\mathrm{au})(\mathrm{gc})} & c_{(\mathrm{au})(\mathrm{ua})} \\ c_{(\mathrm{cg})(\mathrm{au})} & c_{P(\mathrm{cg})(\mathrm{cg})} & c_{(\mathrm{cg})(\mathrm{gc})} & c_{(\mathrm{cg})(\mathrm{ua})} \\ c_{(\mathrm{gc})(\mathrm{au})} & c_{P(\mathrm{gc})(\mathrm{cg})} & c_{(\mathrm{gc})(\mathrm{gc})} & c_{(\mathrm{gc})(\mathrm{ua})} \\ c_{(\mathrm{ua})(\mathrm{au})} & c_{\mathrm{P}(\mathrm{ua})(\mathrm{cg})} & c_{(\mathrm{ua})(\mathrm{gc})} & c_{(\mathrm{ua})(\mathrm{ua})} \end{pmatrix} = \begin{pmatrix} 0 & 1 & 0 & 1 \\ 1 & 0 & 0 & 0 \\ 0 & 0 & 0 & 0 \\ 0 & 0 & 1 & 0 \end{pmatrix} \tag{112}$$

式(111)と式(112)の値が同じなのは，偶然ではない．どちらも，塩基対が続けて出力された16種類の場合を数えているから，必然的に同じ値となるのである.

M_S と M_Z は，異なった文法であるから，個々の構文解析に対しては等しくない確率を与えるので，同様な構文解析に対する特徴ベクトルの値が等しくなったからといって，カーネルの値が正確に同じになるわけではない.

しかし，この例は複雑な確率モデルのカーネルが，より単純な確率モデルの高次のカーネルで近似できることを示している．タンパク質の立体構造や RNA のシュードノットなど，その相互作用を直接に確率モデルで表現することが困難だった生物配列の解析問題において，新しい方法論を提供できる可能性があるのである．

5.6 配列の比較と分類

進化的に近い生物で同一の働きをする遺伝子の DNA 配列やアミノ酸配列は，DP によって互いに整列させることができ，置換行列とギャップペナルティを用いて 2 本の配列がどのくらい「近い」かは，容易に知ることができる．ところが，2 本の配列が，同一の生物に由来するものであっても，大きく異なる遺伝子の DNA 配列やアミノ酸配列である場合は，文字列として類似の部分は少ないから，DP による整列にはほとんど意味がない．とはいうものの，同一の生物の生物配列であるから，何らかの統計的特徴を共有している可能性はある*31．2 本の配列の比較は，部分配列の対応関係(位置の対応関係)がわかれば*32容易だが，対応関係が不明で文字列レベルでの類似性がない場合には，長さ k 文字の単語群の出現頻度配列の特徴ベクトルとする(k-tupple 解析)など，限られた解析しか行えないことが多い．

対応する位置を 1 文字ごとに決めて置換行列とギャップペナルティを用いるのが通常のアラインメントである．部分的に似た構造(ドメイン)を共有している配列間では，対応する部分配列どうしの比較を積算するという方法が考えられる．この場合，部分配列どうしの比較には，DP アラインメントによるスコアだけでなく，任意の特徴量を用いることが可能である．

つまり，性質の大きく異なる 2 本の配列を比較するためには，その対応する位置を決めて部分ごとの比較を積算するか，配列全体の特徴量(一般に

*31 たとえば，3.3 節で見たように，同一のアミノ酸をコードする 3 文字の塩基の組(コドン)は一般に複数あるが，どのコドンを好んで用いるかには，生物種に特有な偏りがあることが知られている．

*32 配列が非常に近く，DP によって対応関係が容易に計算できる場合も含まれる．

はベクトル)をあらかじめ抽出し，特徴量どうしを比較する必要がある．

一方，確率モデルでは，構文解析アルゴリズムによって，非終端記号(隠れ状態)と配列との間のアラインメントをとることができる．また，複数の配列を同一の確率モデルで構文解析すれば，同一の隠れ状態に対応する配列上の位置を対応させることによって，配列のアラインメントが得られる．プロファイル HMM におけるマルチプルアラインメントの場合を考えると，わかりやすい．HMM の一致状態は，配列上の位置に対応している．より一般には，任意の確率モデルの隠れ状態は，「配列上の位置」を一般化した概念と考えることができる．

通常の配列どうしのアラインメントでは，対応する位置を DP によって見つけ，その配列間の類似度は，対応する位置におけるアミノ酸どうしの類似度(置換行列の値)を積算して計算される．本章で解説した確率モデル上の結合カウントカーネルは，同一の隠れ状態から同一の文字が出力された回数を数えるものであるから，一般化された「配列上の位置」において，配列の文字どうしを比較していることに他ならない．周辺化カウントカーネルは，配列と隠れ状態との対応の可能性のすべての場合について，文字の比較の結果をそれぞれの確率で重み付けして足し合わせたものである．

対応位置が明確でない場合の配列比較の手段として導入したかに見えた確率モデル上のカーネルであったが，実は確率モデル上の「一般化された位置」で配列をアラインメントして比較する手法であったのである．

謝　辞

この本の出版の機会を与えてくださった岩波書店の関係者および甘利俊一先生に深く感謝する．この本で述べた生物配列のための確率モデルに関して，10 年余にわたって共同研究や研究討論に関わった多くの方々，特に速水悟，伊藤克亘，小長谷明彦，田中秀俊，矢田哲士，熊谷俊高，金大真，津田宏治，小森隆，周旻の諸氏に感謝したい．また，未熟な原稿を閲読してくださった麻生川稔，加藤毅，渡邉真也，藤渕航，水野政彦の諸氏にも深く感謝する．

参考文献

Altschul, S., Gish, W., Miller, W., Myers, E. and Lipman, J. (1990): Basic local alignment search tool. *Journal of Molecular Biology*, **215**, 403–410.

浅井潔，速水悟，半田剣一(1991): 確率モデルによる遺伝子情報処理——HMMを用いたタンパク質の2次構造予測. *Genome Informatics Workshop*, Vol.2, pp.144–147.

Asai, K., Hayamizu, S. and Handa, K. (1993): Prediction of protein secondary structure by the hidden Markov model. *Computer Applications for Biosciences*, **9**(2), 141–146.

Asai, K., Ueno, Y., Itou, K. and Yada, T. (1997): Automatic gene recognition without using training data. *Genome Informatics*, **8**, 15–24.

麻生秀樹，津田宏治，村田昇(2003): パターン認識と学習の統計学，統計科学のフロンティア6，岩波書店.

Bairoch, A., Bucher, P. and Hofmann, K. (1997): The PROSITE database, its status in 1997. *Nucleic Acids Research*, **25**, 217–221.

Baum, L. E.(1972): An equality and associated maximization technique in statistical estimation for probabilistic functions of Markov processes. *Inequalities*, **3**, 1–8.

Berger, M. P. and Munson, P. J.(1991): A novel randomized iterative strategy for aligning multiple protein sequences. *Computer Applications in the Biosciences*, **7**, 479–484.

Borodovsky, M. and McIninch, J.(1993): GENMARK: parallel gene recognition for both DNA strands. *Computers and Chemistry*, **17**, 123–133.

Brown, M. and Wilson, C.(1996): RNA pseudoknot modeling using itersections of stochastic context free grammars with applications to database search. *Pacific Symposium on Biocomputing*, **96**, 109–125.

Burge, C. and Karlin, S.(1997): Predictions of complete gene structures in human genomic DNA. *Journal of Molecular Biology*, **268**, 78–94.

Cai, L., Malmberg, R. L. and Wu Y.(2003): Stochastic modeling of RNA pseudoknotted structures: a grammatical approach. *Bioinformatics*, **19**(1), i66–i73.

Chao, K. M., Pearson, W. R. and Miller, W.(1994): Recent developments in linear-space alignment methods: a survey. *Journal of Computational Biology*, **1**, 271–291.

Chomsky, N.(1959): On certain formal properties of grammars, *Information and Control*, **2**, 137–167.

Cristianini, N. and Taylor, J.(2000): An Introduction to Support Vector Machines. Cambridge University Press.

Dayhoff, M. O., Schwartz, R. M. and Orcutt, B. C.(1978): A model of evolutionary change in proteins. In M. O. Dayhoff (ed.): Atlas of Protein Sequence and Structure **5**(3), National Biomedical Research Foundation: Washington D.C., 345–352.

Durbin, R., Eddy, S., Krogh, A. and Mitchison, G.(1998): Biological Sequence Analysis, Probabilistic Models of Proteins and Nucleic Acids. Cambridge University Press.

Eddy, S. R. (1998): Profile hidden Markov models. *Bioinformatics*, **14**, 755–763.

Fujiwara, Y., Asogawa, M. and Konagaya, A. (1994): Stochastic motif extraction using hidden Markov model, *ISMB94*, **2**, 121–129.

Gotoh, O.(1993): Optimal alignment between groups of sequences and its application to multiple sequence alignment. *Computer Applications in the Biosciences*, **9**, 361–370.

Gotoh, O. (1995): A weighting system and algorithm for aligning many phylogenetically related sequences. *Computer Applications for Biosciences*, **11**, 543–551.

Gotoh, O. (1996): Significant improvement in accuracy of multiple protein alignments by iterative refinement as assessed by reference to structural alignment. *Journal of Molecular Biology*, **162**, 705–708.

Henikoff, S. and Henikoff, J. G.(1992): Amino acid substitution matrices from protein blocks. *Proceedings of the National Academy of Sciences of the U.S.A.*, **89**, 10915–10919.

Jaakkola, T., Diekhans, M. and Haussler, D. (2000): A discriminative framework for detecting remote protein homologies. *Journal of Computational Biology*, **7**, 95–114.

Sjölander, K., Karplus, K., Brown, M., Hughey, R., Krogh, A., Mian, I.S. and Haussler, D. (1996): Dirichlet mixtures: a method for improved detection of weak but significant protein sequence homology. *Computer Applications in the Biosciences*, **12**, 327–345.

Kent, W.J. (2002): BLAT——The BLAST like alignment tool. *Genome Research*, **12**(4), 656–664.

金大真，津田宏治，浅井潔(2002): CBRC Technical Report, AIST02-J00001-1.

Kin, T., Tsuda, K. and Asai, K. (2002): Marginalized kernels for RNA sequence data analysis. *Genome Informatics*, **13**, 112–122.

Knudsen, B. and Hein, J. (1999): RNA secondary structure prediction using stochastic context-free grammars and evolutionary history. *Bioinformatics*, **15**, 446–454.

Kulp, D., Haussler, D., Reese, M. G. and Eeckman, F. H. (1996): A generalized hidden Markov model for recognition of human genes in DNA. In Proceedings of the Fourth International Conference on Intelligent Systems for Molecular Biology, AAAI press, pp.134-142.

Mamitsuka, H. and Abe, N. (1994): Predicting location and structure of beta-sheet regions using stochastic tree grammars. *ISMB94*, **2**, 276-284.

中川聖一(1988): 確率モデルによる音声認識, 電子情報通信学会.

Nussinov, R., Pieczenk, G., Griggs, J. R. and Kleitman, D. J. (1978): Algorithms for loop matchings. *SIAM Journal of Applied Mathematics*, **35**, 68-82.

Pearson, W. R. and Lipman, D. J. (1988): Improved tools for biological sequence comparison. *Proceedings of the National Academy of Sciences of the U.S.A.*, **4**, 2444-2448.

Rabiner, L. and Juang, B. (1986): An introduction to hidden Markov models. *IEEE ASSP Magazine*, 4-16.

Rivas, E. and Eddy, S. R. (2000): The language of RNA: a formal grammar that includes pseudoknots. *Bioinformatics*. **16**, 334-340.

Sakakibara, Y., Brown, M., Hughey, R., Mian, I. S., Sjölander, K., Underwood, R. C. and Haussler, D. (1994): Stochastic context-free grammars for tRNA modeling. *Nucleic Acids Research*, **22**, 5112-5120.

Salzberg, S., Delcher, A., Kasif, S. and White, O.(1998): Microbial gene identification using interpolated Markov models (73K, PDF format). *Nucleic Acids Research*, **26**, 2.

Searls, D. B. (2002): The language of genes. *Nature*, **420**(14), 211-217.

Smith, T. F. and Waterman, M. S. (1981): Identification of common molecular subsequences. *Journal of Molecular Biology*, **147**, 195-197.

Takami, J. and Sagayama, S. (1992): A successive state splitting algorithm for efficient allophone modeling. *ICASSP92*, **1**(1), 327-345.

Tanaka, H., Ishikawa, M., Asai, K. and Konagaya, A. (1993): Hidden Markov models and iterative aligners: Study of their equivalence and possibilities. *International Conference on Inteligent Systems for Molecular Biology*, **1**, 395-401.

Tsuda, K., Kin, T. and Asai, K. (2002): Marginalized kernels for biological sequences. *Bioinformatics*, **18**, 268S-275S.

矢田哲士, 十時泰, 浅井潔, 石川幹人(1999): DNA 配列の複合モチーフを表現する隠れマルコフモデルの生成. 情報処理学会論文誌, **40**(2), 750-767.

矢田哲士, 石川幹人, 田中秀俊, 浅井潔(1996): 隠れマルコフモデルと遺伝的アルゴリズムによる DNA 配列のシグナルパターン抽出. 情報処理学会論文誌, **37**(6), 1117-1129.

Zuker, M. and Stiegler, P. (1981): Optimal computer folding of large RNA sequences using thermodynamics and auxiliary information. *Nucleic Acids Research*, **9**, 133-148.

索　引

ア 行

カ 行

サ　行

タ　行

ナ　行

ハ　行

マ　行

ヤ　行

ラ　行

■岩波オンデマンドブックス■

統計科学のフロンティア 9

生物配列の統計──核酸・タンパクから情報を読む

2003年12月12日 第1刷発行
2007年9月25日 第4刷発行
2018年6月12日 オンデマンド版発行

著者 甘利俊一（あまりしゅんいち） 岸野洋久（きしのひろひさ） 浅井潔（あさいきよし）

発行者 岡本厚

発行所 株式会社 岩波書店
〒101-8002 東京都千代田区一ツ橋 2-5-5
電話案内 03-5210-4000
http://www.iwanami.co.jp/

印刷／製本・法令印刷

ISBN 978-4-00-730774-4 Printed in Japan